山菜
薬草

# 山の幸利用百科

木の芽
木の実

115種の
特徴・効用・加工・保存・食べ方

大沢　章

農文協

# 『山の幸利用百科』正誤表

下記のとおり誤りがありました。お詫びして訂正いたします。

●192〜193ページ付録2健康茶のつくり方，飲み方一覧のイカリソウの欄

| | 種別 | 利用時期 | つくり方と保存 | 飲み方 |
|---|---|---|---|---|
| 誤 | イカリソウ | 若葉<br>5月 | 若芽はよく選別してさっと水洗いしてざるで陰干しする。最後に日干しして缶に保存する | 緑茶と混合して飲む マタタビ6，緑茶4 |
| 正 | イカリソウ | 5月下旬〜夏<br>茎・葉 | さっと水洗いして風通しのよいところで陰干しにし、細かく刻んでビンに詰め保存 | 1日10gを600ccの水で半量に煎じ，3回に分けて食間に飲む |

●194ページ付録3薬草・薬木の利用方法一覧のイカリソウの欄

| | 種別 | 摘要 |
|---|---|---|
| 誤 | イカリソウ | 開花時，5〜7月に茎を刈り取る。水洗いして日干しする |
| 正 | イカリソウ | 開花時，5〜7月に茎を刈り取る。水洗いして陰干しする |

54002164

# 加工・保存・料理で「山の幸」の魅力を生かす

山菜のつくだ煮・おたし・和え物いろいろ

（写真：千葉

上（左から）：フキのつくだ煮，フキノトウのみそ和え，コゴミのおひたし，アカザのゴマ和え
下（左から）：ワラビのおひたし，セリのおひたし，ウドのおひたし

薬草は乾燥して薬草茶などに利用

（写真：千葉　寛）

左からオオバコ，ヨモギ，キハダ，ゲンノショウコ

乾燥や塩漬で山菜を保存

（写真：千葉

左：乾燥ゼンマイ，右：左から，ウド，ワラビ，チシマザサ（ネマガリダケ），フキの塩漬

サルナシの果実酒

木の実の果実酒も魅力がいっぱい

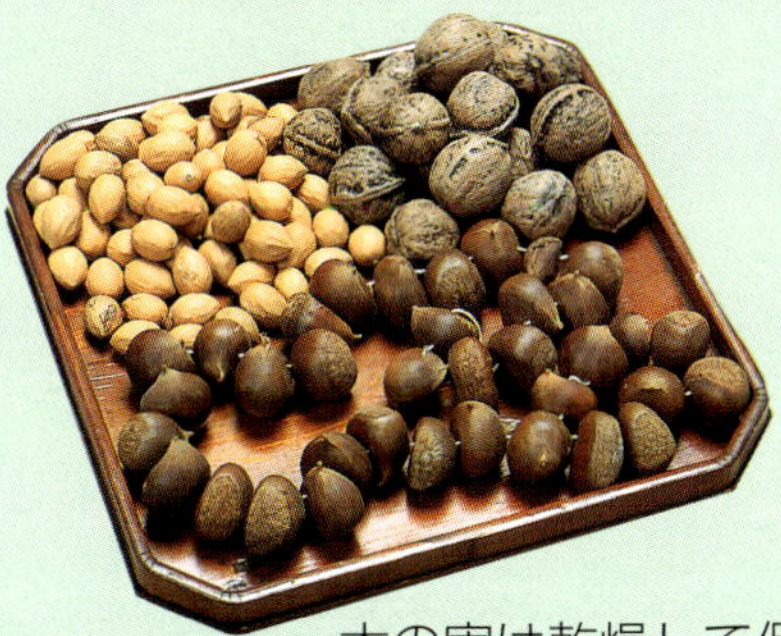

木の実は乾燥して保存・利用する

（写真：小倉隆人）

左上からカヤの実，オニグルミ，シバグリ

# 本書で取り上げた主な「山の幸」①

イヌドウナ（106ページ）

アシタバ（105ページ）

アサツキ（104ページ）

タクリ（111ページ）

ウワバミソウ（108ページ）

ウコギ（107ページ）

オデ（116ページ）

クサソテツ（コゴミ）（114ページ）

ギョウジャニンニク（113ページ）

シマザサ(ネマガリダケ)(123ページ)

タラノキ（119ページ）

ゼンマイ（117ページ）

# 本書で取り上げた主な「山の幸」②

ノカンゾウ（127ページ）

ナズナ（125ページ）

ツルナ（124ページ）

フキノトウ（130ページ）

フキ（130ページ）

ノビル（128ページ）

野生ダイコン（135ページ）

モミジガサ（134ページ）

ミヤマイラクサ（132ページ）

ヤマユリ（142ページ）

ヤマトキホコリ（141ページ）

ヤマウド（138ページ）

# 本書で取り上げた主な「山の幸」③

ンショウ（147ページ）

コシアブラ（145ページ）

ワラビ（143ページ）

ケビ（152ページ）

リョウブ（150ページ）

マタタビの芽（149ページ）

ツハゼ（158ページ）

サルナシ（156ページ）

オニグルミ（155ページ）

ャクチリソバ（163ページ）

クマヤナギ（162ページ）

ヤマブドウ（160ページ）

# はじめに

食は生命の源といわれ、いま食べ物と健康・安全・安心に対する意識が高まっている。こうしたなかで、山菜や木の実、野生キノコなど「山の幸」は野菜にくらべて固有の風味があり、しかも栄養価や機能性が高く、健康食として見直されるようになってきた。

最近、栄養分析や機能成分の分析が進み、山の幸の評価が大きく変わってきている。早春の山菜ナズナ、ウワバミソウなどはビタミンCが柑橘類より多いし、β－カロテン、ビタミンEなど驚異のビタミンパワーがあって注目されるようになっている。木の実についても、昔から病後の回復や、保存して旅に出るときに利用したといわれるように、ビタミンE、β－カロテン、ポリフェノールなどを多く含んでいるものが多い。野生キノコはβ－グルカンを含み、免疫力をアップしてガンを抑えるなどの効果がある。このように山の幸は、「自然の薬箱」としても注目されてきている。また、健康な食生活は身近な食材からといわれ、いま農産物直売所や道の駅、観光地で、山菜、木の芽、木の実、野生キノコなどの山の幸が大変な人気商品になっている。山の幸のような地域資源は、昔からわが国の食文化として農山村で利用されてきたが、最近は都市に住む人たちにも見直され、珍重されるようになってきた。豊かな自然が生み出す恵みである山の幸は、古里を感じさせる健康食品として、多くの人に食べられ健康茶などにして飲まれている。

本書では、こうした山の幸を多くの人が楽しめるよう、その魅力と薬効や機能性、加工、保存、料理の方法を紹介した。なかでも、これから利用が広がると思われる「有望山の幸」39種については、それぞれの特徴や分布・自生地、効用、食べ方などの利用方法を紹介した。また、その他76種については一覧表にまとめた。

本書を参考に、多くの方が山の幸の魅力を知り、健康食品として楽しんでいただくとともに、農山村の魅力的な地域資源として、資源を守りながら栽培化を積極的に進め、地域の名産づくりの資料として利用していただければ幸いである。

二〇〇三年二月

大沢　章

目　次



## 第1章　「山の幸」には魅力がいっぱい

## 第2章　上手な加工・保存・利用のやり方

## 3、キノコの保存と料理、加工…… 80

## 第3章　上手な売り方



## 第4章　有望山の幸＝特徴・効用と加工・利用

## 第5章 その他の山の幸76種Ⅱ 効用、加工・利用のポイント

# 第1章 「山の幸」には魅力がいっぱい

# 1、見直される山の幸

## (1) 山の幸とは

「山の幸」とは、山で採れた山菜、木の実、キノコ、木の芽、山野草、川藻、川魚などのことである。一般には山菜に代表されている。

山菜という言葉は、使い始めてから日が浅く、古い国語辞典には出てこない。『農業全書』(宮崎安貞、一六九六年)に野生ウドを選抜した記録が書かれている。近世になって、災害や凶作、戦争のときの食糧不足の折に、〝かての〟〝救荒食物〟〝食べられる野草〟〝食用植物〟などの用語が多く用いられており、〝野草〟という言葉が比較的多く使われていた。『国語辞典』(三省堂、一九六二年)で引いてみると〝山で採れる野菜〟と出てくる。また、山窩《さんか》(『苑辞』一九三五年)という言葉が出てくるが、山窩とは定住せず山の幸を求めて狩りをする人である。

山菜という言葉についても、人によって数多い解釈があって、木の芽や木の実、キノコ、山野草、水草など幅広い解釈をしている人や、ほんの数十品目をさして狭い解釈をしている人がおり、厳密な定義づけは困難である。近年は野菜が逃げ出して野生化しているアザキダイコン、ミョウガ、シソなどもある。都会の片隅にも山菜などが繁殖しており、植物の移動は平地から山へ、山から里へと行なわれている。

利用面でも、生活の変化によって葉や芽の利用、花の利用、根の利用、皮の利用、実の利用など、利用形態は世の中が進むにつれて大きく変わっている。

本書では、「山の幸」とは自然に生えて食べられる山菜、木の芽、木の実などをいう(表1)。

## (2) 各地に広がる山の幸ブーム

最近、自然を求めて山に出かける人たちがたくさんいる。また、山菜狩り、木の実狩り、キノコ狩りが各地で年々盛んで、まさに世は山の幸狩りブームの感がある。また、温泉地で山菜を売り物にしたり、農産物直売所で山の幸が人気商品になったりして、脚光を浴びている。

ブームの原因として次の六つが考えられる。

**①食生活の変化**　美食に飽きると自然食を求める傾向が強いといわれるように、現在は肉食、高カロリーの食生活から菜食生活へ返りつつある。また、食品の栄養価や機能性が分析され、その効果が知られるようになり、野生植物のよさが見直されてきた。

表1　山の幸資源の一覧

| 区分 | | 主な品目 |
|---|---|---|
| 山菜 | 香辛植物 | ワサビ，サンショウ，フキノトウ |
| | 海辺植物 | ツルナ，ハマダイコン，オカヒジキ，ツワブキ |
| | 水生植物 | ヒシ，ジュンサイ |
| | ササ属 | ネマガリダケ，クマザサ |
| | 帰化植物 | オランダガラシ，セイヨウタンポポ |
| | 山野草 | ワラビ，ウド |
| | 野生化野菜 | キクイモ，ミョウガ，シソ |
| | 川藻 | カワノリ |
| 木の芽 | 生食用 | タラノキ，コシアブラ，リョウブ，ハリギリ |
| | 健康茶用 | マタタビ，ウコギ，アケビ，クマヤナギ |
| 木の実 | 生食用 | アケビ，サルナシ，ヤマブドウ，イチゴ類 |
| | 加工用 | ガマズミ，ナツハゼ，マツブサ |
| | 野生化果樹 | イワテヤマナシ，カキ |

**②農薬禍を恐れて自然食を求める傾向**　最近、野菜や果物の残留農薬問題や無登録農薬問題などで、無農薬の山の幸や自然食の人気がますます高まったのも偶然ではないと思われる。

**③栄養価や薬効性の食品を求める傾向**　山の幸の種類のうち約四〇％は薬効性があり、栄養価や機能性が高い。そのため、酸性体質になるのを防ぎ、精神的疲労を安定させるほか、腸の機能を高めるなどの効果が認められて、需要が増加したものと思われる。

**④嗜好性が変わった**　山の幸は野菜の淡白さや繊維のやわらかさにくらべ、香りが高く歯ごたえがあり、酸味、辛味、苦味、渋味などの固有の味があることが見直されるようになってきた。

**⑤趣味が多様化した**　自然と季節を愛し、山に出向いて山の幸狩りなどをする人が増加した。また、交通網の発達で山に手軽に家族ぐるみでいけるようになった。

**⑥ふるさとの味を求める人が増加した**　都市化が進み都市に人口が集中すると、ふるさとの味を求めて自然食を見直す傾向が強くなり、消費が拡大するようになった。

## （3）地方ごとにお国自慢の山の幸がある

南北に細長い日本は北と南で気象条件も季節感も違うので、それぞれ特色のある山の幸があって、先祖伝来さまざまな工夫のもとに利用され、地方ごとにお国自慢の山の幸が数多くある。

北と南では生活面での利用法や山の幸についての考え方も異なっている。寒い地方では、冬の保存食として貴重な資源であり、山村の救荒食料として飢えをしのいで厳しい冬を耐える貴重な食料であった。暖地では、早春の野草を摘んで春の味覚を楽しむ習慣があって、利用期間も短い。どちらかといえば、北の地方のほうが資源も多くて利用面でも幅広く、特色のある山の幸が数多いようだ。

最近では情報化が進んで各地で山菜ブームが巻き起こり、重要な観光物産になっている。その例として主な地方の特色ある山の幸をあげてみるが、これはほんの一例にすぎない。

北海道では、ギョウジャニンニクが「アイヌネギ」といって名物になっている。

山形、秋田地方では、イヌドウナを方言で「ボンナ」といって珍菜扱いされている。

岩手県では、イワテヤマナシ（日本ナシの原種）でナシの果実酒をつくっている。

東北地方では、良質のゼンマイ、チシマザサを生産して名物になっている。

多雪地帯では、雪が消えだすころのアサツキやフキノトウが早春の香りとして名物になっている。

水生植物のジュンサイは、水の清い沼や池に生え、『古事記』に出てくる古い名物で、秋田、山形、京都など各地で加工され、売られている。

高知県ではイタドリが加工されて売られているが、ほかの地方では未利用資源になっている。

山形県のアケビは、珍果「山形アケビ」として各地に売られている。

九州地方など暖地の海辺に生えるツワブキは、加工されて特産物になっている。

池や沼に育つクリの味ヒシの実は、独特の風味があって佐賀平野の特産物である。

## （4）生産の動きと流通の実態

各地で地域おこしや地域特産物の振興が進むなかで、山の幸のような特産物は健康食品ブームを反映して人気が依然として好調である。

しかし、高齢化、過疎化など農山村を取り巻く環境が厳しいため、かつてない変革期を迎え、山の幸の生産は減少している。ゼンマイ、ワラビ、フキなどの主要品目は輸入に依存している状態である。また、山の幸のような特産物は生産規模が零細で市場取引が少なく、行政面での具体的な統計資料が乏しいため、その実態を知ることが困難である。山村地域では、農家の現金収入源として近くの観光地に売られる山の幸も、近年資源量がめっきり減少し、最盛期の三〇％ていどといわれている。

そのため山菜、木の実などでは、採り放題から脱皮し、〝採る山菜からつくる山菜へ〟と栽培の動きが高まっている。その動きのなかで、各地でタラノキ、フキ、ヤマウド、クサソテツ、ワラビなどが栽培されている。かつては山から採れたワラビ、ヤマウド、タラノメ、アケビなどの山の幸も、いまでは畑で栽培されるようになり、市場入荷量の大部分を占めるようになってきた。

市場入荷量や販売価格については、最近数年間変化が少ないようである（表2）。観光地や産地直売所で売られる山の幸は地域によって大きなバラツキがあって、山村地域では安いが都市周辺ではかなり高く売られている。山の幸のような特産物は流通機構が整備されておらず、個々バラバラに出荷されているところが多い。また、山の幸のような季節ものは天候によって消費動向が大きく左右されて、相場のほうも高くなったり安くなったりすることがある。山菜類の市場出荷や直売所での販売は近年多品目化が進み、それぞれの産地のものが目につくようになった。

市場出荷は、業務需要が多く、今後スーパーや量販店の需要開拓が課題である。

**表2　主な山の幸の入荷量（東京卸売市場）**　（単位：t，円/kg）

| 区分／年度 | ワサビ | | ワラビ | | タラノキ | | ヤマウド | |
|---|---|---|---|---|---|---|---|---|
| | 数量 | 単価 | 数量 | 単価 | 数量 | 単価 | 数量 | 単価 |
| 1996 | 128.7 | 6,080 | 109.6 | 1,563 | — | — | 1,237.7 | 639 |
| 97 | 139.4 | 5,446 | 136.5 | 1,139 | 126.9 | 3,836 | 1,384.1 | 544 |
| 98 | 136.5 | 4,972 | 125.0 | 1,215 | 131.0 | 3,667 | 1,280.9 | 567 |
| 99 | 152.5 | 4,417 | 98.4 | 1,405 | 118.4 | 4,297 | 971.7 | 642 |
| 2000 | 155.9 | 4,385 | 108.8 | 1,763 | 118.6 | 4,037 | 1,171.0 | 550 |
| 01 | 152.5 | 4,353 | 139.7 | 1,147 | 135.5 | 3,709 | 1,203.0 | 497 |
| 02 | 154.4 | 4,304 | 148.4 | 1,052 | 134.0 | 3,742 | 1,231.6 | 485 |

# 2、山の幸の魅力を考える

## (1) 魅力いっぱいの栄養価と機能性

日本人の平均寿命が伸び、高齢化社会を迎えたが、一方では食生活の欧米化や飽食があいまって生活習慣病が急増し、健康づくりは国民の課題になっている。そのため、病気の予防効果の高い栄養成分や機能性成分の分析が最近進み、山菜や野草などに多く含まれる栄養成分や機能性成分が見直されている（表3、4、5）。

山菜や木の芽、木の実などには滋養強壮作用のある第一級の食品が多く、栄養成分や機能成分の分析が進むにつれ、注目されるものも多い。とくに茎を折ると白い乳液の出るソバナ、ツリガネニンジン、タンポポなどは滋養強壮効果が抜群で、野菜にない特徴がある。

### ①道端の山野草にはビタミンCがたっぷり

水溶性のビタミンCはコラーゲンの生成に不可欠で、肌づくりやかぜ、ガンを予防する働きがある。平成十二年四月から、ビタミンCは、従来一日五〇ミリグラム必要だとされていたものが一〇〇ミリグラムに変わり、含量の多い食品が求められている。

木の実にもビタミンCが多いが、道端の雑草にも意外に多く含まれ、驚かされる。とくに旬の時期には抜群に多い。ナズナは一一〇ミリグラムを含みナツミカンの二・九倍、ウワバミソウは一一四ミリグラムを含みレモンの一・二倍、ヨメナは四二ミリグラムを含みナツミカンの一・一倍で、いずれもカンキツ類より多い。

### ②サルナシのビタミンCはレモンの一〇倍

日本列島の珍果サルナシは、高貴な香りとかすかな酸味のある木の実で、果実一〇〇グラム中にビタミンCをレモン（九〇ミリグラム）の一〇倍も含み、一日五個食べると一日の必要量がとれる。

### ③β―カロテンが抜群に多い山野草

山野草類に多く含まれているβ―カロテンは体内でビタミンAに変わり、老化防止、抗酸化、免疫機能の維持、ガン予防の効果がある。

未利用資源のフキの葉は七三〇〇マイクログラムも含み、食べる茎（四三マイクログラム）の一七〇倍、野菜のコマツナの二・三五倍も含む。ヨメナは六七〇〇マイクログラム、ヨモギは五三〇〇マイクログラム、ギョウジャニンニクは二〇〇〇マイクログラムなど抜群に多く含まれ、見直されている。

## ④山野草にはビタミンEも多く含まれる

ビタミンEは、活性酸素から体を守り、抗酸化、老化防止、男性ホルモン分泌に関係して、ガン予防や脳卒中予防に不可欠のビタミンで、ツクシ、ヨメナ、ヨモギ、アシタバ、フキノトウなどに多く含まれる。

## ⑤古代の生き残り植物に多いミネラル

わが国は火山国であるため、火山灰層の多い土壌では野菜のカルシウムなどのミネラルがヨーロッパ産の野菜に比較して二〇分の一ぐらいで、少ないといわれている。

しかし、発育を促進し、味覚を正常に保つミネラルの亜鉛は、古代植物の生き残りであるツクシやクサソテツに多く含まれる。クサソテツは亜鉛を六六〇マイクログラムも含み、キャベツの二・九倍、カルシウムもキャベツの一・六倍含んでいる。海辺植物のツワブキ、アシタバ、オカヒジキなどはナトリウムを多く含み、適量食べるとよい。一方、ヨモギ、ヨメナ、フキノトウ、ツクシなどの山野草はカリウムを多く含み、血圧を下げる効果があるので、食塩を減らすことのできない人が利用するとよい。

奥山の山菜より里の山野草のほうがミネラル分を多く含んでいる。

## ⑥機能性成分ポリフェノールの多い山の幸もいろいろ

ポリフェノールは植物の色素や苦味成分で、山野草には野菜より多く含まれている。活性酸素を除去する抗酸化作用があって老化を防ぎ、ガンの予防に効果がある。しかし、食べても数時間しか持続しないので、継続して食べる必要がある。山野草のコシアブラ、ヤマブドウ、アザミ類、スギナ、ウコギ類、ネギ属のノビル、アサツキなどに多く含まれている。

## ⑦ナツハゼに多い視力を向上させるアントシアニン

木の実のナツハゼは青紫色の色素アントシアニンを含み、「和製ブルーベリー」と呼ばれている。疲れ目を改善

（可食部 100g 当たり）　　　　科学技術庁資源調査会編『五訂日本食品標準成分表』より引用

| | | ビタミン | | | | | | | | | | |
|---|---|---|---|---|---|---|---|---|---|---|---|---|
| 亜鉛 | 銅 | 脂溶性 | | | 水溶性 | | | | | | | |
| | | カロテン | E | K | $B_1$ | $B_2$ | ナイアシン | $B_6$ | 葉酸 | パントテン酸 | C | |
| mg | mg | μg | mg | μg | mg | mg | mg | mg | μg | mg | mg | |
| 0.8 | 0.09 | 750 | 1.1 | 50 | 0.15 | 0.16 | 0.8 | 0.36 | 210 | 0.62 | 26 | |
| 0.6 | 0.16 | 5,300 | 2.8 | 500 | 0.10 | 0.24 | 1.4 | 0.16 | 100 | 0.92 | 41 | |
| 0.1 | 0.05 | 0 | 0.2 | 2 | 0.02 | 0.01 | 0.5 | 0.04 | 19 | 0.12 | 4 | |
| 0.6 | 0.10 | 3,300 | 1.0 | 310 | 0.06 | 0.13 | 0.5 | 0.04 | 93 | 0.22 | 21 | |
| 0.4 | 0.16 | 2,000 | 0.4 | 320 | 0.10 | 0.16 | 0.8 | 0.15 | 85 | 0.39 | 59 | |
| 0.2 | 0.05 | 2,700 | 1.6 | 190 | 0.10 | 0.20 | 0.5 | 0.13 | 150 | 0.30 | 26 | |
| 0.7 | 0.26 | 1,200 | 1.8 | 120 | 0 | 0.12 | 2.9 | 0.03 | 150 | 0.60 | 27 | |
| 0.2 | 0.02 | 29 | 0.1 | 16 | 0 | 0.02 | 0 | 0 | 3 | 0 | 0 | |
| 0.3 | 0.15 | 1,900 | 0.8 | 160 | 0.04 | 0.13 | 1.2 | 0.11 | 110 | 0.42 | 20 | |
| 0.5 | 0.15 | 530 | 0.6 | 34 | 0.02 | 0.09 | 1.4 | 0.05 | 210 | 0.64 | 24 | |
| 0.8 | 0.35 | 570 | 2.6 | 99 | 0.15 | 0.20 | 2.5 | 0.22 | 160 | 0.53 | 7 | |
| 1.1 | 0.22 | 1,100 | 4.9 | 19 | 0.07 | 0.14 | 2.2 | 0.35 | 110 | 0.90 | 33 | |
| 0.5 | 0.06 | 2,700 | 1.3 | 310 | 0.08 | 0.30 | 1.0 | 0.13 | 90 | 0.46 | 22 | |
| 0.1 | 0.02 | 60 | 0.4 | 8 | 0.01 | 0.04 | 0.4 | 0.02 | 16 | 0.10 | 4 | |
| 0.7 | 0.16 | 5,200 | 2.5 | 330 | 0.15 | 0.27 | 0.5 | 0.32 | 180 | 1.10 | 110 | |
| 1.0 | 0.06 | 810 | 1.3 | 160 | 0.08 | 0.22 | 1.1 | 0.16 | 110 | 0.29 | 60 | |
| 0.2 | 0.05 | 49 | 0.2 | 6 | Tr | 0.02 | 0.1 | 0.01 | 12 | 0.07 | 2 | |
| 0.8 | 0.36 | 390 | 3.3 | 92 | 0.10 | 0.17 | 0.9 | 0.18 | 160 | 0.45 | 14 | |
| 0.2 | 0.02 | 15 | Tr | 2 | 0.04 | 0.03 | 0.5 | 0.08 | 43 | 0.25 | 6 | |
| 0.7 | 0.16 | 0 | 0.5 | 0 | 0.08 | 0.07 | 0.7 | 0.12 | 77 | 0 | 9 | |
| 0.7 | 0.24 | 6,700 | 4.1 | 440 | 0.23 | 0.32 | 3.2 | 0.10 | 170 | 0.50 | 42 | |
| 0.6 | 0.29 | 5,300 | 3.2 | 340 | 0.19 | 0.34 | 2.4 | 0.08 | 190 | 0.55 | 35 | |
| 0.7 | 0.03 | 7 | 1.4 | 49 | 0.06 | 0.15 | 0.6 | 0.32 | 50 | 0.20 | 75 | |
| 0.6 | 0.13 | 220 | 1.6 | 17 | 0.02 | 1.09 | 0.8 | 0.05 | 130 | 0.45 | 11 | |

### 表3　山の幸の栄養成分

| 種別 | 区分 / 品名 | タンパク質 | 脂質 | 無機質 | | | | | |
|---|---|---|---|---|---|---|---|---|---|
| | | | | ナトリウム | カリウム | カルシウム | マグネシウム | リン | 鉄 |
| | | g | g | mg | mg | mg | mg | mg | mg |
| 山菜 | あさつき | 4.2 | 0.3 | 4 | 330 | 20 | 16 | 86 | 0.7 |
| | あしたば | 3.3 | 0.1 | 60 | 540 | 65 | 26 | 65 | 1.0 |
| | うど | 0.8 | 0.1 | Tr | 220 | 7 | 9 | 25 | 0.2 |
| 海辺植物 | おかひじき | 1.4 | 0.2 | 56 | 680 | 150 | 51 | 40 | 1.3 |
| 山菜 | ぎょうじゃにんにく | 3.5 | 0.2 | 2 | 340 | 29 | 22 | 30 | 1.4 |
| | クレソン（オランダガラシ） | 2.1 | 0.1 | 23 | 330 | 110 | 13 | 57 | 1.1 |
| | こごみ（くさそてつ） | 3.0 | 0.2 | 1 | 350 | 26 | 31 | 69 | 0.6 |
| 水生植物 | じゅんさい（ビン詰） | 0.4 | 0 | 2 | 2 | 4 | 2 | 5 | 0 |
| 山菜 | せり | 2.0 | 0.1 | 19 | 410 | 34 | 24 | 51 | 1.6 |
| | ぜんまい（干し） | 1.7 | 0.1 | 2 | 340 | 10 | 17 | 37 | 0.6 |
| | たらのめ | 4.2 | 0.2 | 1 | 460 | 16 | 33 | 120 | 0.9 |
| | つくし | 3.5 | 0.1 | 6 | 640 | 50 | 33 | 94 | 2.1 |
| 海辺植物 | つるな | 1.8 | 0.1 | 5 | 300 | 48 | 35 | 75 | 3.0 |
| | つわぶき | 0.4 | 0 | 100 | 410 | 38 | 15 | 11 | 0.2 |
| 山菜 | なずな | 4.3 | 0.1 | 3 | 440 | 290 | 34 | 92 | 2.4 |
| | のびる | 3.2 | 0.2 | 2 | 590 | 100 | 21 | 96 | 2.6 |
| | ふき | 0.3 | 0 | 35 | 330 | 40 | 6 | 18 | 0.1 |
| | ふきのとう | 2.5 | 0.1 | 4 | 740 | 61 | 49 | 89 | 1.3 |
| | まこも | 1.3 | 0.2 | 3 | 240 | 2 | 8 | 42 | 0.2 |
| | ゆりね | 3.8 | 0.1 | 1 | 740 | 10 | 25 | 71 | 1.0 |
| | よめな | 3.4 | 0.2 | 2 | 800 | 110 | 42 | 89 | 3.7 |
| | よもぎ | 5.2 | 0.3 | 10 | 890 | 180 | 29 | 100 | 4.3 |
| 水生植物 | わさび | 5.6 | 0.2 | 24 | 500 | 100 | 46 | 79 | 0.8 |
| 山菜 | わらび | 2.4 | 0.1 | 1 | 370 | 16 | 25 | 47 | 0.7 |

注）じゅんさい，ぜんまい以外は生の成分量

**表４　機能成分の主な働きと機能成分を多く含む山の幸**

| 区　分 | 機能性成分の主な働き | 多く含む山の幸 |
|---|---|---|
| ポリフェノール | 活性酸素を除去し，老化予防 | ヤマブドウ，コシアブラ，アザミ類 |
| アントシアニン | 視力向上と肝臓機能の向上，毛細血管の保護 | ヤマモモ，ヤマブドウ，ナツハゼ，キイチゴ，ヤマブドウの葉 |
| カ テ キ ン | ガンを予防し，血中脂質の上昇を防ぐ | 野生ヤマチャ（自然繁殖したチャ） |
| ル チ ン（ビタミンP） | 毛細血管を強化し，高血圧を予防 | エンジュの葉，アシタバ，シャクチリソバ |
| β−グルカン | ガン細胞の成長を防ぐ | キクラゲ，マイタケ，ハタケシメジ，ヒラタケ |
| ア リ シ ン | ガンの予防，生活習慣病の予防 | ノビル，ギョウジャニンニク，ヤマラッキョウ，アサツキ |
| フラボノイド | 発ガン物質の活性化を抑え，血管を丈夫にする | アシタバ，サンショウ，ヤマモモ，スギナ，セリ，トチの実，ナズナ，トリアシショウマ |
| ム チ ン | 粘膜を潤し，胃壁を保護する | ナメコ，ヤマノイモ（グロブリン様タンパク質） |
| ゲルマニウム | 新しい物理療法で抗酸化，免疫力を高める | サルナシ，カラハナソウ，フジのコブ（制ガン作用があり，まれにできる），ヒシの実，サルノコシカケ類，ニンニクの仲間，ウド |

**表５　栄養成分の主な働きと栄養成分を多く含む山の幸**（山菜，野草，木の芽）

| 区　分 | | 主な働き | 多く含む山の幸 |
|---|---|---|---|
| ビタミン | A | 目と粘膜を健康に保ち，制ガン効果 | ヨメナ，ヨモギ，ナズナ，アシタバ，オランダガラシ，ギョウジャニンニク |
| | E | 活性酸素から体を守り，老化予防 | ツクシ，ヨメナ，ヨモギ，アシタバ，フキノトウ |
| | K | 止血と骨の健康に作用 | アシタバ，ヨメナ，ヨモギ，ナズナ，ギョウジャニンニク |
| | $B_1$ | 消化と神経の機能を正常に保つ | ヨメナ，ヨモギ，アサツキ，タラノメ，ナズナ |
| | $B_2$ | 発育促進と過酸化脂質の害の防止 | ワラビ，ヨモギ，ヨメナ，ナズナ，ツルナ，アシタバ |
| | ナイアシン | 皮膚と神経の働きを助ける | ヨメナ，クサソテツ，タラノメ，ヨモギ，ツクシ，ゼンマイ |
| | $B_6$ | タンパク質の代謝と免疫力を高める | アサツキ，ツクシ，ナズナ，ワサビ，タラノメ，ギョウジャニンニク |

| 区　分 | | 主な働き | 多く含む山の幸 |
|---|---|---|---|
| ビタミン | 葉　酸 | 赤血球や細胞の新生に働く | ゼンマイ，アサツキ，ヨモギ，ナズナ，ヨメナ，フキノトウ，タラノメ |
| | パントテン酸 | ストレスへの抵抗力を高める | ナズナ，アシタバ，ツクシ，ゼンマイ，アサツキ，クサソテツ，ヨモギ |
| | C | 風邪，ガンの予防 | ナズナ，ワサビ，ノビル，ギョウジャニンニク，ヨメナ，アシタバ，ヨモギ |
| 無機質 | ナトリウム | 生命の営みに必要（1日10g以上） | ツワブキ，アシタバ，オカヒジキ |
| | カリウム | 高血圧の予防と血圧の降下 | ヨモギ，ヨメナ，ユリネ，フキノトウ，オカヒジキ，ツクシ |
| | カルシウム | 強い骨をつくり，精神を安定させる | ナズナ，ヨモギ，オカヒジキ，オランダガラシ，ヨメナ，ノビル |
| | マグネシウム | 循環器の健康を守る | オカヒジキ，フキノトウ，ワサビ，ヨメナ，ツルナ，ナズナ，ツクシ |
| | リ　ン | 骨と歯をつくり，生理作用を担う | タラノメ，ヨモギ，ノビル，ツクシ，ナズナ，フキノトウ，ヨメナ，アサツキ |
| | 鉄 | 赤血球のヘモグロビンの必須成分 | ヨモギ，オランダガラシ，ツルナ，ノビル，ギョウジャニンニク |
| | 亜　鉛 | 発育を促進し，細胞の新生を促す | ツクシ，ノビル，フキノトウ，タラノメ，アサツキ，クサソテツ |
| | 銅 | ヘモグロビンの合成を助け，貧血を予防 | フキノトウ，タラノメ，ヨモギ，クサソテツ，ヨメナ，ツクシ |
| 脂質・他 | タンパク質 | エネルギー源として働き，免疫力を高める | ワサビ，ヨモギ，ナズナ，タラノメ，アサツキ，ユリネ |
| | 脂　質 | 脂質に脂肪酸が存在し，エネルギー源になる | ヨモギ，アサツキ |
| | アラキドン酸（ビタミンF） | 神経系，免疫系，代謝にかかわる | クサソテツ |

し、血液の浄化に速効性があって、大変人気が高い。

### ⑧アリシンを多く含む野生ネギ属の仲間

アリシンは、抗ガン作用や生活習慣病の予防効果があって血液をサラサラにするイオウ化合物で、野生ギョウジャニンニク、アサツキ、ノビル、ヤマラッキョウに多く含まれている。ビタミン$B_1$と結合してアリチアミンになり、栄養成分の吸収を高める。

### ⑨ゲルマニウムを多く含み、注目されているものも多い

ゲルマニウムは必要性が認められた元素ではないが、体内でインターフェロンの生成に関与したり酸化防止や酸素の効率を高めたりするなど、近年話題になっている。魚のシシャモに含まれるが、サルナシ、ヒシの実、サルノコシカケ類、野生ギョウジャニンニク、ヤマウドなどにも含まれる。

### ⑩見直されているヤマノイモのムチン

食品のヌルヌルする成分が見直され、野菜ではオクラ、サトイモが人気になっているが、山の幸ではヤマノイモが評判になっている。ムチンは粘膜をうるおす機能、胃壁を保護する機能、肝機能と腎機能を強化する機能を持ち、細胞を活性化させる。そのため、昔から老化予防とスタミナ増強に効果があるとして人気が高く、生産拡大が望まれる山の幸である。ジネンジョは滋養強壮や糖尿病にも効果がある。

## (2) 安心、安全食品

山の幸は、もともと自然に生育している植物で、大部分が森林原野に生えている。野菜のように化学肥料や農薬などは使われていない。いま残留農薬や食の安全の問題が急浮上して、農家の間にもさまざまな波紋を投げかけ、健康・安全・安心に対する消費者の意識も高まっている。食は生命（いのち）の源である。健康生活は、身近な食材と安全な食料供給へと動き出している。

山の幸は清浄な空気のなかで育ち、厳しい環境や風雪に耐えてきたもので、価値ある自然食チャンピオンである。このような環境で育ったものを栄養分析すると、平地育ちより成分が二割ていど多いことが知られている。また、ひと味違った風味で価値が高いので、山村から産出する産品はこれらの特徴を宣伝して販売するとよい。

山菜や木の芽は旬のものが大変おいしく栄養価や機能性も高いので、旬に採取し出荷するとよい。栽培は自然に近い環境で無農薬で行ない、安全で安

心できるものを売り出すとよい。

## （3）女性・高齢者パワーを生かして取り組める作物

二一世紀の農村振興のためには、自然との共生を図りながら地域の特色ある特産物を掘り起こし、その付加価値を高める加工・開発、栽培化を行なうことがポイントである。同時に直売などの有利販売と都市住民との交流を広げることが求められる。その結果として、地域経済を再生することが望まれている。プランづくりには住民各層の意見や知恵・指導が必要だが、実施にあたっては高齢者や女性のパワー、意見、提言、ノウハウを生かすことが大切である。

その点、山の幸の場合は、高齢者や女性には深い経験とノウハウがあるので、そのパワーを生かすことができる。一方、山の幸の採取や生産、それに直売などの販売は女性や高齢者でも取り組める仕事である。とくに労力が不足し高齢化が進んでいる中山間地域では、経費や人手のかからない山の幸なら取り組みやすい。

取り組みにあたっては、山の幸栽培を試験して普及している県の農業研究センターに相談するとよい。

## （4）観光物産として活用できる

日本列島は、豊かな大自然に恵まれ、風光明媚で景勝地や温泉などが多く、世界的な観光国である。四季の移り変わりがはっきりしており、未来を開く植物資源が約五〇〇〇種生育し、古くから山海の幸に富み、豊かな食文化を育んできた。観光産業は日本経済への貢献が大きく、わが国の国内総生産（ＧＤＰ）の四・八％＝二〇兆円（産業関連を含め）で、雇用一九一万人といわれる。いま景気低迷下で観光客の減少傾向が続き、農山村に与える影響は大きい。

日本観光協会のアンケート調査によると、宿泊旅行者の不満は飲食物が二八・四％で、かなり多い。このように、旅行をするからには日ごろ食べている料理よりおいしい郷土料理や地元の変わった創意工夫された料理を求めるのが観光客の心理である。とくに新鮮な山菜料理が望まれるが、近年地元で生産して供給する側と消費する側の販売体制が確立していないため入手困難が続き、海外産を使っている場合が多い。そのため、供給側の組織づくりが大きな課題である。とくに夜食べた山の幸を翌日の朝市で売れるような販売体制の強化が必要である。また、山の幸観光狩園の設置なども望まれる。

## (5) 直売所で人気商品になる

近年、農産物の直売所が各地に設置されて産地直売活動が活発になり、新しい産品の開発、新たな販路の拡大など大きな広がりをみせている。また、朝市、夕市、各種イベントなど新たな販売、流通形態として注目を集めている。

農産物直売所は農山村の数少ない成長産業で、所得の周年確保、地域社会の維持という役割、消費者への「ゆとり」や「やすらぎ」の場の提供など公益的、多面的な機能を発揮し、存在価値が大きい。また、最近は農村レストランの併設、学校給食や福祉施設への食材供給など、さまざまな広がりをみせている。一方、食の安全・安心、顔の見える農産物という消費者ニーズに応えることや、販売を通じて生産者と消費者の交流を広げるなどの役割も大きい。

販売活動は、地域によって差はあるが、どのような品目を売るかが基本になる。消費者の声を聞き、求めるものを速やかに提供することが大切である。山の幸のような特産物は都市周辺の直売所でも大変人気が高く、目玉商品扱いになる場合が多いからだ。

山の幸は季節感が大切で、旬に採れたものを売ることが基本である。次のような山の幸が有望と思われる（表6）。

**①山菜**　栄養価、機能

表6　有望な直売用の山の幸

| 区　分 | 直売用品目 |
|---|---|
| 山　菜 | アサツキ，アザミ類，オオバギボウシ，クサソテツ，セリ，ウワバミソウ，キクイモ，オカヒジキ，ジュンサイ，フキ，ゼンマイ，ツルナ，チシマザサ，ナンテンハギ，ヤマウド，ハマボウフウ，ミヤマイラクサ，モミジガサ，モリアザミ，ヤマノイモ，ヤマユリ，ワラビ，アシタバ，イヌドウナ，シオデ，オトメユリ，ツクシ，ツワブキ，ヤマトキホコリ，ノカンゾウ，ナズナ，ノビル，バイカモ，ヤマラッキョウ，ハンゴンソウ，ワサビ，ホドイモ，野生ダイコン，ユリワサビ，サワオグルマ，ナルコユリ，ハマダイコン，フキノトウ，トリアシショウマ |
| 木の芽 | ウコギ，ヤマウコギ，コシアブラ，リョウブ，ヤマグワ，ハリギリ，マタタビ（芽），サルナシ（芽），イワガラミ，クコ，サンショウ，ハナイカダ，アケビ，クサギ（乾），カキ，ミツバアケビ |
| 木の実 | アケビ，イチョウ，ウグイスカズラ，オニグルミ，カヤ，ガマズミ，キイチゴ類，クサボケ，グミ類，クロマメノキ，コケモモ，サルナシ，サンカクヅル，エビヅル，シバグリ，サンショウ，チョウセンゴミシ，ツクバネ，ハスカップ，トチノキ，ナツハゼ，ハシバミ，ハマナス，ヤマブドウ，マタタビ，マツブサ，ムベ，ヤマボウシ，イワテヤマナシ，ヤマモモ，アカモノ，オオウラジロノキ，ニホンスモモ，ブナ，ケンポナシ |
| 珍　品 | ギョウジャニンニク，ホドイモ，イカリソウ，マツブサ，ヤマラッキョウ，クサボケ，ヤマトキホコリ |

注）大沢農産物販売戦略事務所による調査

性の高いコシアブラ、ノビル、タラノキ、ヤマウド、ナズナ、フキノトウ、ヤマトキホコリ、アシタバなどが人気。クサソテツは、亜鉛（ダイエット）、アラキドン酸（ビタミンF、免疫機能を高める）、ビタミン$B_6$（抗アレルギー、花粉症）を含み、今後ブームになることが予想される。

**②木の芽**　木の芽は植物の生長点で、栄養価が高く、機能性のポリフェノール性化合物を含むものが多い。ガン予防の効果も高いので、人気が高まるものと思われる。また、旬に食べると季節感を味わえるヘルシー食品として、大幅な伸びが期待されるものが多い。

とくにコシアブラ、タラノキ、サンショウ、マタタビが魅力商品となる。

**③木の実**　昔から人間生活に深い関係がある木の実は、クリ、クルミ、ヤマブドウ、アケビなどの栽培化が進み市場に出回っているが、旬の季節に直売所で売ると人気商品になるものが多い。果物より野性味たっぷりで、形や色彩が美しく神秘的で、香気にも優れ、栄養価や機能性が抜群であるため、目玉商品になるものが多い。

サルナシ（日本列島の珍果）、ナツハゼ（アントシアニンが多く、疲れ目に効く）、ハマナス（ビタミンCが抜群に多い）、ヤマブドウ（加工用途が広い）などが伸びそうである。

**④珍品**　山の幸には珍品がたくさんある。栽培化が遅れており、まだ経済性が低いが、今後大幅な伸びが期待されそうである。

ギョウジャニンニクは栄養価が高く、野生ニンニクとして伸びる風格がある。料理の工夫と加工の開発が課題である。ヤマラッキョウは栽培ラッキョウの半分ぐらいの大きさなので、小型のラッキョウとして売り出すための栽培化に向けての研究が課題である。野生イモのホドイモはイモ類中栄養価が抜群で珍品中の珍品であり、大きなイモが数千円で売られているが、栽培が難しく量産が課題である。ヤマトキホコリは出荷期間が長く、有望な直売産品である。マツブサは珍果だが栽培化が遅れており、栽培研究が課題である。クサボケは高貴な香りのある珍果で、最近では国内外から注目される木の実だが、資源量が少なく、栽培化が望まれる。

**⑤山の幸の上手な売り方**　次の点を心得て販売するとよい。

図１　市販されて人気の高いノビル

●新鮮なものを売るのが原則である。山の幸は野菜に比べ、ポリフェノール性化合物を多く含み、すぐ色が褐色になったり根元の部分が硬くなるので、朝採りをして早く売ることが大切である。

●山菜のような生ものは常に水分の蒸散作用があるので、新聞紙に包んで根元を下にして立てておくとよい。

●珍しい山の幸は、かならず効用や食べ方を書いたチラシを添えて売るとよい。

●旬の山の幸カレンダーをつくり、消費者に知らせておく（表7）。

●山の幸料理講習会を開く。

●一般に山の幸は価格が高いイメージがあるので、そのなかに安いものをかならずそろえる。

●旬の時期を失わないように売ることを心がけ、目玉商品をつくってPRする。例：「日本列島の珍果サルナシ」

**ー」の例**

| 月 | 秋　9～11月 | 冬　12～2月 |
|---|---|---|
| | ホドイモ<br>ワサビ<br>モリアザミ<br>ヤマユリ<br>ヤマノイモ | 野生ダイコン<br>ワサビ<br>セリ<br>コシアブラ<br>促成アサツキ<br>促成ギョウジャニンニク<br>促成オオバギボウシ<br>促成クサソテツ<br>促成ナズナ |
| | 乾燥タケノコ<br>乾燥ノカンゾウ<br>乾燥クサギ | 促成ウコギ<br>促成タラノキ<br>促成サンショウ<br>乾燥カタクリ<br>乾燥キヨタキシダ<br>乾燥ノカンゾウ<br>乾燥ゼンマイ |
| マタタビ | マツブサ<br>クルミ<br>ムベ<br>イチョウ<br>カヤ<br>アケビ<br>イワテヤマナシ<br>サルナシ<br>ヤマボウシ<br>ヤマモモ<br>ガマズミ<br>ナツハゼ<br>ヤマブドウ | |

「ビタミンCがレモンの一〇倍」など。

## (6) まだまだある未利用資源の山の幸

山の幸資源には、地方によっては食べないもの、利用方法がわからず未利用資源となっているものが比較的多い。試食会を開催して掘り起こし、名産にするとよい。開発有望な山の幸には次のようなものがある。

**①木の芽リョウブを売り出す**　リョウブは各地に資源量が多く、天ぷら専用で、若芽の組織が硬く五時間たっても揚げたての状態で客から喜ばれる珍味である。促成栽培が可能。

**②フキの葉を炊き込みご飯に**　フキの葉にはβ-カロテンが七三〇〇マイクログラムもあって（茎の一七〇倍）栄養価が高く、高貴な香りがある。さっと湯に通して冷凍しておき、炊き込

**表7 「旬の山の幸カレンダ**

| 時季 | 春　3～5月 | 夏　6～8 |
|---|---|---|
| 山　菜 | ミヤマイラクサ<br>モミジガサ<br>フキノトウ<br>フキ<br>ゼンマイ<br>ツルナ<br>ギョウジャニンニク<br>チシマザサ<br>オランダガラシ<br>オカヒジキ<br>オオバギボウシ<br>野生ダイコン<br>ノビル<br>ワラビ<br>ノカンゾウ<br>ナズナ<br>ツクシ<br>タンポポ<br>シオデ<br>イヌドウナ<br>セリ<br>アシタバ<br>ウワバミソウ | ウワバミソウ<br>ツルナ<br>ヒシ<br>バイカモ<br>ジュンサイ |
| 木の芽・乾物 | ノカンゾウ<br>リョウブの芽<br>ヤマブドウの芽<br>マタタビの芽<br>タラノキの芽<br>サンショウの芽<br>コシアブラの芽<br>ウコギの芽<br>アケビの芽 | （高地）<br>リョウブの芽<br>（タラノメ、夏出し）<br>タラノキの芽 |
| 木の実 | | コケモモ<br>ニホンスモモ<br>グミ<br>クワノミ<br>キイチゴ |

み御飯に入れると、珍味として喜ばれる。

③ヤマクワの若芽を売り出す　野生クワの芽はビタミンが多く、カルシウムがトップクラスでキャベツの六〇倍もあり、薬用効果も抜群である。ぜひ売り出したい。

④木の芽をセットで売り出す　マタタビ、サルナシなど未利用の木の芽がたくさんある。いずれも栄養価が抜群で珍味なので、セット商品として売り出すとよい。

⑤資源量の多いイタドリを掘り起こす　イタドリは高知県の特産で、ほかの県では未利用資源である。フラボノイドを含み、血液をサラサラにする効果がある。シュウ酸を多く含み酸味が強いので、ふつうは食べない。しかし、この酸味は抜くことができる。酸味の抜き方がポイントで、熱い湯では抜けないが、「ちょっと熱いかな」くらいの湯で抜くのが秘訣である。

⑥アザミ類を掘り起こす　アザミは国内に一〇〇種近くあるが、そのうち三〇種は食用になり、比較的資源量が多い。アザミの香味はほかの山菜になく、山の珍味である。ニシンや肉と組み合わせるとトップクラスの料理になる。食べ方もたくさんあって有望品目である。ただ、アクがあるので、アク抜きが必要である。栽培もできる。

# 3、山の幸を生かして新しい〝むら〟づくりを

## (1) 山の幸を掘り起こし、世界に売れる特産物を開拓する

山の幸資源には未利用資源を含めてたくさんあるから、生物産業技術の開発、特産物の開拓が急務である。農山村では次のようなものが有望と思われる。

①日本の代表的な香辛料サンショウ

わが国には良質でトゲが少ないアサクラザンショウなどがあって、資源量が多い。芳香性が高く、世界的に知られている。若葉や実を粉末加工して「日本コショウ」と銘うった香辛料にするか、独特の芳香を生かしたサンショウめん、菓子など、ほかの食品と組み合わせて、世界に向けて売り出すとよい。とくにサンショウの薬効性は高く、成分のシトロネラールは血液をサ

ラサラにして血行をよくし、心臓の働きを活発にさせ、免疫機能を高める。果皮は大脳を刺激し、活性化する。

### ②二一世紀の健康食ヨモギ

ヨモギは万能薬であると同時に栄養価が薬草のなかで抜群である。また、香りが高く外国人にも好まれる。日本にはもっとも資源量が多く、山間地に良質のヤマヨモギが自生する。加工品が多く開発されているが、粉末化やエキス化して米、めん類、パンなどに加えた新しい加工品の開発を図り、世界に向けて売り出すとよい。

### ③香り抜群のクサボケを売り出す

クサボケは芳香抜群の木の実だが、北限が福島県で資源量が少なく、栽培化されていない。果実は小さく、黄色で美しく、香料果実としてヨーロッパにも知られている。加工開発はまったくなされていない。今後、酒類の香りづけとしたり、ワイン、香料、菓子、漬物の製品をつくったりして、海外に売り出すとよい。

### ④二一世紀の保健食として 木の芽を加工して売り出す

木の芽は生長点としての栄養価や機能性が見直されている。資源的に恵まれ、香りのよいものが多い。若いうちに採取して高度の粉末化を行ない、穀類、豆類などと組み合わせた加工品をつくり、世界各地に売るとよい。

## (2) 山の幸を生かした 農村と都市の交流を

いま、都市と農村の交流を求める人が増えている。都市と農村の交流事業は、山村地域の活性化を図るため総合的な取組みが行なわれており、重要な課題である。都市生活者が余暇を利用して農山村に滞在し、自然と接して山の幸や農産物などと親しむことは、健康でうるおいのある国民生活を実現するうえでも重要である。

農山村でも交流のなかで特産物などの販路拡大、間接収入など経済的な効果が大きく、生活の大きな手段になりうる。とくに都市生活者は山の幸のような都市では求めにくいものを求めて訪れる場合が多いので、期待はずれにならないような産品づくりが大切である。山の幸観光狩園や特産物オーナー制度などを整備して家族ぐるみで楽しめる施設をつくり、農山村の魅力を味わうことができるようにするとよい。また、田舎のない都市生活者との交流のなかで親戚村をつくるなど、継続的な交流を図るとよい。

## (3) 休耕地や遊休地を解消する

いま、全国各地で耕作放棄地や遊休農地が年々増えるばかりで、自治体や農業団体でも知恵を絞りながら遊休地の再利用に努めている。たとえば各地の未利用桑園の掘り起こしが大きな課題になっている。山の幸を活用した遊休農地の新しい利用方法は次のとおりである（図2、3）。

**①未利用桑園、梅林の新しい利用法**　立木の一部を掘り起こし、そこにつる性の山の実などを植え、立木を支柱代わりにして繁殖させる。立木をそのままにしてクワの芽やウメの実を収穫し、下作に山の幸をつくる。間作に多年生ソバをつくり、花を養蜂に活用する。

**②遊休農地の利用法**　人手のかから

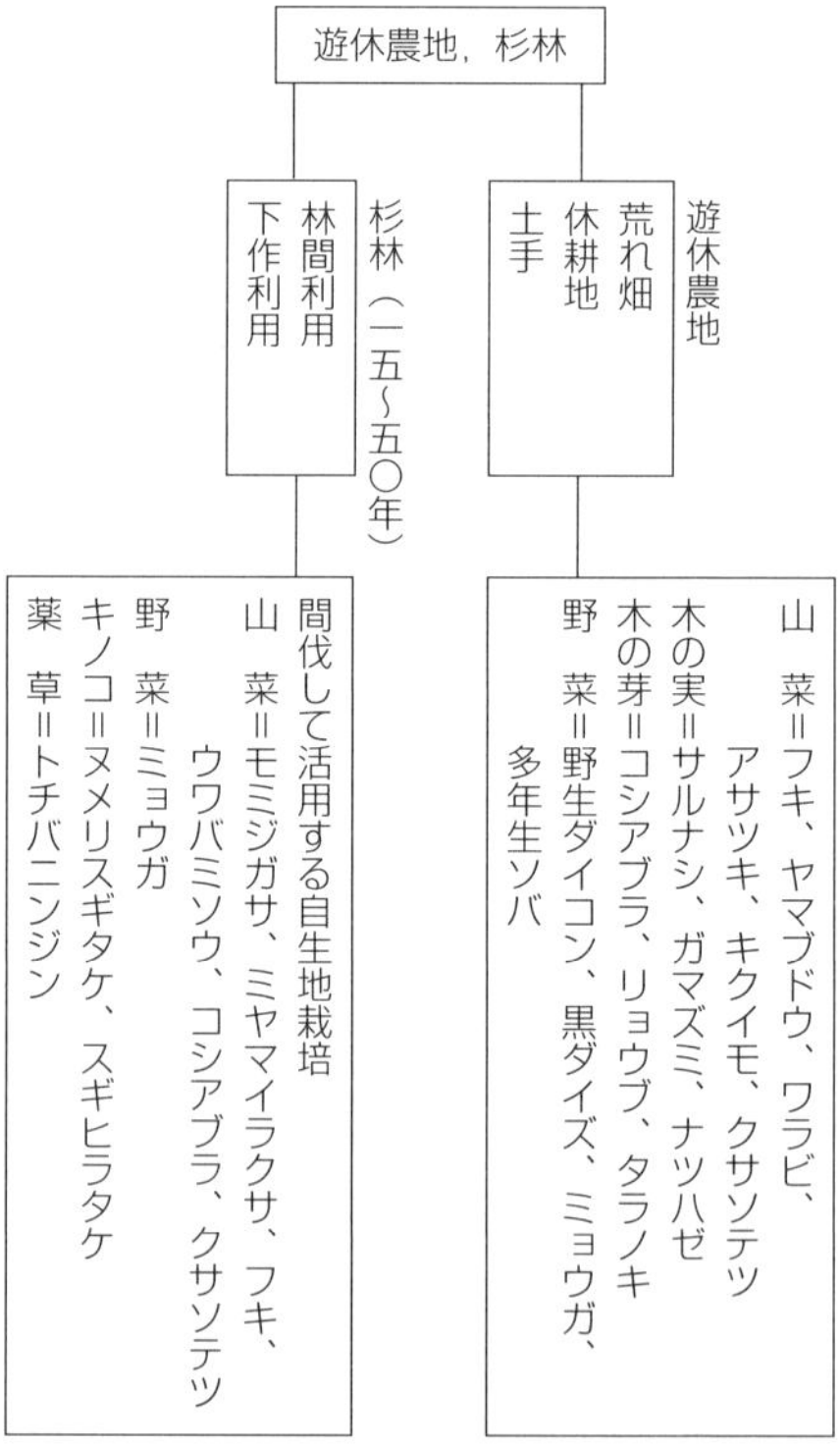
遊休農地，杉林
遊休農地
荒れ畑
休耕地
土手
杉林（一五～五〇年）
林間利用
下作利用
山　菜＝フキ、ヤマブドウ、ワラビ、アサツキ、キクイモ、クサソテツ
木の実＝サルナシ、ガマズミ、ナツハゼ
木の芽＝コシアブラ、リョウブ、タラノキ
野　菜＝野生ダイコン、黒ダイズ、ミョウガ、多年生ソバ
間伐して活用する自生地栽培
山　菜＝モミジガサ、ミヤマイラクサ、フキ、ウワバミソウ、コシアブラ、クサソテツ
野　菜＝ミョウガ
キノコ＝ヌメリスギタケ、スギヒラタケ
薬　草＝トチバニンジン

**図2　山の幸による遊休農地，杉林の有効利用**

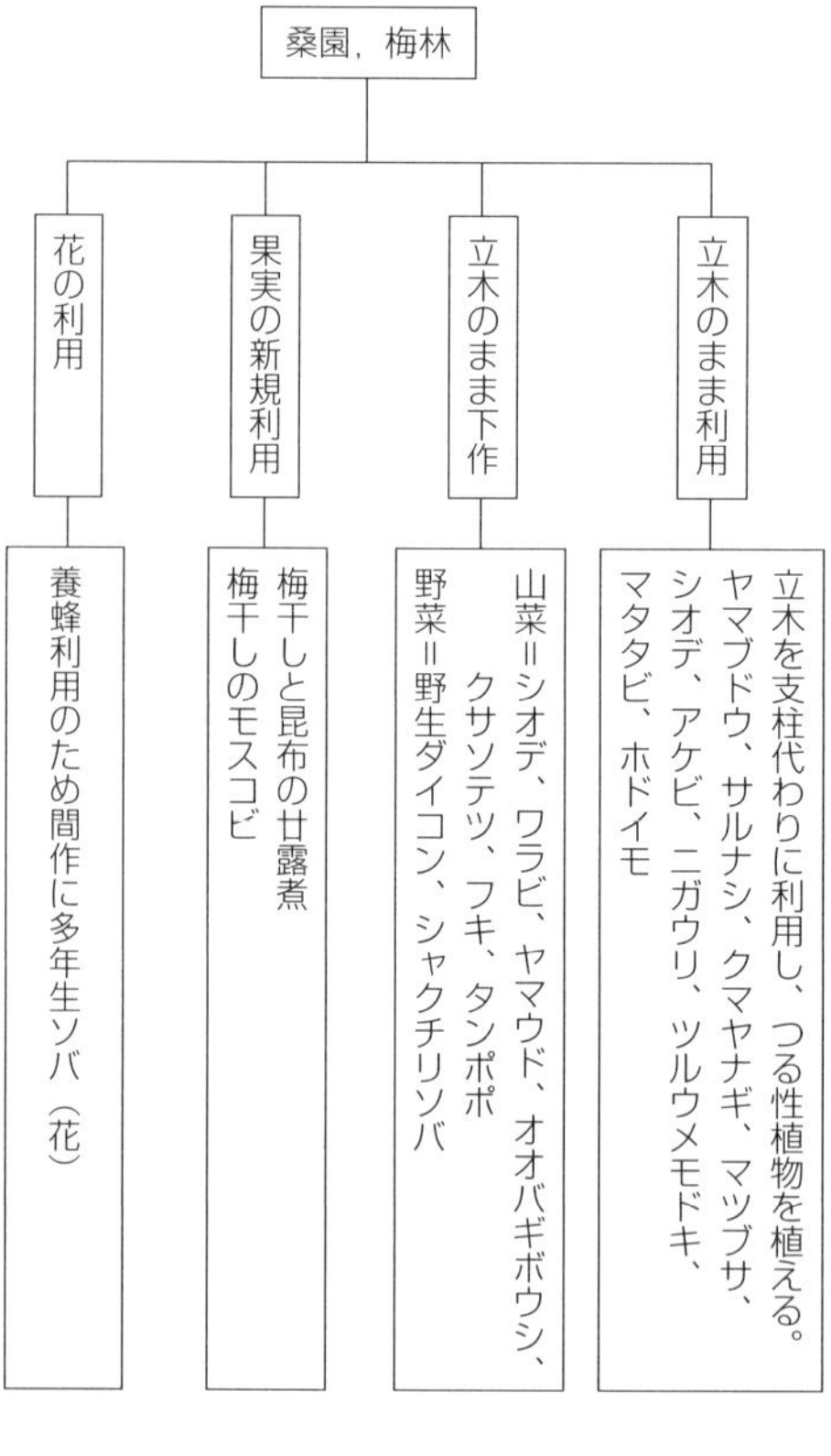
桑園，梅林
立木のまま利用
立木のまま下作
果実の新規利用
花の利用
立木を支柱代わりに利用し、つる性植物を植える。ヤマブドウ、サルナシ、クマヤナギ、マツブサ、シオデ、アケビ、ニガウリ、ツルウメモドキ、マタタビ、ホドイモ
山菜＝シオデ、ワラビ、ヤマウド、オオバギボウシ、クサソテツ、フキ、タンポポ
野菜＝野生ダイコン、シャクチリソバ
梅干しと昆布の甘露煮
梅干しのモスコビ
養蜂利用のため間作に多年生ソバ（花）

**図3　山の幸による桑園，梅林の新しい利用**

ない山の幸を植えて再利用する。

**③杉林内の林間栽培**　間伐を樹齢に応じて実施して光線がチラチラ差し込むようにし、日陰を好む山の幸を移植したりタネを播いたりして間作すると成績がよい。

## （4）新規営農者の導入作物にする

農業の担い手は、昭和三十五年に一一九六万人であったものが、平成十年には三一六万人で昭和三十五年の二六％と大変な減り方であり、今後ますます減る傾向にあるといわれる。一方で、長引く不況によってリストラにあうなどして、農業を求める人や農業へ復帰する人が増えている。そのさい、企業経験を生かして農業に新風を吹き込むことが求められている。新時代に対応した安全で栄養価の高い農産物をつくり、消費者のニーズに合った発想の転換による栽培を行なうことが、新規営農者に求められている。

山の幸栽培は比較的労力がかからず、種苗も地域から求められ、栽培が容易である。そのため高齢者や女性による起業にも向き、農業者の生きがいの面でも健康の面でも取り組みやすい仕事である。山の幸栽培は夢のある仕事で、直売所や道の駅などで売る楽しみは格別である。新しい品目ほど魅力があって発展が予想される。

**図４　地域資源の掘り起こしが期待される農村加工場**

## （5）新しい加工品を開発し、むらに仕事をつくる

農山村は、地域資源が豊富であるのに、加工開発が遅れており、これまで付加価値を高めることができなかった。従来、生食市場中心の販売が多く、加工の取組みができなかったのである。また、漬物、みそ加工などは行なわれてきたが、地域資源の個性を引き出す新たな加工開発は進まなかった。いま〝つくれば売れる〟時代は去ったので、地域独自の特色の強いものをつくることが大切である。市販品のマネでは、大量生産ラインにのったメーカー品と

はとうていたち打ちできない。そのため、山の幸のようなメーカーではマネのできない農村加工こそ有利なのである。

山の幸の持ち味を生かし、栄養分析や機能成分分析をやってその効果を引き出し、新顔の商品をつくるとよい。加工開発が進むなか、新しい加工に取り組むためには、新しい加工施設の導入と加工技術の向上が課題である。加工素材は農山村にたくさんあるので、その素材を組み合わせて使えばよい。海の幸と山の幸を上手に組み合わせ、独創的な加工品をつくる工夫が必要である。

主な加工品の例は図5、6のとおりである。

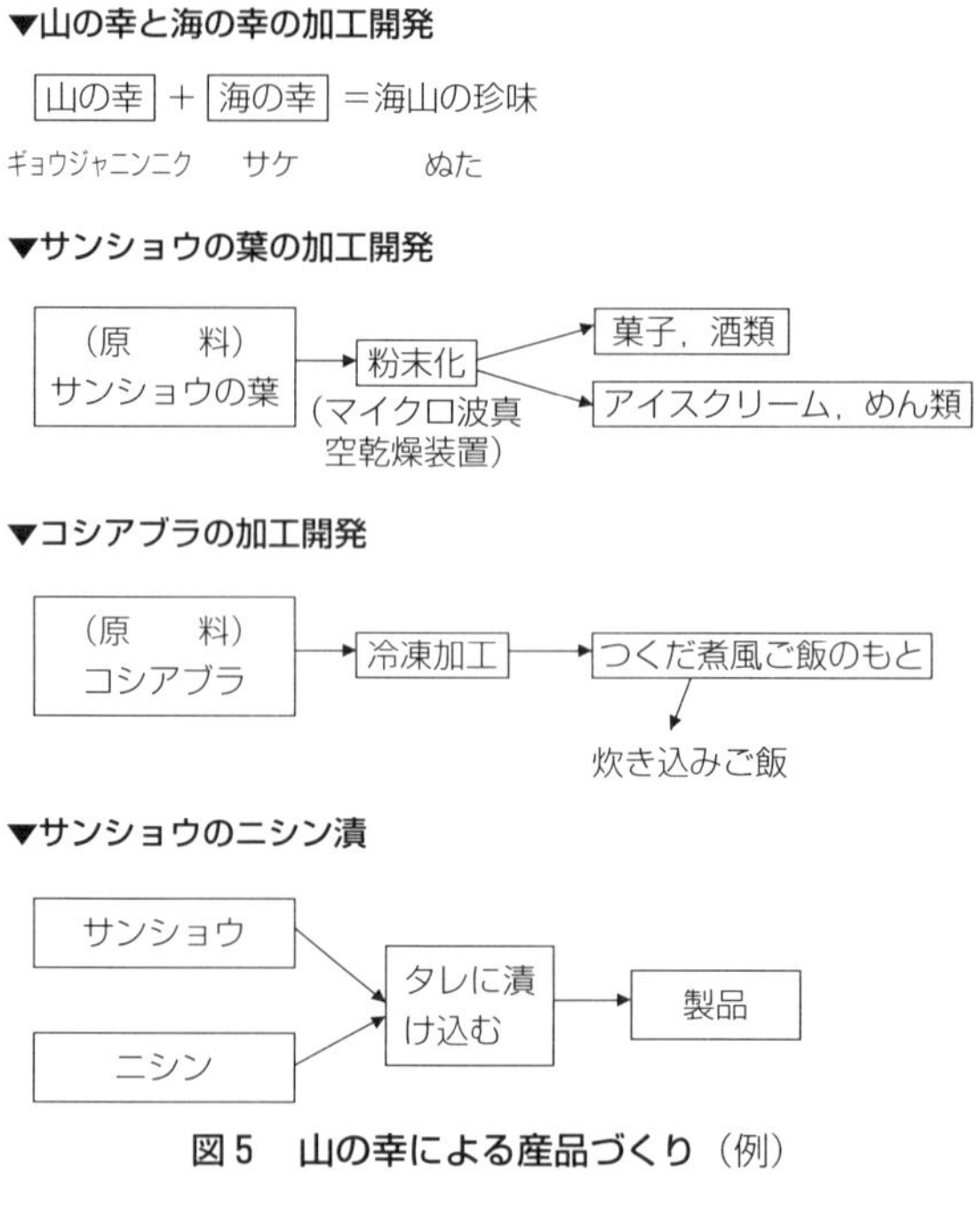

▼山の幸と海の幸の加工開発
山の幸
＋
海の幸
＝海山の珍味
ギョウジャニンニク
サケ
ぬた
▼サンショウの葉の加工開発
（原　料）
サンショウの葉
粉末化
（マイクロ波真空乾燥装置）
菓子，酒類
アイスクリーム，めん類
▼コシアブラの加工開発
（原　料）
コシアブラ
冷凍加工
つくだ煮風ご飯のもと
炊き込みご飯
▼サンショウのニシン漬
サンショウ
ニシン
タレに漬け込む
製品

図5　山の幸による産品づくり（例）

## （6）地域資源を掘り起こし、各地域との交流を広げる

日本列島は細長く、北から南にかけて地域資源が異なっている。資源量の多いところと少ないところがあって資源の価値観が違うので、各地域間の交流を図るのに好都合である。

たとえば木の実のガマズミは、北日本では美しい赤色が食品の色づけに使われており、近年見直されている。一方、関西方面には実が黄色のキガマズミがある。イカリソウの花は、雪国では黄色、暖地では紫、白などがある。イタドリの場合は、多雪地帯ではオオイタドリ、暖地ではイタドリというように種類が変わっているので、交流して資源量を確保するとよい。

また、山の幸の振興を図るためにも情報の交換や産品の交換を進めたい。山の幸全国サミットなどを開催し、地域の英知を出し合いながら山の幸の振興を図るとよい。

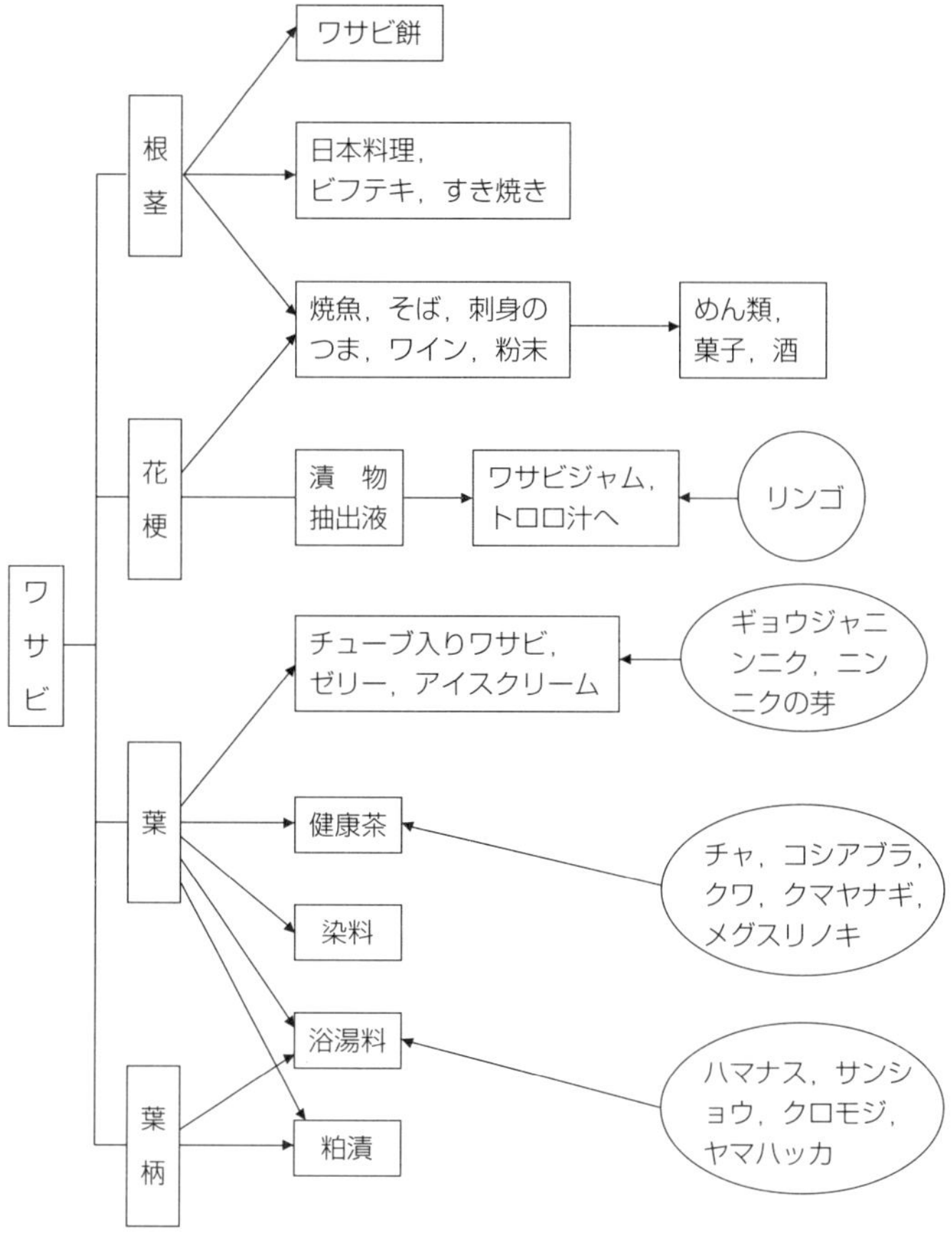


**図6　ワサビと組み合わせた山の幸による産品づくり**（例）

## （7）中山間地域における役割

農山村の地域おこしには、その地域の地域資源や未利用資源を綿密に調査し、地域の特性を活かした産品づくりが急務である。

わが国の農山村は自然に恵まれ、食用可能な植物が一〇〇〇余種類も生育しているものと思われる。このような地域資源は昔からさまざまな工夫のもとに利用され、わが国の食文化が構築されてきた。近年わが国の食文化は諸外国の影響を受けて大きく変わったが、昔からの食文化の継承が叫ばれている。

いま、山の幸のような自然食品は、栄養価の面で、また機能性食品として高く評価され見直されて、一種のブームが起こっている。一方、農山村の特産物として複合経営の一環に定着しているものも数多い。農山村を発展させるためには、山の幸のような地域資源を掘り起こし、直売所の目玉産品をつくり、観光物産として広く活用して観光地の名産づくりを行ない、山の幸観光狩園や体験学習など幅広く活用して、都市と農村の交流を深め、農山村を都会の憧れの場とすることが大切である。

# 第2章 上手な加工・保存・利用のやり方

# 1、山菜、木の芽の保存と料理、加工

## (1) 生での保存

山菜類を生で保存するときは、雨の降らない日を選び、朝早く採取して早めに持ち帰り、ポリエチレン袋に販売規格(一〇〇～二〇〇グラム)の量目を詰め、四隅に一センチくらいの穴をあけておく。山菜や野草は呼吸しているので、切っておくと鮮度を保つことができる。大束の場合は新聞紙で包んで輪ゴムで止め、根元を下にして立てておく(図7)。

山菜類にはポリフェノール性化合物が多いので、水分の多い日に採取して保存すると腐りやすい。生での保存期間は三～七日くらいである。

## (2) 乾燥品のつくり方と保存

山菜、木の芽は、乾燥して保存するものが意外に多い。乾燥品は、加熱温度と材料の良否によって製品のよさが決まる。したがって、ゆで過ぎると失敗するので注意する。組織の弱いカタクリなどはさっと湯通しする。反対に、硬いゼンマイなどは時間をかける。アケビの皮は生のまま乾燥する。

乾燥方法は、天日(自然)乾燥と乾燥機を使う人工乾燥に大別される(図8)。最近は凍結真空乾燥などの機械乾燥を行なう方法がある。いずれの場合も、水分一〇％以下にすると安全で、微生物の繁殖が抑えられるが、二〇％ていどの場合はカビが多く発生する。微生物は菌体の中に七〇～九〇％の水分をもっており、極端に水分が減ると繁殖しなくなる。天日乾燥は短時間で仕上げるのがコツである。

### ①ゼンマイの乾燥に赤干しと青干し

ゼンマイの乾燥方法には赤干しと青干しがある(図9)。赤干しは一般に行なわれる天日乾燥で、食べたときおいしい。青干しは、奥山(泊まり山)で雨天が続くとき、焚き火でくん製にして里に持ち帰り、また天日乾燥する方法で、昔から京都で食べられてきた。

赤干しゼンマイは品質がすぐれ、貯蔵性が高いため、ゼンマイの乾燥の大部分が赤干しである。採取後すぐ根元が硬くなるので、早めにむしろに広げて霧を吹くと綿が取れやすい。湯通し

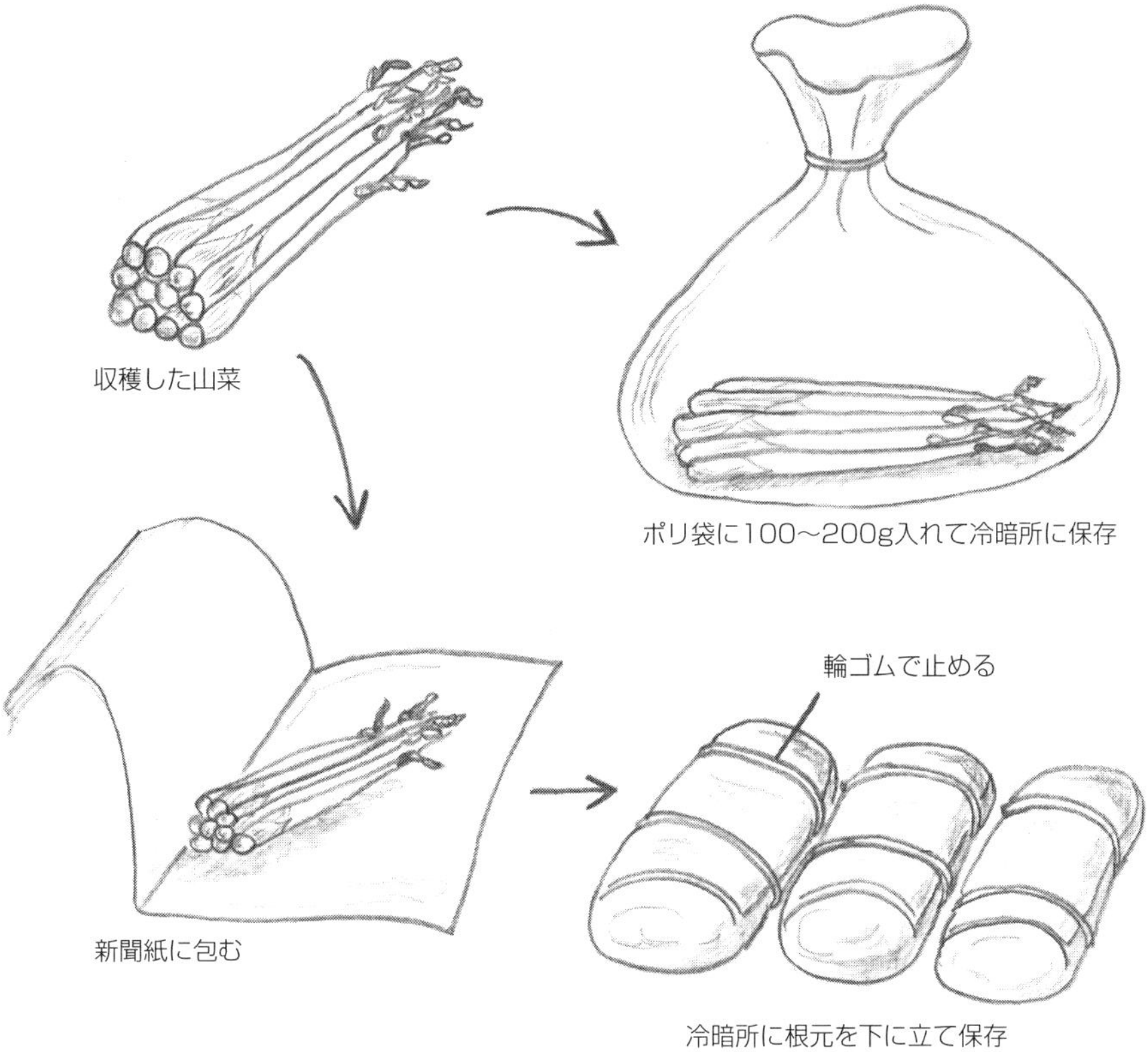

収穫した山菜
ポリ袋に100〜200g入れて冷暗所に保存
新聞紙に包む
輪ゴムで止める
冷暗所に根元を下に立て保存


**図7　山菜の生での保存方法**

の前に規格を選別しておく。

釜や鍋にゼンマイの約二倍の水を入れて加熱し、沸騰寸前にゼンマイを入れて加熱する。さらに沸騰したらゼンマイを引き上げる。引き上げるタイミングは、緑色が消えて黄褐色になってからである。ゆで方が早いと干し上が

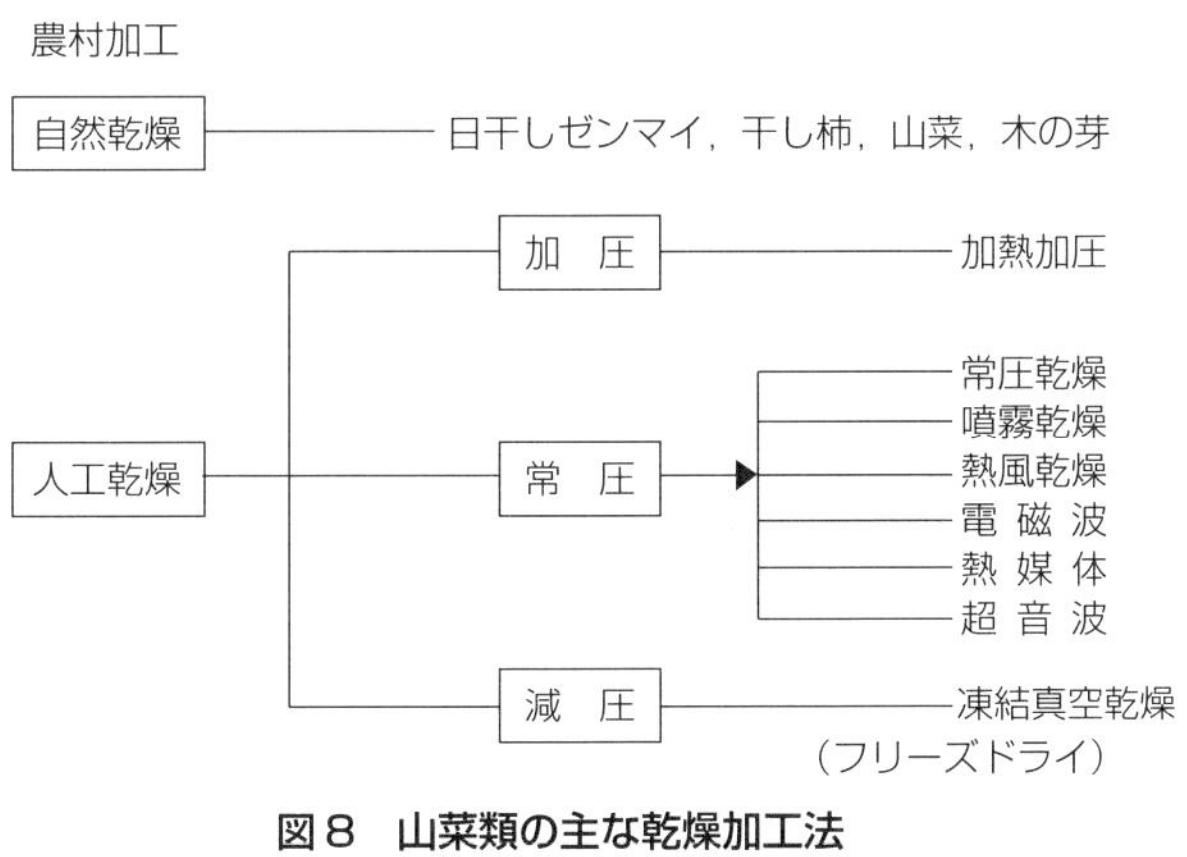

農村加工
自然乾燥
日干しゼンマイ，干し柿，山菜，木の芽
人工乾燥
加　圧
加熱加圧
常　圧
常圧乾燥
噴霧乾燥
熱風乾燥
電 磁 波
熱 媒 体
超 音 波
減　圧
凍結真空乾燥
（フリーズドライ）


**図8　山菜類の主な乾燥加工法**

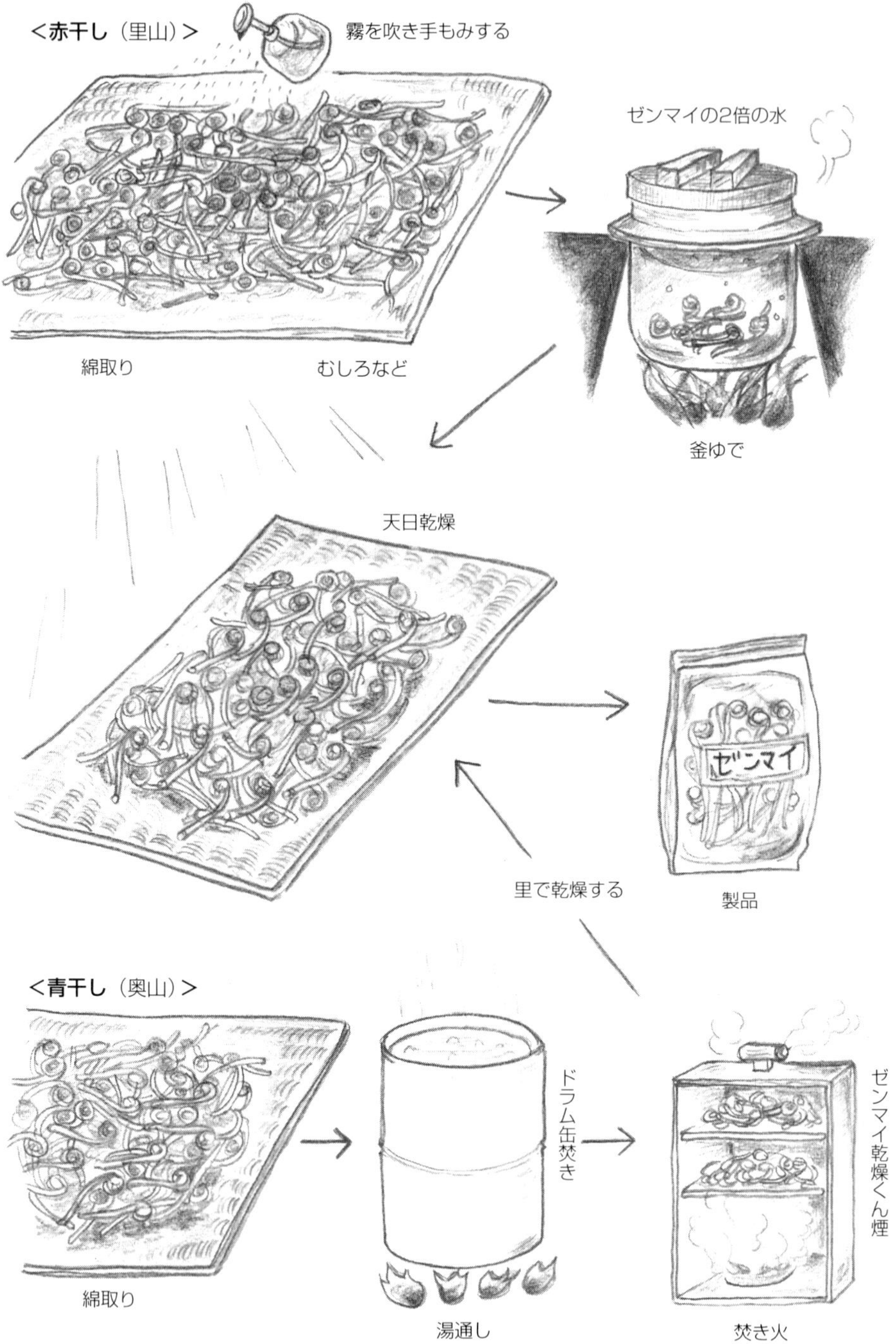


図9　ゼンマイの乾燥方法

りが黒くなるし、ゆで過ぎると乾燥のとき中身がくずれるので、注意すること。乾燥中に五～六回両手でもみながら干し上げる。一回目は表面に水分がなくなったときで、五〇〇グラムくらいを集めて両手で軽く五～六回繰り返してもむ。二回目以降は同じ要領で少し力を入れてもむ。最後に小分けして広げ、乾燥する。ときどき天地返しをし、仕上げに広げて干し上げる。

図10　乾燥中のゼンマイ

青干しゼンマイは、採取地が奥山で乾燥条件が悪いところや雨天が続くときの乾燥方法の一つで、くん蒸によって採取現場で行なう特殊なやり方なので、一般には行なわれない。青干しはおいしいが、腐敗しやすい欠点がある。

青干しの場合、湯通しをドラム缶を用いて赤干しの要領で行ない、引き上げてくん製する。つまり、火床をつくって焚き火でいぶしながら干し上げる方法で、両手でもみながら行なう。奥地では完全な乾燥ができないので、里に持ち帰り、さらに天日乾燥する。天日乾燥の要領は赤干しに準じる。乾燥後の取り扱いが大切で、湿気に十分注意する。

赤干しゼンマイの乾燥歩止まりは生の約一一分の一である。含有水分一三％以下に乾燥する。乾燥後は厚めのポリ袋に詰め、乾燥剤を入れて保管する。出荷するとき定められた出荷規格にする。

## ②その他の乾燥法

**●カタクリ**　さっと湯通ししてむしろに広げ、天日干しする。水分を多く含み組織が軟らかいので、途中二～三回天地返しをしながら乾燥する。ゼンマイと同じていどの価格で取引される。

**●キヨタキシダ（赤コゴミ）**　キヨタキシダは最近栽培されるようになったシダの仲間で、乾燥品はコクがあってゼンマイと同じていどの価格で取引される。乾燥方法はゼンマイと同じである。

**●フキノトウ**　フキノトウが二〇センチくらいに伸びだしたとき採取して、花びらや花を取り除き、茎だけをゼンマイと同じ方法で二～三回もみあげ、天日乾燥する。それをアク抜きしてつくだ煮に加工する。

●**精進料理の代表クサギ（臭木）**　生では臭いが乾燥すると珍品で、精進料理になる。若芽を摘み、さっと湯を通し、むしろに広げて日干しする。途中二〜三回もみながら干し上げる。

●**畑の雑草スベリヒユ**　ゼンマイに準じて乾燥する。根を除き、葉と茎をさっと湯通ししてむしろに広げ、二〜三回もみながら天日乾燥する。

●**ヨモギ**　若芽を採取して湯通しし、ゼンマイに準じて乾燥する。天地返しするが、もむ必要はない。時間はかかるが、固めて乾燥してもよい。

●**サワオグルマ**　開花前の若芽を採取して湯通しし、天日乾燥する。途中二回天地返しする。

●**その他の山菜**　オオバギボウシ、ウド、ワラビ、花類（ノカンゾウ、ヤブカンゾウなどの花と茎）などは、蒸して天日乾燥する。アクの強いワラビ、ウドなどは、アク抜きしてから乾燥する。この場合、直射日光で乾燥すると、表面だけが乾燥して色が悪くなるので、陰干しがよい。

### ③乾燥品のもどし方

乾燥品をもどすときは、三〇℃の温湯に二〜三%の食塩水を加え、その中にひたるようにつける。食塩水でもどすと浸透圧が強くなり、二〜三時間で早くもどる（図11）。冷水でもよいが、吸水が悪く、時間がかかり、干し臭みが少し残ることがある。

## (3) 冷凍のやり方

山の幸は旬のもので季節感を味わうのが本来であるが、たくさん採れたときや季節はずれに味わうときには冷凍加工しておくと便利である。最近は直売所でも冷凍品が出回るときがある。

2〜3%の食塩
約30℃のお湯
乾燥品をつける
2〜3時間でもどる


**図11　乾燥品のもどし方**

### ①冷凍の目的とポイント

山菜類がたくさん採れたとき冷凍しておけば、長期間利用できる。冷凍加工の目的とポイントは次のとおり。

●原料内の酵素（酸化酵素）を加熱して不活性化する。

●原料の微生物を加熱して殺菌する。ただし、完全殺菌には限界がある。

●原料の組織内の空気が加熱によっ

て膨張して逃げ出す。

●加熱によって山の幸の命ともいえる緑が鮮やかになり、商品価値をさらに高める。

●ビタミン類の減少を防ぐ。

### ②どんな山の幸が冷凍に向くか

自家用と営業目的では冷凍のやり方が違うが、価格の高い材料で季節はずれに珍品扱いされるものを基本に考えて冷凍するとよい。とくに家庭用の冷凍庫では入れる量に限度があるので、価値の高いものを選んで冷凍するとよい。冷凍に向く主な山の幸は表8のとおりである。

### ③冷凍のコツとやり方

冷凍のやり方には、急速凍結法（真空冷却の原理で急速に冷却させる連続自動の大型機器）、浸漬式凍結法（液体窒素を噴射・気化させてマイナス一九六℃の温度で凍結）、バッチ方式などがあって、品質的には一〇〇％に近い状態で冷凍化が可能になっている。しかし、一般的には営業用冷蔵庫で冷凍・保存

**表8　冷凍に向く山の幸**

| 区　分 | 主な種類 |
|---|---|
| 木の芽 | アケビ，マタタビ，コシアブラ，ウコギ，ヤマウコギ，ハリギリ，サンショウ，タラノキ |
| 山　菜 | イヌドウナ，ギョウジャニンニク，クサソテツ，ソバナ，ナズナ，ネマガリダケ，ハマダイコン，ミヤマイラクサ，モミジガサ，ユリワサビ，ヤマトキホコリ，トリアシショウマ，ナンテンハギ，ジュウモンジシダ，カタクリ，サワオグルマ，フキノトウ，フキ，ウド，ヨメナ，アザミ，イタドリ，イワガラミ，ヤマソテツ，ヨモギ |
| 花　類 | ハマナス，ヤマツツジ，フジ，ソバナ，ノカンゾウ，タンポポ，サワオグルマ，野生ダイコン，ワサビ |

**表9　品目別冷凍処理の方法**

| 区　分 | 品　名 | 処　理　方　法 |
|---|---|---|
| 湯通しして冷凍するもの | クサソテツ | 若芽で葉が開かないうちに，よく洗って水を切り，冷凍する |
| | アケビの芽 | 熱を通しすぎないように，さっと湯通しする |
| | コシアブラ | 若芽を選別して大・中・小に区分し，さっと湯通しする |
| | ジュウモンジシダ | よく洗って（りん片を取る）冷凍する |
| | アザミ類 | 若い茎（長さ 20 ～ 30cm）の皮をむいて細かく刻み，湯通ししてアクを抜いてから冷凍する |
| | ウコギ類 | さっと湯通しして，冷水に少し長くおいてから冷凍する |
| | 野草ミックス | ナズナ，ヨメナ，ナンテンハギなどはミックスして湯通しし，冷凍する |
| | 木の芽ミックス | マタタビ，イワガラミ，サルナシなどはミックスして湯通しし，冷凍する |
| 生で冷凍するもの | サンショウ(若芽，青実)，ヤマウド | 香りを重視するので，速やかに処理するのがポイント。加工用ポリ袋に少量詰め真空パックをして，さらに箱詰めして冷凍する<br>香りを生かすため，洗って水分を乾かしたらポリ袋に詰め，さらに箱詰めして冷凍する。小さいものがよい |
| 特殊なもの(3カ月が限度) | ネマガリダケ | タケノコの先端に傷をつけて皮をむき，軟らかい部分をさっと湯通しして水分をふき取ってポリ袋に詰め，さらに箱詰めして冷凍する |

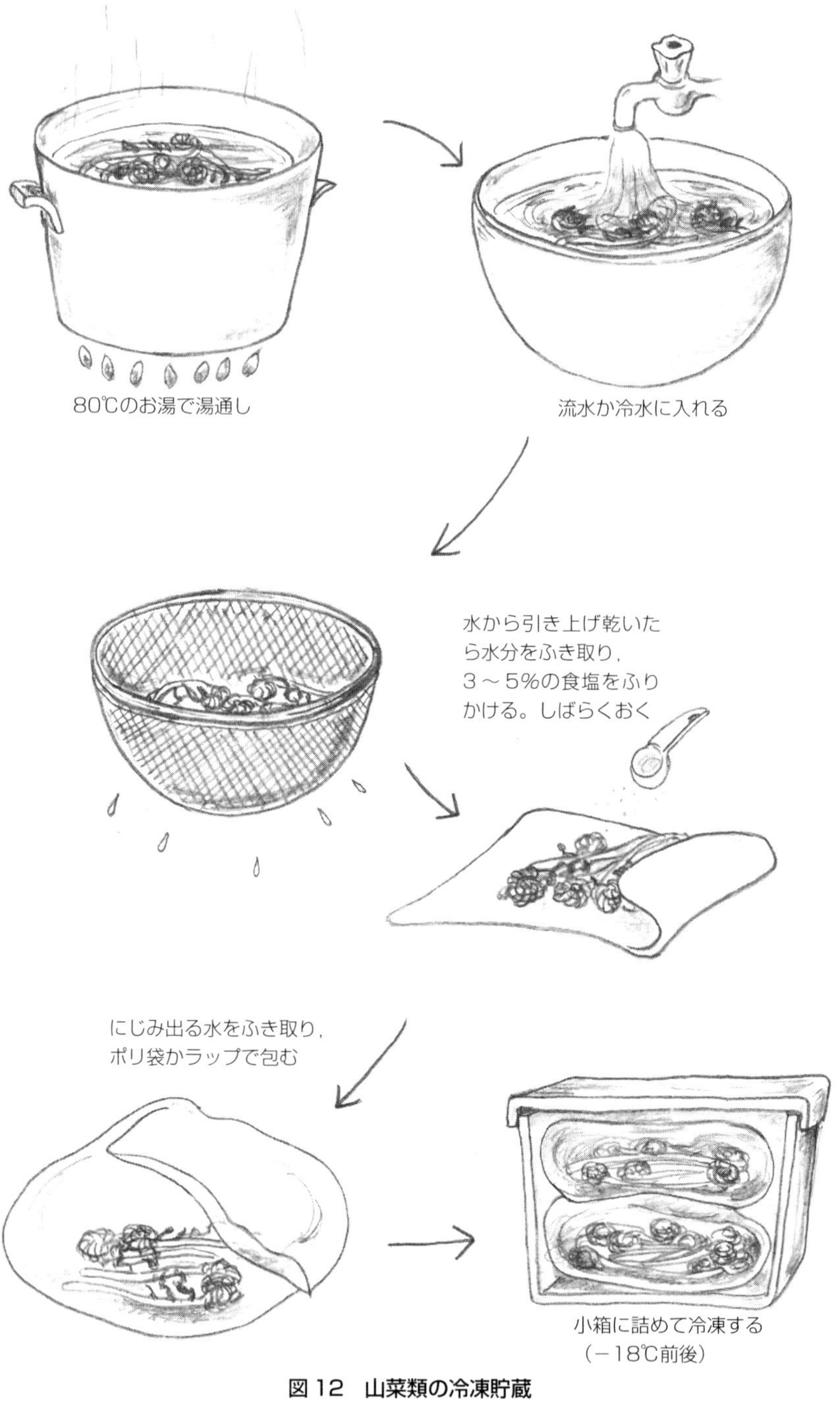
80℃のお湯で湯通し
流水か冷水に入れる
水から引き上げ乾いたら水分をふき取り，
3～5%の食塩をふりかける。しばらくおく
にじみ出る水をふき取り，
ポリ袋かラップで包む
小箱に詰めて冷凍する
（－18℃前後）

**図 12　山菜類の冷凍貯蔵**

することが多く、その場合はマイナス一八℃で一年間三％の品質低下にとどめることができる。

山菜類などは、品質を変化させようとする植物体内の酵素を抑制することができるので、わりあい長く保存できる性質がある。ただ、野生植物にはポリフェノール性化合物が多いため色素の酸化が早く、すぐ褐色になりやすいため、採取後速やかに冷凍することがコツである。また、最盛期のものを冷凍すると品質がよい。

**●ブランチング（湯通し蒸気処理）の方法**　原形のまま冷凍したいが、酵素によって色素が変化するため、凍結する前に加熱して酵素の作用を止める必要がある。一般には湯通し方式が用いられる。大きな鍋（鉄や銅は色が黒くなるのでだめ）に水を多めに入れて徐々に温度を上げ、八〇℃になったら原料を入れて湯通しする。原料の組織内に熱を通すていどで引き上げ、ただちに冷水に入れる。冷えたら速やかに流水から引き上げ、水をよく切る。湯に原料一キロに対して五グラムの塩を入れて湯通しすると色上がりがよくなり風味が増す。

施設があれば蒸気処理法も行なうことができ、これだと水切りが完全にできる。

**●冷凍のやり方**　湯通しした山菜や木の芽などは、ただちに流水か冷水に入れ、一組織全体が冷えたら速やかに水から引き上げる。乾いた布で水分をふき取り、原料に対して三～五％の食塩（当座漬ていど）をふりかける。しばらくおくと原料から水分がにじみ出てくるので、さらに乾いた布で水気をよくふき取る。このやり方は、水分を少なくして氷結を防ぎ、栄養分の流出や形くずれを防いで風味を高める新しい冷凍方法である。塩分は肉厚のものには多く、葉ものには少なくする。

このように処理した原料を小分けしてポリ袋やラップで包み、小箱に詰めて冷凍する。温度調整が可能な冷凍庫ではマイナス一八℃前後に温度設定し、品質の低下を防ぐ。魚や肉、野菜などと一緒に冷凍しないようにする。一緒に冷凍すると臭みが混じりあい、品質が低下するからである。

## ④解凍の方法

冷凍食品の解凍方法は一般に普及しており、空気、清水、塩水で解凍する方法、低周波電流解凍法（電子レンジ）、加熱解凍法がある。山菜、木の芽は八一～九五％が水分だが、熱処理して凍結したものは生ものと比較すると三分の一くらいの解凍時間ですむ。そのため、電子レンジなどで、高温・短時間で解凍するのがよい。サンショウのような生で冷凍したものは、冷蔵庫内でゆっくり低温で解凍すると香りが生かされる。電子レンジによる加熱処理は、色彩、風味を保つためにはよいが、香りや栄養価を失う欠点がある。

## （4） 塩蔵のやり方

農山村では、昔から山の幸の保存は塩漬が主流を占め、今でも直売所や道の駅などで広く売られている。また、二次加工のしょうゆ漬、粕漬、酢漬、からし漬などの農村加工品は、山の幸や野菜などを組み合わせてつくるものも多い。そのため、漬物は種類が大変多く、販売品は日本農林規格（ＪＡＳ）と国の「漬物の衛生規範」によって定められている。たとえば「山菜酢漬」「醤油山菜漬」などの定義も定められている。

なお、最近では血圧と食塩の因果関係が引き金になって低塩化の方向が定着したため、漬物の保存性が悪くなっている。

### ①塩蔵処理の基本

塩漬は塩加減で保存性が変わる。長く貯蔵する場合は、食塩を多く入れたり食酢やクエン酸を入れたりする。山菜類はタンニン物質が多く褐変を起こすため、野菜の塩漬より塩分を多く入れたほうが長く保存でき、原料の色を保つことができる。

塩蔵の原理からみると、塩蔵は植物細胞の原形質分離から始まる。原形質分離は食塩量、温度、圧力（重石）によって遅速が左右される。細胞の外の浸透圧が低ければ水分が細胞内に入り、浸透圧が高ければ細胞質の水分が外に出て脱水される。脱水がはなはだしいと、原形質分離を起こし、それが続けば細胞が死んでしまう。細胞が死ぬと細胞膜の機能が失われ、漬け汁が自由に出入りし、漬物が早く漬かるわけである（図13）。

食塩の濃度を高くすると浸透圧が高くなるため、早く脱水させたり酸素の溶解度を減少させて微生物の発育を阻止することができる。また、漬物のときの重石は圧力作用によって細胞の水分を押し出すことに役立つので大切である。山菜類の細胞液の浸透圧は五～一〇気圧である。一方、一％の食塩水は約七・六気圧、二％は約一五気圧とされている。これが塩加減の目安のよりどころになる。

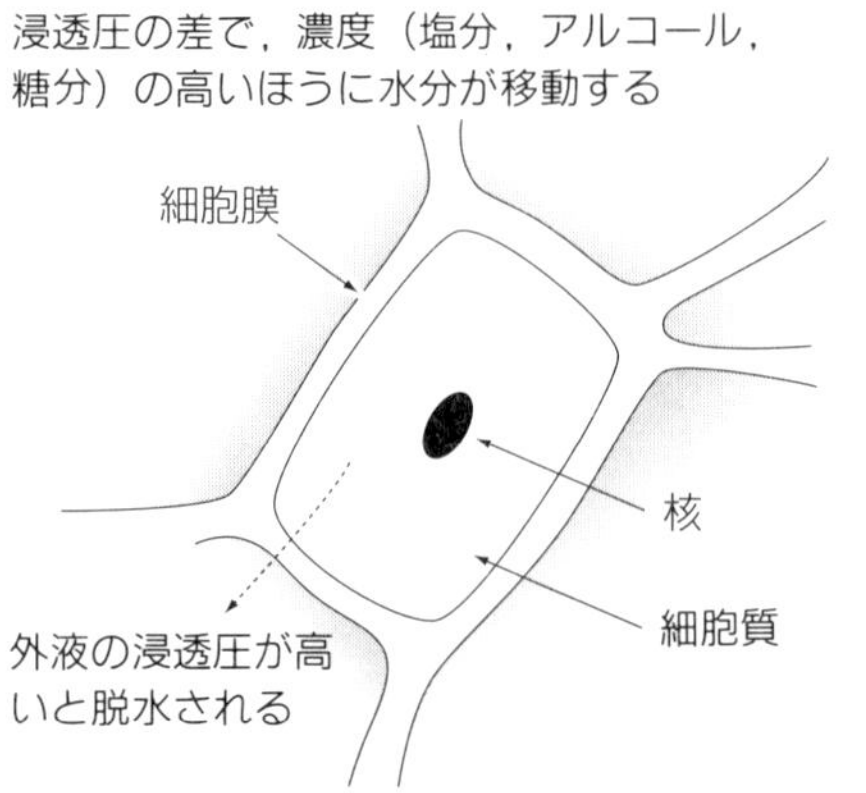
浸透圧の差で，濃度（塩分，アルコール，糖分）の高いほうに水分が移動する
細胞膜
核
細胞質
外液の浸透圧が高いと脱水される

図13　山菜の細胞が死ぬと塩分が(大量に)浸入する

## ②漬物の種類と食塩の量、容器

塩分が少ないと細菌が繁殖して漬物がすぐ酸っぱくなる。そのため、漬け込むときの塩分の量は、漬け込み時期、山菜の種類、使用目的、塩分の種類などで違ってくる。塩分の種類では自然塩（天然塩や岩塩）は保存性がよい。塩分のおよその目安は表10、11のとおりである。

設備によって漬物の容器は変わる。一般には即席漬、当座漬にはせともの類、ホウロウ引きなどの容器が使われる。長期漬には専用かめ、木製のたる、コンクリートタンクなどが使われる。漬け込み容器は、丸形より四角いもののほうが場所を取らないので、最近では四角いものが使われるようになった。

重石は天然石がもっともよいが、最近は市販の重石が多く使われる。押しぶたはヒノキ板がよい。カビ防止にササの葉、タケの皮を使うとよい。覆いとして厚いポリ袋を用いる。

表10　塩味と塩分の見当のつけ方

| 塩　味 | 塩　分 |
|---|---|
| 塩味をわずかに感じる | 1～2％ |
| 適度な塩味である | 3～4％ |
| 塩味をやや強く感じる | 6％前後 |
| 塩味を強く感じる | 10～12％ |
| 塩味が強くて食べられない | 15～20％ |

表11　漬物の種類と食塩の量（材料1kg当たり）

| 漬物の種類 | 食塩の量（g） | 加える食塩の濃度（%） | 摘　要 |
|---|---|---|---|
| 即席漬 | 20～25 | 2～2.5 | |
| 一夜漬 | 30～35 | 3～3.5 | |
| 当座漬（2～3日） | 40～50 | 4～5 | |
| 中期漬（7～15日） | 50～70 | 5～7 | |
| 保存漬（1～2カ月） | 100～120 | 10～12 | 種類により漬け替える |
| 長期漬（3～6カ月） | 150～200 | 15～20 | 漬け替える 1回目15％以上使用 |
| 長期漬（6カ月以上） | 200～250 | 20～25 | 漬け替える 1回目15％以上使用 |
| 山菜の長期漬（6カ月以上） | 250～350 | 25～35 | 漬け替える 1回目20％以上使用 |

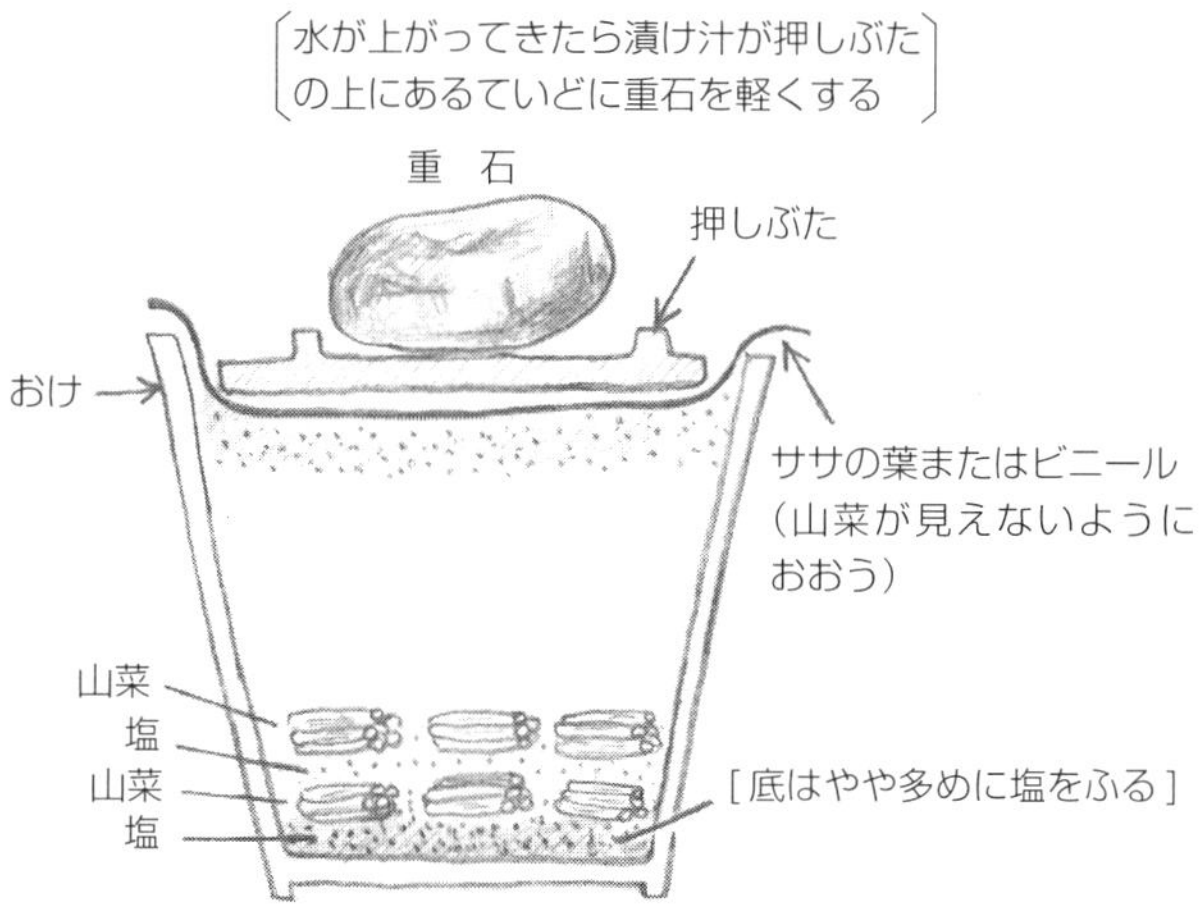

水が上がってきたら漬け汁が押しぶたの上にあるていどに重石を軽くする
重　石
押しぶた
おけ
ササの葉またはビニール（山菜が見えないようにおおう）
山菜
塩
山菜
塩
[底はやや多めに塩をふる]


図14　漬物に必要な容器や重石と漬け方の基本

| 漬物の種類 | 塩分の目安 | 直売所で評判をとる工夫 |
|---|---|---|
| 即席漬<br>（一夜漬）<br>⇩<br>サラダ感覚で<br>早めに食べる | 2～3％<br>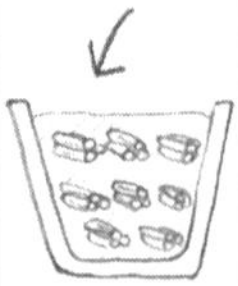 | ・減塩志向に合わせる。天然塩を使う<br>・化学添加物は使用しない<br>・即席漬は歯ごたえを大切にする<br>・酢を使うといっそううま味が出る<br>・栄養価が高く乳酸菌の発生でおいしさが倍増する<br>・保存は冷蔵庫で |
| 長期保存漬<br>（６カ月以上）<br>⇩<br>二次加工<br>塩抜き | 25～35％<br>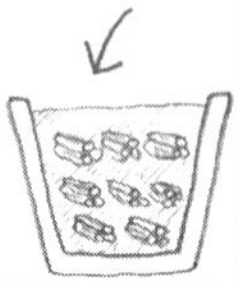 | ・ふるさとの味を重視しながら現代食に合わせる<br>・食塩の種類によって調味や貯蔵性が左右されるので，塩化ナトリウムの含有量の多い塩（90％以上）か岩塩を使う<br>・食塩の濃度が大きく影響し，高いと安全である<br>・温度が高いときは変質しやすいので，冷蔵庫を利用する |

**図 15　山の幸の塩蔵加工のポイント**

## ③上手な漬け方の基本

最近、即席漬（一夜漬）が直売所などでもブームである。農村では新鮮な山の幸や野菜と組み合わせた即席漬が人気商品で、毎日食べるために大量に消費されている。とくに山菜は組織が硬く歯ごたえがあって人気が高い。

漬け方の基本は図15に示す。

**●即席漬のポイント**　即席漬は、塩分濃度が二～二・五％ていどで、すぐ乳酸菌や腐敗菌が繁殖するので、早めに食べる必要がある。

漬け方のポイントは、まずよい原料を選ぶことである。晴天の朝採りの原料がよい。これをよく洗って水切りを完全にしてから漬け込む。始めに乳酸菌が発生するので、そのころが食べごろである。その後すぐに腐敗菌が発生し悪臭を生じるので、早めに食べるようにする。

**●長期保存漬のポイント**　長期保存漬は品質に温度が大きく関係するので、涼しい時期を選んで漬け込む。北国で漬物がよくできるのはそのためである。貯蔵場所は温度の変化の少ない土蔵、地下室、土室《つちむろ》などがよい。長期保存漬はかならず下漬後に本漬に漬け替えする。食塩濃度が二〇％以下のときは変質しやすいので、表面にアワが浮いてきた場合は、速やかに漬け替える。

主な漬け方の例は以下のとおりである。

## ④当座漬（二～三日）のやり方

### イヌドウナ主体の当座漬

イヌドウナは香りが強いので、野菜と組み合わせると香りが野菜とミックスして上品な香りを発揮する。

［材料］イヌドウナ三〇〇グラム、赤カブ、キャベツ合わせて五〇〇グラム、キュウリ二〇〇グラム、食塩三五

グラム

［漬け方］材料を長さ三センチくらいに切り、漬け込む。一晩でおいしく食べられる。

## モミジガサの当座漬

モミジガサは高貴な香りで、野菜と組み合わせると香りが生かされ、珍品の漬物が生まれる。

［材料］モミジガサ五〇〇グラム、キャベツ三〇〇グラム、キュウリ二〇〇グラム、食塩四〇グラム

［漬け方］材料を長さ三センチ前後に切り、漬け込む。一晩で食べられる。

## ウドの糠みそ漬

［材料］ウド二～三本、新しい米糠二キロ、食塩五〇〇グラム、水三カップ、トウガラシ二本

［漬け方］まず糠床をつくる。水に塩を溶かして加熱してからかめに移し、冷えたら徐々に米糠とトウガラシを加えて混ぜ、みそくらいの固さにする。生ウドを二～三本洗って塩を少々ふりかけておく。糠床は三日くらいで熟成するので、そのときウドを丸ごと入れて漬ける（大きいものは切る）。二日くらいで食べられる。ヤマウドは珍味でおいしいが、早めに食べること。

### ⑤長期保存漬のやり方（六カ月以上）

## フキの長期保存漬

フキを釜に入る長さに切り、熱湯で七分くらいゆで、すぐ冷水に入れて皮をむく。流水に一晩つけてアクを抜き、よく水を切ってから、次の要領で漬け込む（図16）。一〇カ月以上の保存漬の場合は皮つきで漬け込む。

**下漬**（一〇カ月以上）

［材料］フキ（皮つき）一〇キロ、

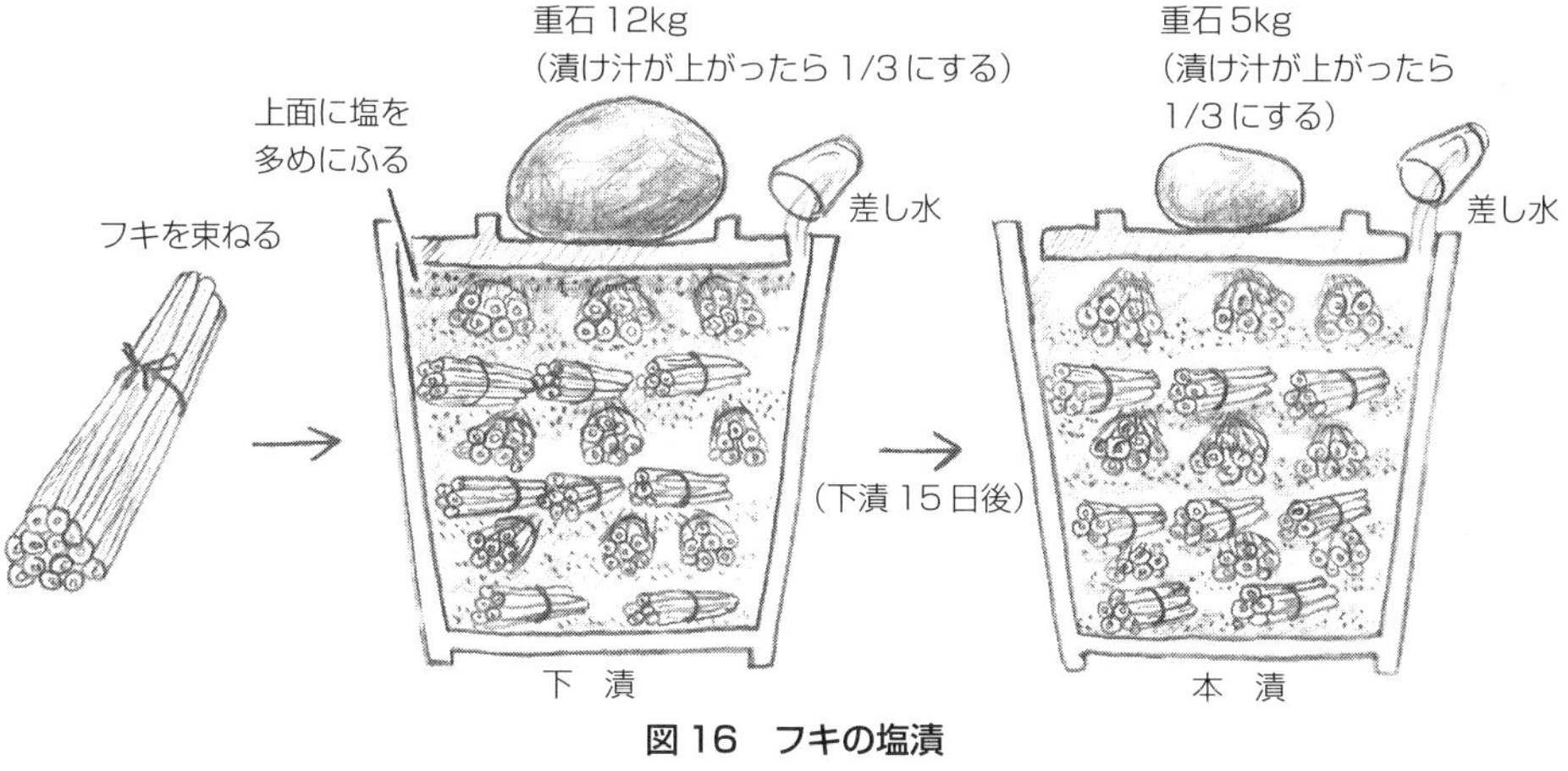

重石 12kg
（漬け汁が上がったら 1/3 にする）
上面に塩を多めにふる
フキを束ねる
差し水
下　漬
（下漬 15 日後）
重石 5kg
（漬け汁が上がったら 1/3 にする）
差し水
本　漬


図 16　フキの塩漬

食塩二・八キロ、重石一二キロ、差し水（食塩七五〇グラム、水二二五〇グラム）

［漬け方］①フキを束ね、すき間のないように並べ、塩をふる。これを繰り返して漬け込む。最後に上面に食塩を多くふりかける。

②差し水を容器の縁から静かに注入する（皮をむいたフキはすぐ水が上がるので、差し水をしなくてもよい）。

③その上に押しぶた、ポリフイルム（厚め）を敷き、重石をのせる。

④漬け汁が上がったら重石を三分の一に減らす。

**本漬**（下漬後一五日）

［材料］フキ七キロ（下漬一〇キロが七キロに減る）、食塩八〇〇グラム、差し水一・二リットル（食塩四〇〇グラム、水九〇〇ミリリットル）、重石五キロ

［漬け方］①食塩濃度が均一になってから本漬する。下漬のときの漬け汁は入れないので、容器の底に塩をふって下漬と同じ方法で漬け込み、差し水を入れて涼しいところに保存する。

②漬け汁が上がったら重石を三分の一に減らす。重石をそのままにしておくと組織が硬くなりやすい。

## ゼンマイの保存漬

ゼンマイは乾燥して食べるのが一般的で、塩漬にすると価値が劣る。しかし、ほかの漬物と組み合わせるとゼンマイのよさが生かされる。

［下漬材料］ゼンマイ一〇キロ、食塩二キロ、差し水二キロ（食塩四〇〇グラム、水一・六キロ）、重石一二キロ

［本漬材料］ゼンマイ六キロ、食塩一キロ、差し水一・五キロ（食塩四五〇グラム、水一キロ）、重石五キロ

［漬け方］フキの要領で漬け込む。

### ⑥塩抜きの方法

塩抜きの方法を、ゼンマイの場合で説明する（図17）。

釜に原料の三倍量の水を入れ、八〇℃まで加熱する。これにゼンマイを入れ、三〇分くらいかけて加熱し、復元させる。取り出して流水につけ、塩抜きする。塩抜きの加減は、二次加工する内容によって塩分を調節する。一般には、塩味を感じる二％くらいが目安である。

### ⑦塩抜きした山菜の調味漬

## ウドの粕漬

粕漬の方法には、旧来法と速成法の二通りがある。旧来法は、中期漬を五～六回繰り返して仕上げるので期間と労力がかかり、高級品扱いされる。一般に数種類の山菜を組み合わせて粕漬にすると、色彩がよく風味も上品である。

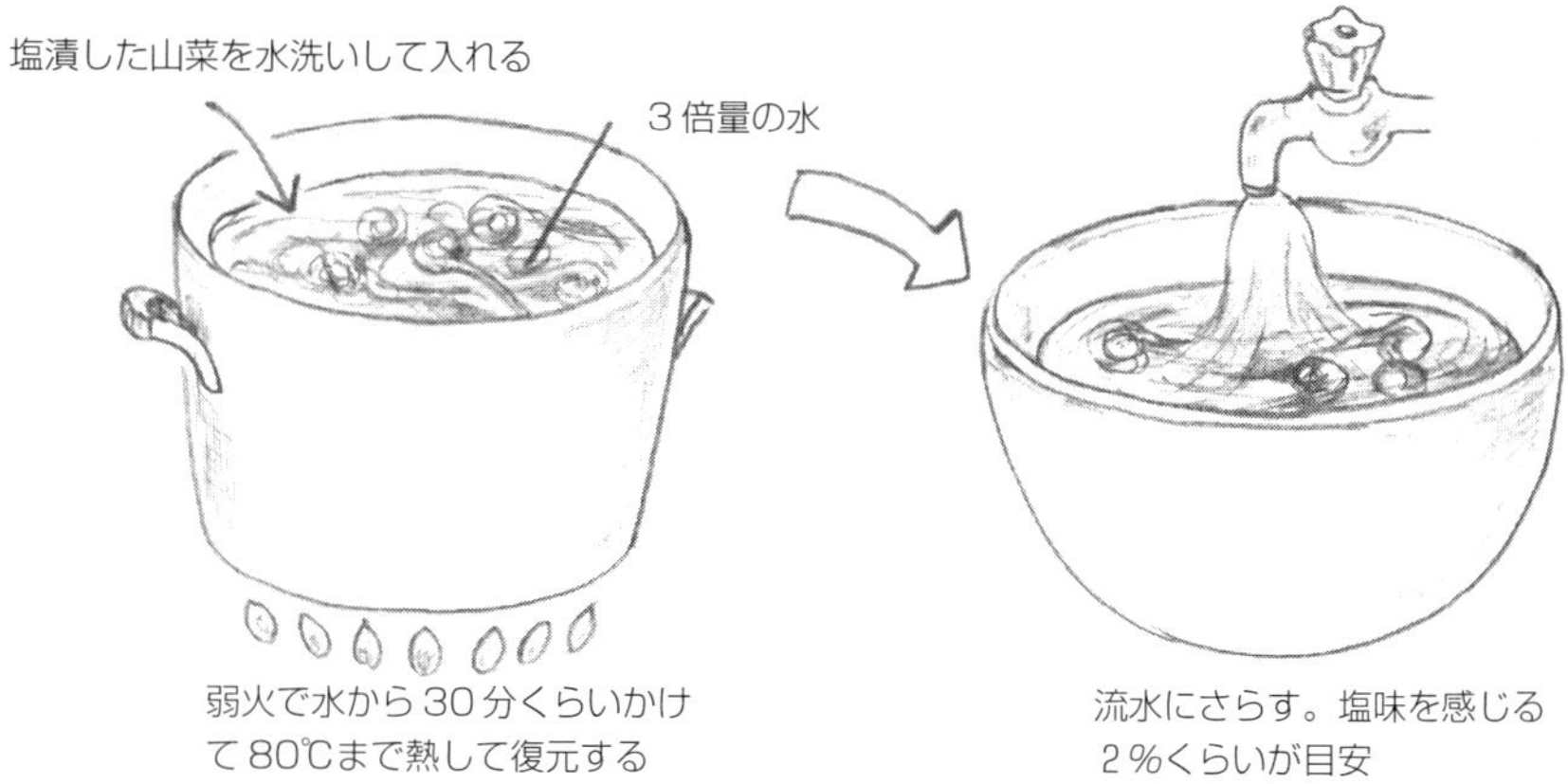
塩漬した山菜を水洗いして入れる
３倍量の水
弱火で水から30分くらいかけて80℃まで熱して復元する
流水にさらす。塩味を感じる２％くらいが目安

**図 17　塩抜きの方法**

| 漬け替え | 材料とつくり方 |
|---|---|
| 第1回 漬け込み | ウド　1kg / 上粕　1kg / 砂糖　60g（以上 漬床） / 重石　200g　10日後 漬け替え |
| 第2回 漬け込み | ウド　1kg / 上粕　1kg / 砂糖　120g / 水あめ　200g / 米酢、黒酢など若干　10日後 漬け替え |
| 第3回 漬け込み | ウド　1kg / 上粕　1kg / 砂糖　130g / 水あめ　200g / 食塩　60g / 調味料、みりん，酢など / ホワイトリカー（35度）　10日後 食べられる |

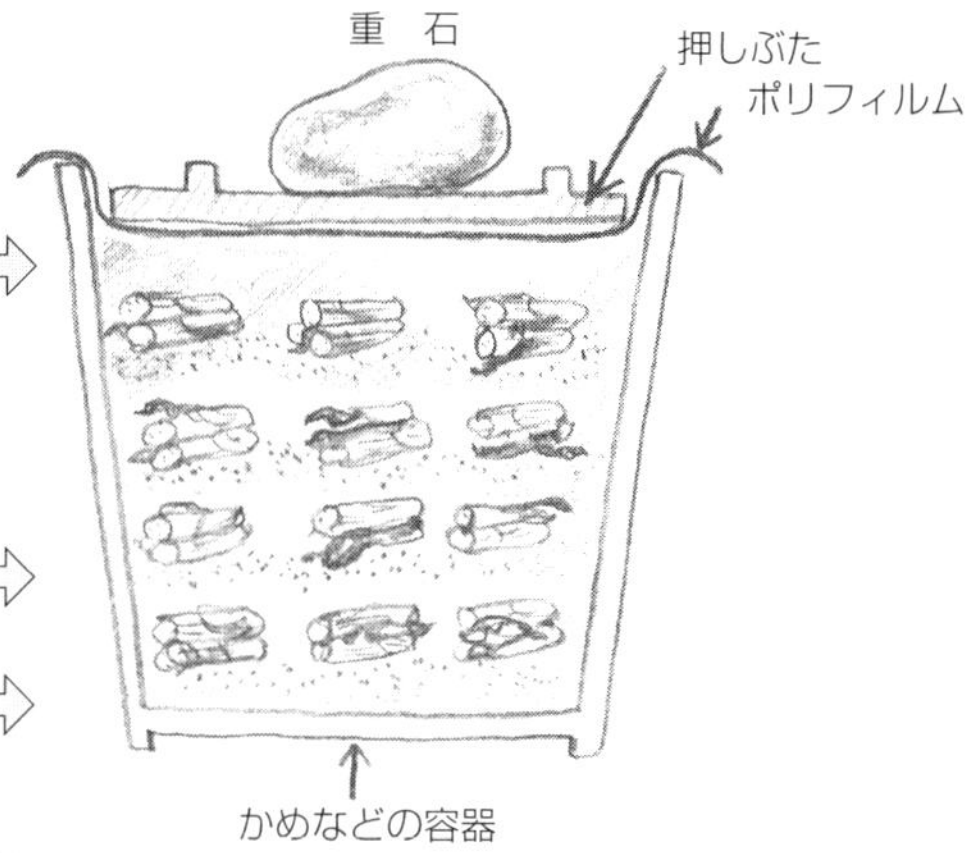
重　石
押しぶた
ポリフィルム
かめなどの容器

・塩抜き材料１kg（塩分15%，塩味が強く感じられるくらい）
・漬け替え３回
・冷暗所に保存する

**図 18　ウドの粕漬**（基準）

ウドの粕漬は、塩漬材料を使うので食べられるていどに塩抜きし、中期漬を三〜四回繰り返す。塩抜きの目安は塩分一五%くらい、塩味が強く感じられるていどとする。漬け始めてから五〇日で食べられる。

**第一回漬け込み**

［材料］塩抜きウド一キロ、上粕一キロ、砂糖六〇グラム

［漬け方］上粕と砂糖をよく混ぜ合わせて漬床をつくり、容器の底に敷き、その上からウドと混ぜ粕を交互に繰り返して漬け込む。最後にポリフィルムを敷き、押しぶたと重石二〇〇グラムを乗せ、一〇日おく。

**第二回漬け込み**

［材料］一回目のウド一キロ、上粕一キロ、砂糖一二〇グラム、水あめ二〇〇グラム、天然調味料（米酢など）若干

［漬け方］ウド以外の材料を混合して床をつくり、一回目と同じ要領で漬け込み、一〇日おく。

**第三回漬け込み**

［材料］二回目のウド一キロ、上粕一キロ、砂糖一三〇グラム、水あめ二〇〇グラム、食塩六〇グラム、調味料若干、ホワイトリカー（三五度）四〇グラム

［漬け方］床をつくり、前と同じ方法で漬け込む。なお、酒粕の熟成したもの（練り粕）は市販されている。

## フキノトウのしょうゆ漬

保存漬のフキノトウを一晩流水にさらして塩抜きしたものを細かくみじん

**図 19　フキノトウのしょうゆ漬**

切りにして用いる。
［材料］フキノトウ一キロ、しょうゆ二〇〇グラム、食酢一二〇グラム、風味調味料（みりん、日本酒など）二〇グラム、食塩一五グラム、白ゴマ一五グラム、水八〇グラム
［漬け方］みじん切りしたフキノトウを布にくるみ、水分を絞る。漬け汁の材料をよく混ぜ合わせ、七〇℃ぐらいに加熱して漬け汁をつくる。漬け汁が冷えてからフキノトウを漬け込み、表面にポリフィルムを敷き、押しぶたと軽い重石をする。二～三日で食べられる。

## (5) ビン詰のつくり方

### ①ビン詰のねらいと着眼点

山の幸は季節もので、しかも生では保存できない。しかし、ビン詰加工すれば、技術の進歩によって長期保存が可能である。ただし、施設や容器に費用がかかるから、地域の特産品に合った生産計画を立てる必要がある。春の山菜、秋の木の実、それに果物や野菜を組み合わせると有利に販売できる。

ビン詰加工のねらいは次の点である。

●珍品で贈り物にしたくなる産品をつくる。付加価値の高い地域特産の季節ものをビン詰加工する。

●山の幸と果物などを加えて栄養価と機能性を高めるビン詰加工。たとえば、木の実のナツハゼとリンゴを組み合わせてジャムのビン詰をつくると、ナツハゼのアントシアニンとリンゴのペクチンによって抗ガン作用を高めることができ、しかもおいしいジャムができる。

●山菜や野菜を組み合わせて量産し、適正な価格で売る。山菜のウドと野菜のミョウガやシソの葉などを組み合わせて香りを高め、付加価値をつける。

●年間通して販売できる商品を開拓する。ビン詰加工して年間利用できる特産物をつくる。

### ②ビン詰の原理

最近の食生活では加工食品が占める割合が六五％に達し、今後も伸びる傾向にある。加工食品では缶詰、ビン詰が主役で、その材料は農畜水産物が多い。しかし、山の幸は珍品で、シロップやジャム以外にはほとんど出回っていない。そのため、山の幸の場合は新製品が多く、加工技術が遅れている。

山の幸の場合は、ビン詰の原理である脱気、殺菌は農産物と変わりないが、山の幸特有の新鮮な芳香や栄養分の保持、適度な歯ごたえとおいしさが求められる。また、褐変、退色、変色を抑える処理方法などの研究が必要である。

ビン詰の利点は、外部から内部の形態

や変色が確認できること、酸、アルカリ、塩分の影響を受けにくいこと、ビンの再利用が可能であることである。

ところで、現在ではプラスチックの普及と包装技術の向上、製品開発が進み、ポリ塩化ビニール、ポリエチレンを代表とするプラスチックが開発されている。これらは、缶詰やビン詰より簡便性、商品性があることから、普及している。

**表 12　ビン詰加工に向く主な山の幸**

| 区　分 | 種　別 | 加工方法 | 主な組み合わせ産物 |
|---|---|---|---|
| 木の実 | アケビ | ジャム（果肉） | |
| | ガマズミ | 〃　果汁 | ラズベリー，ミカン |
| | キイチゴ類 | 〃　〃 | ラズベリー |
| | コケモモ | 〃　〃 | |
| | サルナシ | 〃　〃 | リンゴ，ミカン |
| | ナツハゼ | 〃　〃 | リンゴ |
| | マタタビ | 〃 | ユズ |
| | マツブサ | 〃　果汁 | ブドウ |
| | ヤマブドウ | 〃　〃 | ブドウ |
| | ヤマモモ | 〃　〃 | ユズ |
| 山　菜 | ヤマウド（葉） | つくだ煮 | ミョウガ，シソ |
| | フキ | 〃 | キノコ，ゴボウなど |
| | ヨモギ | 〃 | ニガウリ |
| | 野草類 | 〃 | ニンニク，キノコ |
| | フキノトウ | 〃 | ニンニク，ウメ |
| | タンポポ | 〃 | ミョウガ，ニンニク |
| | ギョウジャニンニク | 〃 | タマネギ，ニンニク |
| | 野生ダイコン葉 | 〃 | ニンニク，ウコギ |
| 木の芽 | サンショウ | つくだ煮 | |
| | コシアブラ | 〃 | タケノコ，ニガウリ |
| | 芽類 | 〃 | ヤマウドの葉 |
| キノコ | キノコ類 | つくだ煮，水煮 | ブドウ果汁 |

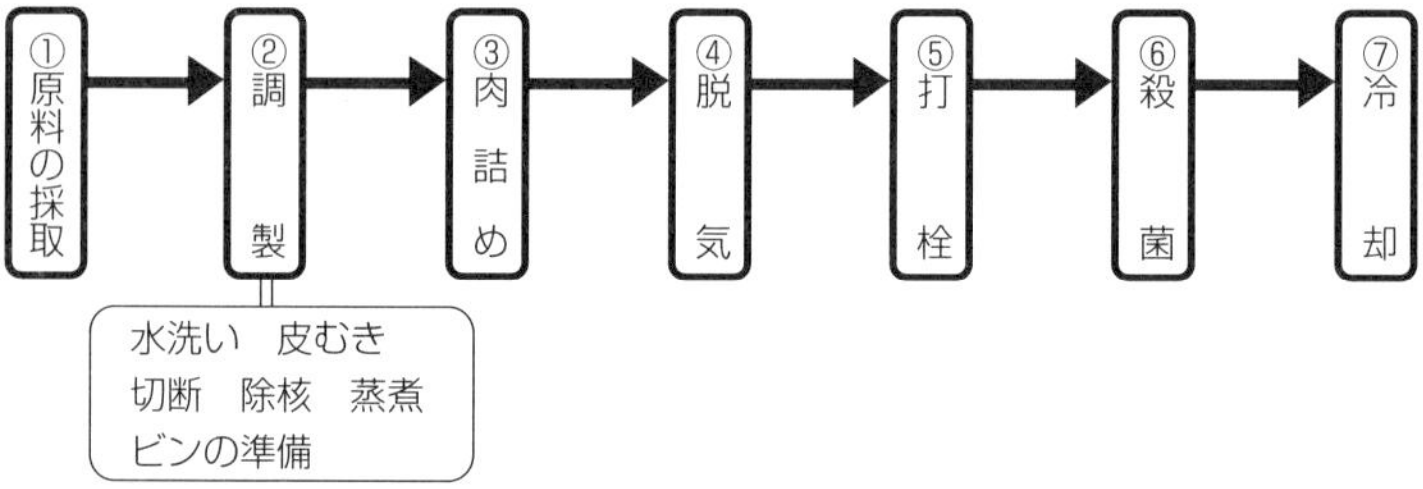
①原料の採取
②調製
③肉詰め
④脱気
⑤打栓
⑥殺菌
⑦冷却
水洗い　皮むき
切断　除核　蒸煮
ビンの準備

①旬のものを採取し，新鮮なものを処理する
②ビンは，山の幸の場合は広口ビンを使用する種類が多い。ネマガリダケの場合は，KC ビンなら Z2 号～３号がよい
③ネマガリダケの場合，切り口がビンの底になるように縦に並べ，いっぱいにする。0.1 %クエン酸を溶かした湯（60℃）を注ぐ
④脱気箱に入れ（口を仮巻き締めしたもの），90℃の温度で６～12 分間加熱し，内容物の膨張によって内部の空気を除く
⑤脱気後，速やかに王冠を乗せ，打栓器でふたを締める
⑥沸騰した湯で 15～20 分間加熱する。有害微生物を殺し，変敗を防ぎ，風味をよくする
⑦冷却は空冷がよい。急冷すると破損する

**図20　ビン詰加工の原理と手順**（ジュンサイ，ネマガリダケ，木の実果汁など）

### ③ビン詰に向く山の幸

山の幸にはビン詰に向く未利用資源や珍品が多いので、売れる商品を開拓することが重要である。ビン詰加工に向く山の幸の主なものを表12に掲げた。

### ④ビン詰つくりのポイント

山の幸のビン詰加工を行なうときは、次の点がポイントになる。

**●貯蔵期間**　ビン詰は、長期貯蔵ができるが、風味や栄養価の持続には限りがあるので、新ものができるころが限度である。そのため、ジャムやつくだ煮に加工するときは、冷凍しておいた原料を使い、次々と新しく加工するとよい。

**●高圧殺菌装置**　高圧殺菌装置がない場合、農村加工施設内の深底の釜や蒸し器などを活用して加工することもできる。

**●容器**　ビンなどの容器は、品目や目的に合ったものを選ぶようにする。経済性にも関係があるので、専門家に聞くことが大切である。

**●原料の処理**　原料の処理は大切で、木の実のような鮮度が落ちやすいものは速やかに加工するのがポイントである。どうしてもできないときは一時冷凍した後で加工する。

**●キャップ**　空ビンを活用する場合、新しいキャップが市販されているのでそれを使うようにする。

**●加熱容器**　ホウロウ引きかステンレス製の厚手の鍋、あるいはステンレス製の二重釜を利用する。

**●砂糖**　ジャム、つくだ煮などに使う砂糖をグラニュー糖にするとよい製品ができる。

**●原料の選別**　山の幸の場合は採取のときから選びながらやるのがもっともよい。

**●原料の洗浄**　山の幸は微生物が多く付着している場合があるので、洗浄をよくする。

**●肉詰め**　ビンの大きさと内容によっても違うが、一般的には固形量に対して液量は三分の一～二分の一である。

**●ブランチング**　山菜の中に含まれる酸化酵素が働くため、組織を軟らかくする目的で、スコールディング（湯煮）かブランチング（湯通し）を行なう。山の幸の栄養分や香気成分、色素は大切な成分だが、加熱やpHによって不安定になるので、加熱時間は短いほどよい。

**●脱気（排気）**　ビンに詰めた後、ふたをして密封する前に容器内に残っている空気を抜き取る操作である。ビンの中心部が七五～八〇℃になるまで加熱する。もし脱気しないで加熱殺菌すると、内容物が膨張して空気が残ってしまう。

**●密封**　脱気したら手早く密封する。

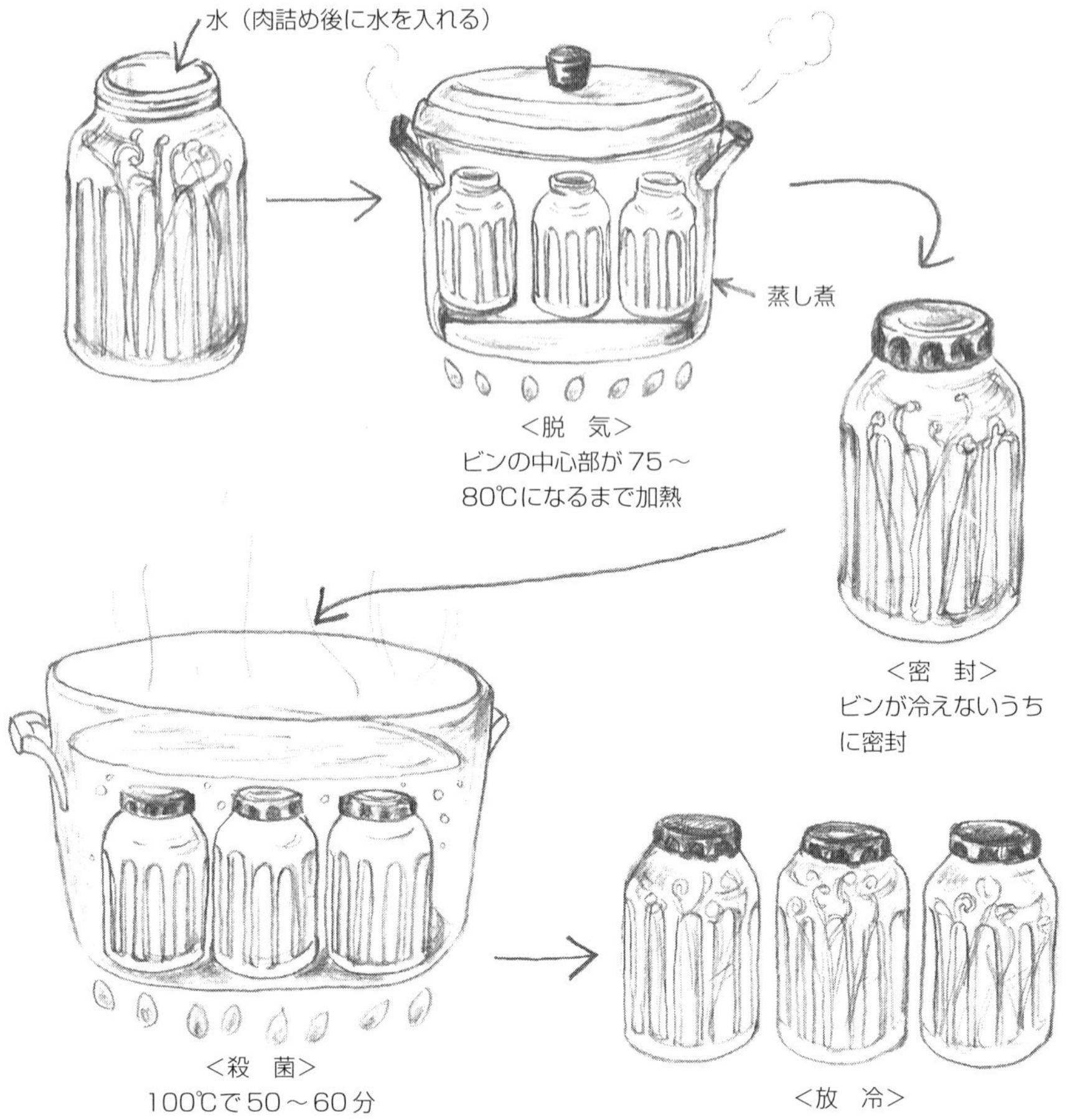
水（肉詰め後に水を入れる）
蒸し煮
＜脱　気＞
ビンの中心部が 75 ～
80℃になるまで加熱
＜密　封＞
ビンが冷えないうち
に密封
＜殺　菌＞
100℃で 50 ～ 60 分
＜放　冷＞

**図 21　家庭でのビン詰の加工法**

ビン内が冷えないうちに密封するとよい。

●**殺菌**　熱を加え、酵母、カビ、微生物などを殺菌する。沸点以上で殺菌するには高圧殺菌装置が必要である。家庭加工では一〇〇℃までである。殺菌温度と時間は、容器によって違うが、家庭加工の場合は一〇〇℃で五〇～六〇分である。熱に強い細菌の場合は、菌糸は熱に弱いが胞子は強いので、胞子が発芽する二～三日後にまた殺菌を繰り返すと安全である。

●**冷却**　殺菌が終わったら、取り出して放冷するか、二〇℃の温湯につけて冷やす。これは変質を防ぐポイントである。ガラスビンは冷水に入れると割れることがあるので注意する。

●**販売**　手づくりビン詰をつくって直売所の目玉にするとよい。

## (6) つくだ煮のつくり方

### ①つくだ煮つくりの基本

山の幸をつくだ煮にすると珍品ができ、山村地域の直売所の目玉商品となる。これは、山菜や木の芽、キノコなどの山の幸が、特有の香りや風味があり、歯ごたえがよく、独特の個性をもっているからである。したがって、香りが強く個性のある品目ほどよいつくだ煮ができる。

**●材料の採取**　季節のものを使うと最高の製品ができる。芽類はとくに採取期間が短く、量の確保が難しい。タンポポは春と秋の二回使える。ウワバミソウ、フキは利用期間が長い。旬のものでたくさん採れる山の幸は冷凍しておき、必要に応じて利用するとよい。冷凍はさっと湯に通してから行なう。

**●乾燥品や塩漬の利用**　乾燥品を使うと、組織が硬く歯ごたえがあっておいしいつくだ煮ができる。ヨモギ、タンポポ、カタクリ、イヌドウナなどを組み合わせてつくるとよい。塩漬したヤマウド（茎、葉）、フキ（葉）、イヌドウナ、タンポポ、ウワバミソウなどは塩抜きして使う。

**●調味液のつくり方**　原料によって調味液の配合比が変わる。しょうゆは、良質のものを選ぶことが大切である。調味液の配合基準例を表14に示した。

**●加熱容器**　厚手のホウロウ引きの鍋か二重鍋（殺菌用）、ステンレス製のかご（殺菌後の容器入れ）、しゃもじ、糖度計（味をみる）。

**●つくだ煮つくりの基本**　つくだ煮には短期保存と長期保存がある。長期保存の場合はビン詰加工して販売するか、耐熱性のフィルムを使って加熱殺菌処理したものを真空シール包装にして販売する。短期保存では、山の珍品と牛肉、ショウガなどを入れた珍品をつくるとよく売れる。

**表13　つくだ煮に向く山の幸と材料の組み合わせ**

| 区　分 | 品　　目 | 組み合わせる材料 |
|---|---|---|
| 山　菜 | フキ（茎） | ヤマクラゲ，ワラビ |
| | 〃（葉） | ゴボウ，ゼンマイ |
| | ヤマウド（葉，茎） | ニンニク，葉トウガラシ |
| | ウワバミソウ（全体） | シソ，ミョウガ |
| | タンポポ（全体） | シソ，葉トウガラシ |
| | イヌドウナ（全体） | アシタバ，トウガラシ |
| | ヨモギ（全体） | ゴボウ，シイタケ |
| | ナンテンハギ（全体） | ニンニク，葉トウガラシ |
| | フキノトウ（若） | |
| 木の芽 | コシアブラ（芽） | ニガウリ |
| | サンショウ（芽，青実） | |
| | ウコギ（芽） | キクの花 |
| | マタタビ（芽） | ミョウガ |
| キノコ | キクラゲ | ニンニク，フキ |
| | マイタケ | ニンニク，ゴボウ |
| | 野生キノコ | ゴボウ，ヤマクラゲ |
| 乾燥塩蔵 | 山菜類 | 生山菜，野菜，キノコ |

表14　つくだ煮調味液の配合例

| 調味液の材料 | 分　量 | 摘　　要 |
|---|---|---|
| しょうゆ（濃口） | 900mℓ | 調味液は原料によって配合比が変わる。生のものは水を入れない。しょうゆは濃口。乾物を使うときは甘口にし，水を入れる。食酢は，原料によって使う場合と使わない場合がある。配合したら，一度沸騰させておく |
| 砂糖（赤砂糖） | 300g | |
| カラメル | 5g | |
| 化学調味料 | 1g | |
| 粉末シイタケ | 50g | |
| 食酢 | 5mℓ | |
| みりん | 150mℓ | |
| トウガラシ | 3本 | |
| 水 | | |

表15　主なつくだ煮のつくり方と調味液の配合例

| 区　分 ＼ 原料種別 | | フキノトウと牛肉（10人分） | フキ（塩蔵）（15人分） | ウワバミソウ（生，30人分） |
|---|---|---|---|---|
| 調味液素材 | 濃口しょうゆ（mℓ） | 大さじ9杯 | 400 | 800 |
| | 赤砂糖（g） | 大さじ4杯 | 80 | 70 |
| | カラメル（g） | — | 3 | — |
| | 化学調味料（g） | — | 0.5 | — |
| | 粉末シイタケ（g） | — | 30 | 50 |
| | 食酢（黒）（mℓ） | — | 2 | 4 |
| | みりん（mℓ） | 大さじ5杯 | 50 | 100 |
| | ショウガ（かけ） | 2 | — | — |
| | トウガラシ（本） | — | 2 | 4 |
| | 水 | 大さじ12杯 | — | — |
| 原料 | 素材（生，塩蔵） | フキノトウ（生）30個，上牛肉250g | フキ（塩蔵）500g | ウワバミソウ（生）1kg |

注）原料や季節によって配合は変化する

### ②標準的なつくり方

#### フキのつくだ煮

生のフキを水洗いして、皮つきのまま五～六センチに切る。一%の重曹液に一晩つけてから、水洗いする。調味液にフキを浸して煮込む。煮込んだらふたをして一晩放置する。翌日また混ぜながら十分煮込む。冷却してフィルム（袋）に詰める。これを殺菌して冷却し、包装する。つくり方は図22に示す。

#### フキノトウと牛肉のつくだ煮

フキノトウは新鮮で丸いものを熱湯でゆで、重曹を少し入れて、引き上げてから冷水に冷えるまでさらす。牛肉は二～三センチに切る。ショウガは千切りにする。鍋に調味液（表15）を配合して牛肉、フキノトウ（水を絞って）、ショウガを入れ、弱火で煮込む。これをビン詰加工する。殺菌、包装して出荷する。

#### フキの塩蔵品のつくだ煮

野生の若いフキを使う。塩漬フキを五～六センチの長さに切って流水で一晩さらす。引き上げて、よく水を切る。調味料を配合し、一度沸騰させ、それにフキを入れて、ときどき混ぜながら弱火で組織が軟らかくなるまで煮込む。

みりん 150g
しょうゆ 900mℓ
砂糖 300g
カラメル 5 g
生フキ 2kg
5～6cm に切った
フキ（皮つき）
化学調味料 1g
粉末シイタケ 50g
調味液は原料の若い
ときは少なめにする
トウガラシ 3 本
1％重曹液
食酢 5mℓ
一晩つける
調味液材料を入れ
一度沸騰させておく
水洗いした
フキを入れる
一度沸騰させて一晩放置する
冷却し，フイルム（袋）に
詰め，真空パックする
翌日混ぜながら約 60 分煮つめる
殺菌（60～80 分）

**図 22　フキのつくだ煮**

フィルムに詰め、殺菌して冷却する。包装して出荷する。

**ウワバミソウのつくだ煮**

春から秋まで葉、茎、根株の全体を利用できる。組み合わせる野菜は時期によって変える。フキの要領でつくると意外に珍味で、よく売れる。

## (7) 真空包装のやり方

### ①真空包装の考え方

戦前から戦後しばらくの間の食料の包装は、紙袋、セロファン紙を用いるか無包装であった。その後、ポリ塩化ビニルやポリエチレンが開発され、多くの加工食品や生鮮食料品がプラスチックフィルムで包装されるようになった。そのため今日では、プラスチックの活用により、食品の貯蔵性、輸送性、衛生性、安全性、商品性、経済性などが向上し、食品加工から切り離すことができなくなっている。

缶詰やビン詰への加工はわれわれの食生活に密接な関係があって広く利用されているが、価格の安いプラスチックフィルムによる包装も広く活用されている。真空包装は、包装容器内の酸素を除去し、酸化による変色や異臭の発生、栄養素の損失を防ぎ、微生物の抑制を図ることができる方法で、広範囲に採用されている。最近のプラスチック包装技術は急速に発達し、いろいろな方式があるが、農村加工では真空包装が主流を占めている。

### ②真空包装のポイント

**●真空包装の利用と殺菌**　容器包装詰め食品の加熱殺菌は、一〇〇℃以下の温度で処理する低温殺菌法と一〇〇℃を超える温度を適用する高温殺菌法に大別されている。食品の品質を長く保持し、常温流通を可能にするためには、殺菌はもっとも重要である。そのため、殺菌方法にはレトルト、マイクロ波などたくさんの方法が実用化されている。殺菌状態のレトルトの例では、一二一℃で四分の高温・高圧下で殺菌する。また、包装方法や包装材料によっても保存性は大きく左右される。包装材料の中には湿度によって酸素透過度が大きく変化するものがある。

その点で、真空包装なら安全で、袋の中が完全に真空であると思いがちだが、中の食品の組織に空気が残っている。また、レトルト殺菌のような高温殺菌では無菌状態になるが、低温殺菌ではカビや細菌が完全に繁殖しないと思っているが、それは誤解である。真空状態にしたほうがかえって繁殖する菌もいる。とくに食中毒を起こすボツリヌス菌は空気のないところでよく繁殖する性質がある。真空包装でも万能ではないので、殺菌方法や包装材料に注意することが大切である。

真空包装機には小型から大型までたくさんの種類があるから、品目や経営規模によって適するものを選ぶとよい。

**●間断殺菌法を行なう**　真空包装するとカビはほとんど生えないが、ほかの菌には効果がない。低温殺菌を行なうさい、熱抵抗性の強い細菌がいる場合は、殺菌効果をよくするため、翌々日に残っている胞子の発芽を見計らって再度加熱殺菌すると安全である。つまり、細菌の胞子は熱に抵抗性が強いため、胞子が発芽してから再度加熱殺菌する。これを間断殺菌法という。

**●味の濃い原料を使う**　山菜や木の実は味が濃く、比較的カビが生えにくい。一般に水分が高くても味の濃いものはカビが生えにくいことが知られている。味が薄いとカビが生えるので、軽く乾燥して塩や砂糖などで味を濃くすると、カビの発生を防ぐことができる。

**●製品の褐変を防ぐには**　フィルム包装で酸素が残っていたり侵入したりすると、糖やアミノ酸が褐変する。だんだん進むと褐変臭が出てくる。これは糖やアミノ酸などの化学反応によって起こるので、殺菌を完全に行ない、冷暗所など温度変化の少ないところに貯蔵することが大切である。日持ち期間は夏の温度で考える。冬でも暖房していると、夏場より日持ちしないことがある。

**●ポリ袋の選択**　材料を入れる場合、薄いポリ袋は湿気や空気を通すので、厚いものを使う。

**●加工品目に合った真空包装機を選ぶ**　真空包装機は、タイプと型式がいろいろで、それぞれに特徴があり、処理能力や操作、加工品目への対応力などに差がある。包装する製品に合ったものを選ぶことが大切である。真空包装機は現在およそ二七種以上あって、連動式、小型、卓上式、据置型などが出回っている。

## (8) 山菜料理のつくり方

### ①山菜料理の基本

山菜は、独特の芳香と酸味、苦味、辛味、きど味など固有の風味があって、野菜にはない魅力がある。この豊かな風味や持ち味を生かすと、すばらしい料理ができる。また、山菜は季節の贈り物で、旬に食べるのがポイントである。それぞれの地域にあった料理法である。地域性を豊かにすることも大切である。昔から伝えられた郷土の料理を地域の食文化として残すことも大切だが、現代の食品と組み合わせた現代向きの料理をつくり出すことも求められている。

表16　山菜に向く料理

| 料理区分 | 山菜の種類 | 備　　考 |
|---|---|---|
| 生　食 | ノビル，アサツキ，サンショウ，ギョウジャニンニク，野生ダイコン，オランダガラシ，ヤマウド | 生みそをつけて<br>サラダに |
| おひたし | シオデ，ギョウジャニンニク，ミヤマイラクサ，モミジガサ，タラノキ，ソバナ，マタタビの芽，コシアブラ，クサソテツ，ナズナ，ウコギ類，アケビの芽，クワの芽，ネマガリダケ，オオバギボウシ，ヨメナ | 組み合わせるとおもしろい<br>冷蔵庫で冷やす<br>ベーコン巻きに<br>のり巻きに<br>ドレッシングタイプ，マヨネーズ |
| 和え物 | タラノキ，イラクサ，クサソテツ，オオバギボウシ，ナンテンハギ，コシアブラ，ウコギ類，ソバナ，ウド | クルミ合え<br>ゴマ和え<br>ピーナッツ和え |
| 酢の物 | ノカンゾウ，タンポポ，イタドリ，ヤブカンゾウ，ノビル，アサツキ，ギシギシ | 酢の物に合う酢は米酢，ブドウ酢 |
| 蒸し焼き | ホドイモ，ヤマユリ，ヒメサユリ，ネマガリダケ | 炭火蒸し<br>ホイルで包む |

自然の風味を損なわずに持ち味をどう生かすのかは料理のやり方しだいである。また、山菜は栄養価や機能成分がすぐれているから、その価値を損なわない方法で調理することも大切である。

山菜は野菜よりすぐ色が褐変化するポリフェノール性化合物を多く含むので、組織が早く硬くなりやすい性質がある。早めに調理して食べるのが料理の基本である。

## ②山菜料理のコツ

**●ゆでるときのコツ**　水を多めにし、水一キロ当たり食塩を一グラム入れ、煮立てる。熱湯になったら、硬い根元から順に入れ、全体にムラのないようにゆでる。組織全体に熱が通ったら引き上げ、すぐ冷水に入れて、冷えたら水を切る。これをおひたしにするときは、冷蔵庫で冷やして食べるとおいしい。

**●揚げ物にするときのコツ**　山菜の天ぷらはコロモの厚さによって独自の風味が変わるので、野菜よりコロモを薄めにするのがコツである。花ものは油の温度を低めにし、花色を鮮やかにするためコロモに食酢を数滴落とすとよい。

**●和え物のコツ**　和える材料によって風味が変わるが、一般にクルミ和えかゴマ和えが合う。早めに食べるとおいしい。

**●酢の物のコツ**　イタドリ、ギシギシ、ワサビ、オランダガラシなど酸味や辛味のある山菜は酢の物料理に合う。とくに、ほかの美しい花もの料理に合わせるとよく合う。

**●香りを上手に生かすコツ**　サンショウ、フキノトウ、モミジガサなどをシソ、ミョウガ、ユズ、カボスなどの香り植物と組み合わせると、香りがミックスしておもしろい料理ができる。

**●生食の山菜料理のコツ**　アサツキ、ノビル、サンショウなど生食する山菜は、塩水で洗うと鮮度がよくなり、おいしい。

**●種類、自生地によって料理法も変わる**　山菜の種類や自生地によって和え物に向くもの、酢の物に向くもの、おひたしに向くものなどがある。陽光地では組織が硬い山菜、日陰地では軟らかい山菜ができる。このようにバラエティーに富んでいるから、いろいろな食べ方があり、野菜との組み合わせを工夫すると風味を発揮するものもたくさんある（表16）。

## ③主な山菜料理のつくり方

### 炊き込みご飯

山菜や木の芽は炊き込みご飯の素材に向き、四季を通じて利用できる（表17）。旬の時期には生で利用し、季節以外は冷凍加工したものを利用する。または、つくだ煮加工したものを利用してもよい。

生の山菜や木の芽は細かく刻み、炊き上がったご飯に入れて、若干塩味にして食べる。味付けご飯にして炊き上げてもよい。

### 珍品天ぷら料理

山菜の天ぷらは日本の代表格で、すばらしい季節の贈り物である。

**リョウブの芽の天ぷら**　リョウブは、天ぷら専用の木の芽。資源量が多く、大部分未利用資源だから、ぜひ天ぷらにして食べたい。色彩が鮮やかで組織が硬く、四～五時間たっても揚げた状態の、第一級の木の芽の天ぷらになる。コロモを少し厚くするのが、おいしく揚げるコツ。

**ネマガリダケの天ぷら**　高山地帯の細いタケノコは、アクがなく、先の軟らかい部分を天ぷらにするとおいしい。緑のものが風味抜群。

**ホドイモの天ぷら**　ホドイモを使うと野性味豊かな天ぷらができる。

**表17　炊き込みご飯に向く山の幸**

| 区分 | 種別 | 備考 |
|---|---|---|
| 木の芽 | コシアブラ<br>ウコギ<br>マタタビ<br>リョウブ | 冷凍加工品を利用<br>つくだ煮加工品を利用<br>生利用 |
| 山菜 | フキの葉<br>ヨモギ<br>ナンテンハギ<br>ハマダイコン<br>ヤマドリゼンマイ<br>ヨメナ<br>ナズナ<br>セリ<br>ツクシ<br>ワラビ | フキの葉，ヨモギはアク抜きしてから利用する<br>フキの葉は，さっと湯を通し，水を３回替えてアク抜きして，冷凍しておく |
| キノコ | 野生キノコ | 冷凍加工，乾燥品を用いてもよい |

**マタタビの若芽の天ぷら**　ピリッとした辛味が天ぷらにすると受ける。緑鮮やかな色彩が食欲を高める。若芽の天ぷらは美しい若緑色が大切で、季節の贈り物である。コロモを薄めにし、温度を低めにするのがコツ。揚げるとき食酢をコロモに数滴落とすとよい。赤いショウガを添えて食べる。

**サワオグルマの花の天ぷら**　湿地に咲くキクに似た黄色い花。シュンギクのような香りを生かした天ぷらは山の珍味。コロモを薄くして、緑の葉も揚げるとよい。

## 山のきんぴら

きんぴらに向く山菜はたくさんあるが、代表格はヤマウドの皮、タンポポの根、モリアザミの根、サンショウの木の皮（白い部分）である。これらをきんぴらにすると風味抜群、歯切れ満点で受ける。一番難しいのがサンショウの木の皮で、夏に白い皮（あま肌）だけをはいで使うが、辛味が強いので数回熱湯につけ、アク抜きしてから煮汁で煮込む。

## ギョウジャニンニクのオムレツ

野生ニンニク（ギョウジャニンニク）は香りが強烈な滋養強壮食品。これをオムレツにする。緑鮮やかな若葉を細かく刻み、卵を溶いて、塩、コショウで焼く。

## オオバギボウシとヤマウドの田舎風油炒め

ヤマウドは香りが強く、オオバギボウシは淡白で、対照的な組み合わせである。ヤマウドの皮をむき、斜めに寸切りして水にさらす。オオバギボウシは長さ五～六センチに切る。両方を熱湯に入れてゆで、引き上げる。鍋にサラダ油とラー油をひき、砂糖、塩、しょうゆ、天然調味料を少々加えて炒める。ヤマウドの香りとオオバギボウシのぬらめきが風味を引き立てる。

## アザミの茎と身欠きニシンのみそ和え

アザミ類は資源量が多い。特有の香りがあってニシンとよく合う。若い茎が三〇～五〇センチに伸びたころ刈り取って皮をむき、五～六センチに切る。これを水につけてアク（こげ茶色の汁）を抜く。数回水を替えてから一晩水につける。翌朝引き上げ、水を切る。身欠きニシンを五センチに切ってアザミと一緒にさっと煮て、その汁はニシンから出る油分が多いので全部捨てる。これにみそ、砂糖、みりん、酒などで調味して煮込む。

つくり方は図23に示す。

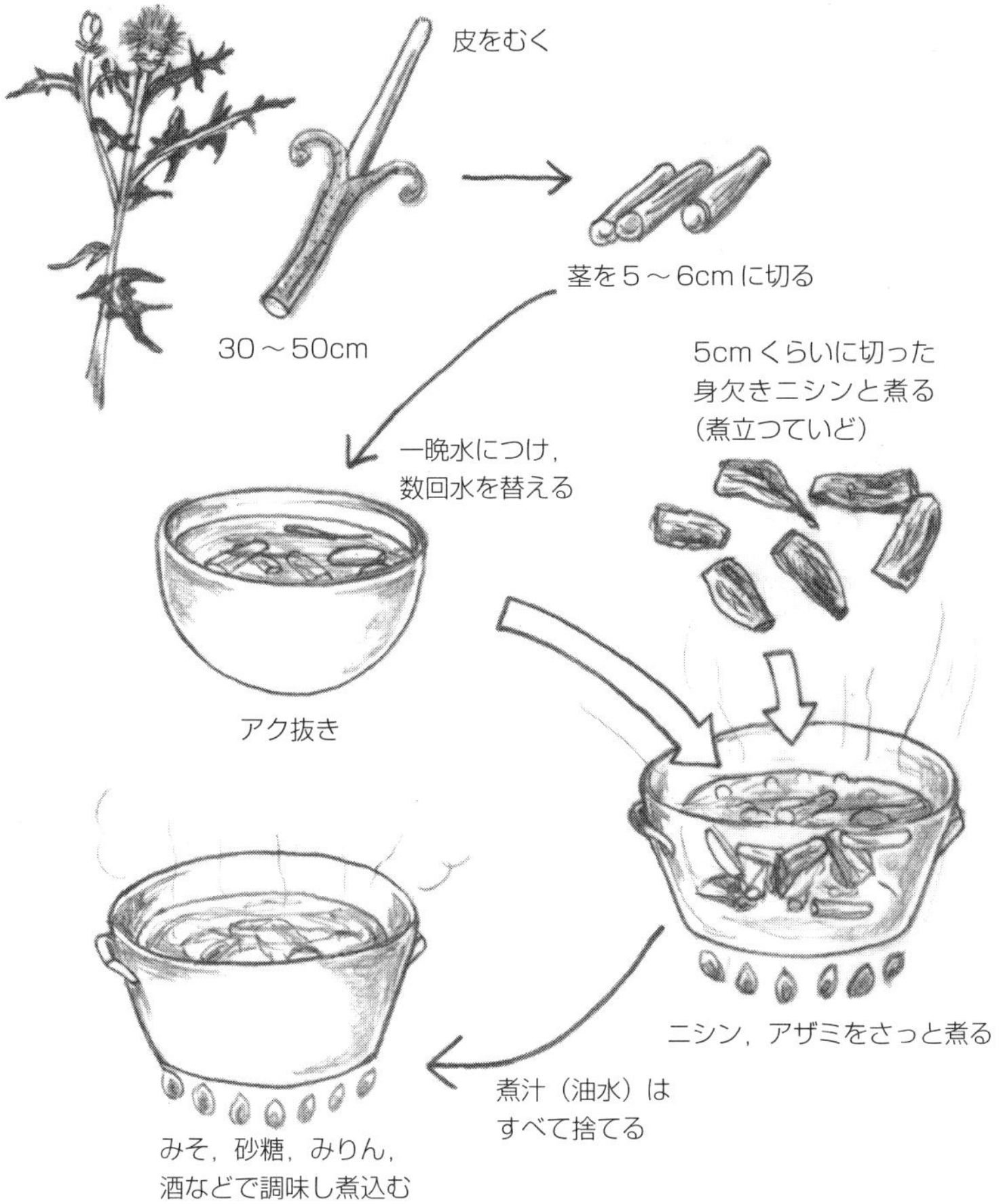
皮をむく
茎を5～6cmに切る
30～50cm
5cmくらいに切った
身欠きニシンと煮る
（煮立つていど）
一晩水につけ，
数回水を替える
アク抜き
ニシン，アザミをさっと煮る
煮汁（油水）は
すべて捨てる
みそ，砂糖，みりん，
酒などで調味し煮込む

図23　アザミの茎と身欠きニシンのみそ和え

### ネマガリダケの焼きみそ和え

ネマガリダケの皮をむき、熱湯に通す。熱いうちに焼きみそ（六五ページ、天然酢を少し加える）で和えて食べる。食欲を高める逸品で、高山の珍味である。

### 焼きウドの焼きみそつけ

アルミホイルに切った生ウドを包み、炭火の灰に埋めて焼く。ウドのアクが抜け、本当のウドの香りが引き出せる。焼いたら皮をむき、焼きみそ（六五ページ）をつけて食べる。

### ホドイモの焼きみそつけ

サツマイモの石焼イモを焼く要領で焼き、焼きみそ（六五ページ）をつけて食べる。一生に一度食べたくなる珍味中の珍味。石焼イモをつくる容器が市販されているから、それを使うとよい。

## セリの焼きみそ漬

早春の香りの高いセリを採取して、適量を焼きみそ（六五ページ）一〇〇グラム（一パック）につけ、押しぶた（軽い重石）をして一日くらいおいて食べる。春の郷愁を誘う逸品である。

## ゼンマイの梅煮

ふるさとの味、太いゼンマイを使うとよい。ゼンマイをもどして四〜五センチに切る。ひたひたのだし汁に入れ、弱火で煮汁がなくなるまで約一五分煮る。途中、隠し味に小さじ一杯のしょうゆを加える。でき上がったら梅干しをこんがりあぶって添える。

## フキの葉飯

フキの葉はβ－カロテンが七三〇〇マイクログラムもあって茎の一七〇倍もあり、栄養価にすぐれ、さわやかな

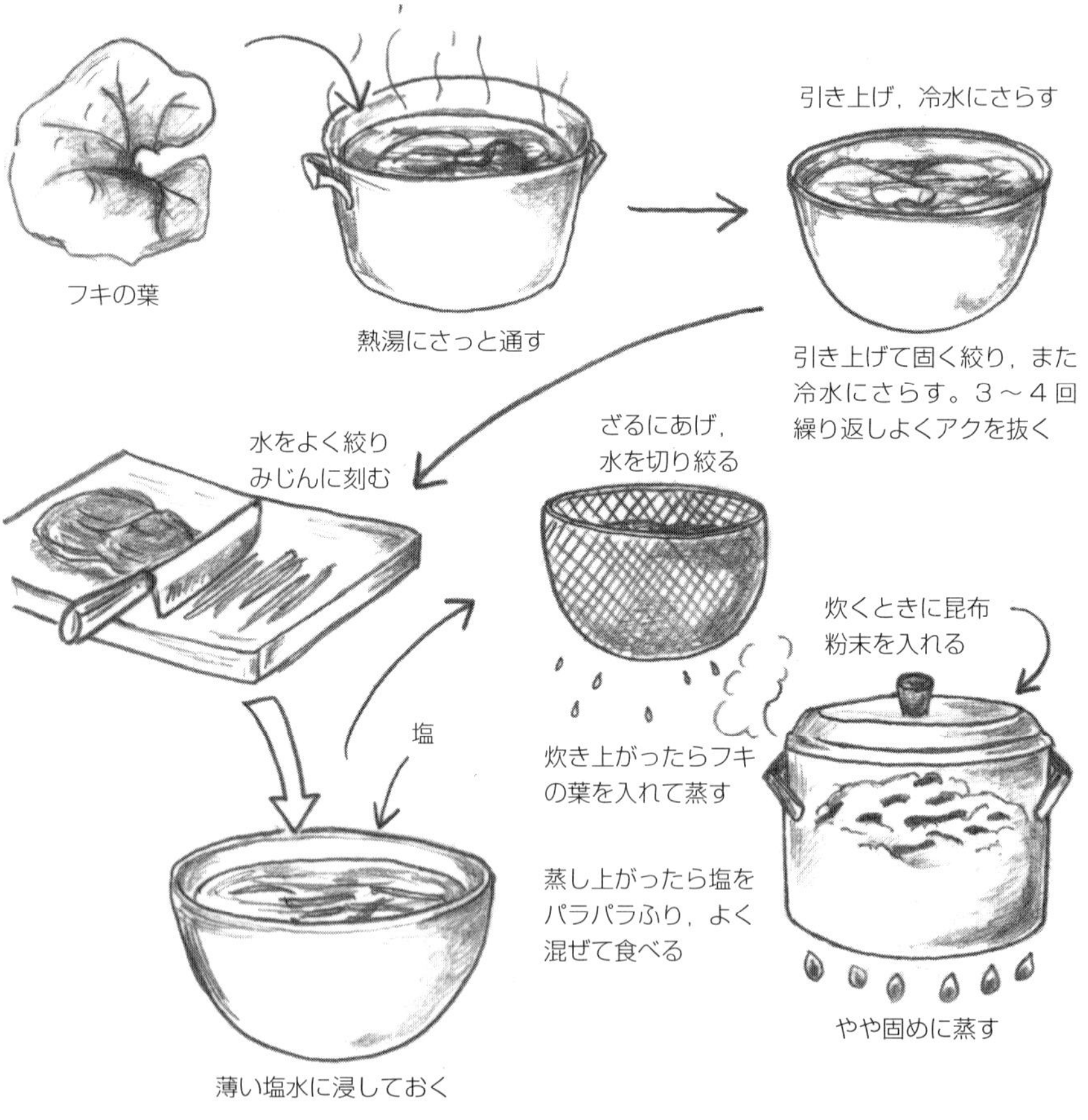

フキの葉
熱湯にさっと通す
引き上げ，冷水にさらす
引き上げて固く絞り，また冷水にさらす。3～4回繰り返しよくアクを抜く
水をよく絞りみじんに刻む
ざるにあげ，水を切り絞る
塩
薄い塩水に浸しておく
炊き上がったらフキの葉を入れて蒸す
炊くときに昆布粉末を入れる
蒸し上がったら塩をパラパラふり，よく混ぜて食べる
やや固めに蒸す


図24　フキの葉飯

香りが大衆向きである。

若い葉を熱湯にさっと通して引き上げる。これを冷水にさらしてから引き上げ、固く絞る。冷水にさらして絞ることを三〜四回繰り返し、アクを抜く。アクが少し残っているくらいがよい。最後に水をよく絞ってみじん切りにし、薄い塩水に浸しておく。

昆布だしご飯が炊き上がったところに少し蒸してから、塩をパラパラふり、よく混ぜて食べる。絞ったフキの葉を混ぜ合わせて食べる。フキの量は適量でよく、昆布だしは無添加の昆布粉末から取ったものがよい。風味抜群で、民宿の目玉になる。春に採取したものを冷凍保存して利用する。

## ナンテンハギ飯

一番早く出る山菜で、栄養価が高く風味抜群。材料の基準は米四カップ、ナンテンハギ（生）五〇グラム。ナンテンハギを熱湯（塩を三％入れる）にさっと通し、冷水に入れてさらす。水切りしてから細かく刻んでおく。これをご飯が炊き上がったところに入れて混ぜ、塩をパラパラっとふって食べる。

## ウワバミソウの即席漬

ウワバミソウは変わった山菜で、十五夜になると独特のヌメリ（ムチンのような粘性物質）が出ておいしくなる。ビタミンCが山菜でトップクラスの滋養強壮食品だから、栄養効果の高い食品を組み合わせた料理にするとなおよい。組み合わせる食品は、熱湯処理するオクラ、オオバギボウシ、モロヘイヤ、ワカメ、ツルムラサキなど、そのまま利用するニンニク、納豆、トロロ（ヤマイモ）など。ウワバミソウは春から秋まで利用できる。春は葉まで全体を利用し、夏、秋は茎、根だけを利用する。

まずウワバミソウをよく水洗いして、さっと熱湯を通す（茎が緑色に変わる状態まで）。引き上げてすぐ冷水につけ、組織が冷えたら乾いた布でふき取る。細かくみじん切りにし汁を絞って捨て、刻んだ材料をボールに移す。それにニンニクをすりおろし、しょうゆを加える。別に、組み合わせる食品で熱湯処理するものを単品ごとに処理する。これを刻んでウワバミソウに加え、味を調整する。納豆かトロロをすって加えてもよい。ヌメリがミックスしたらすぐ食べられるが、三時間後になると風味が出ておいしい。

保存するときは冷蔵庫に入れる。組み合わせる食品はヌメリのあるものばかりがよく、材料があれば品数が増え、それぞれ個性のある風味で喜ばれる。

ヤマトキホコリも同じようにできる。

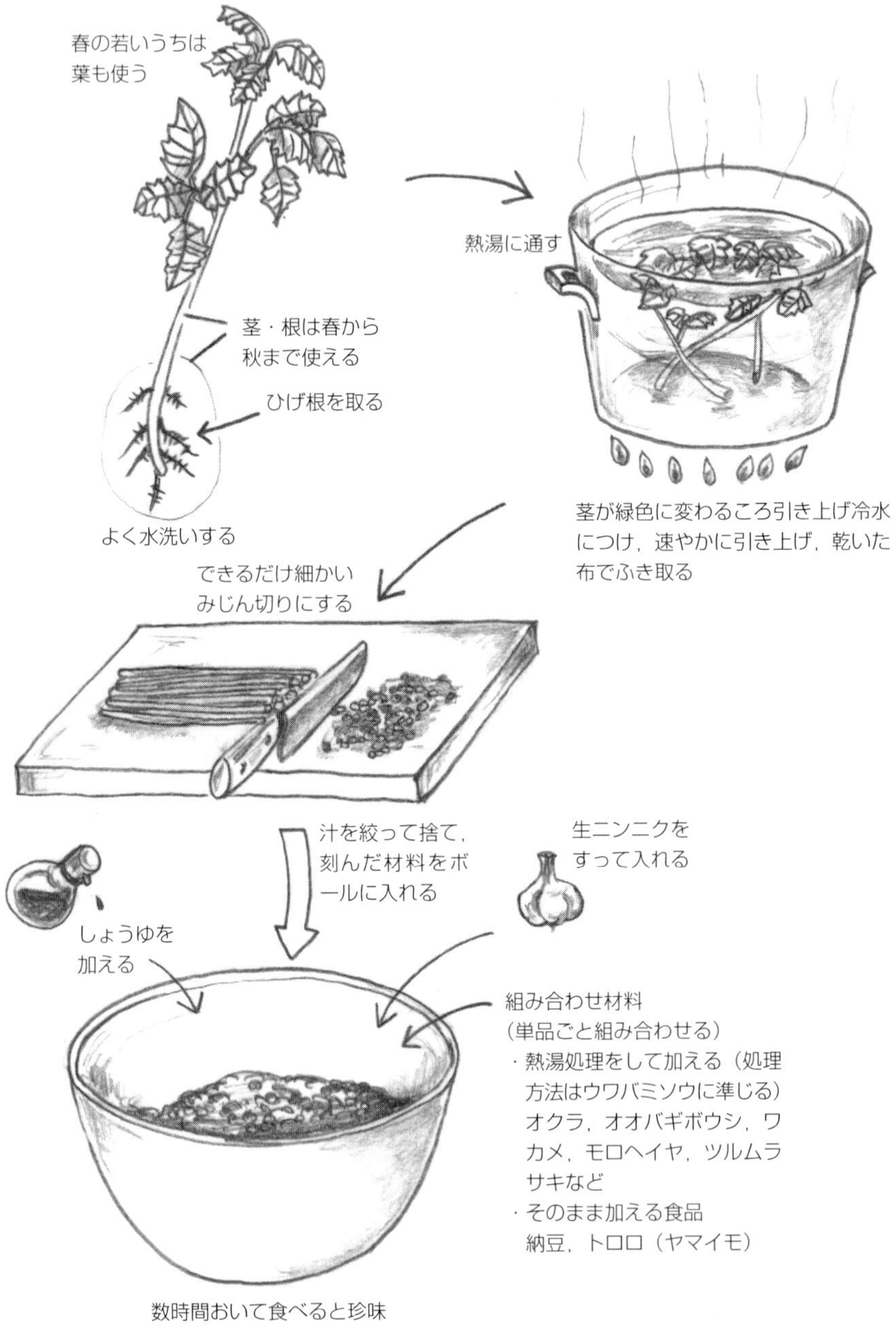
春の若いうちは
葉も使う
茎・根は春から
秋まで使える
ひげ根を取る
よく水洗いする
熱湯に通す
茎が緑色に変わるころ引き上げ冷水
につけ，速やかに引き上げ，乾いた
布でふき取る
できるだけ細かい
みじん切りにする
汁を絞って捨て，
刻んだ材料をボ
ールに入れる
生ニンニクを
すって入れる
しょうゆを
加える
組み合わせ材料
（単品ごと組み合わせる）
・熱湯処理をして加える（処理
方法はウワバミソウに準じる）
オクラ，オオバギボウシ，ワ
カメ，モロヘイヤ，ツルムラ
サキなど
・そのまま加える食品
納豆，トロロ（ヤマイモ）
数時間おいて食べると珍味

**図25　ウワバミソウやヤマトキホコリの即席漬**

## カタクリの白和え

カタクリを乾燥すると上品な香りと歯ざわりがあり、ほかには求めがたい。カタクリ乾燥品は高級品扱いで、一キロ一万円くらいで取引される。

乾燥品を水に戻して煮て、だし汁で吸い物ぐらいの下味をつけておく。クルミを軽く妙ってすり鉢ですり、豆腐、砂糖、塩、酒、みりんを加える。カタクリと和え汁をよく和えて早めに食べる。材料・調味料の基準は豆腐一丁、クルミ大さじ六、砂糖大さじ四、塩小さじ1、酒、みりん少々。

## 風味抜群の焼きみそのつくり方

焼きみそは山菜料理を引き立てる素材の一つで、山菜料理の秘伝である。木板にみそを塗って炭火（一五〇℃以上の高温）で焼くやり方の応用で、厚い鉄鍋に生みそと赤砂糖（みその四〇％ていど）を入れ、かき混ぜながら高温で練り上げる。一五〇～二〇〇℃で熱すると、五〇～六〇分でみその主成分の大豆タンパク質（アミノ酸）と糖とが結合して化学反応（メラノイジン反応）を起こし、芳香性のアミノ酸フェニルアラニン、チロシンなどが増加する（図26）。この焼きみそを山菜料理に使う。真空パックで保存するとよい。

## 野生ダイコンおろしを天ぷら用に

大根おろしは辛味がないとおいしくないが、野生ダイコンおろしはワサビのようにすってからも半日以上辛味が残る。この辛味はイソチオシアナート

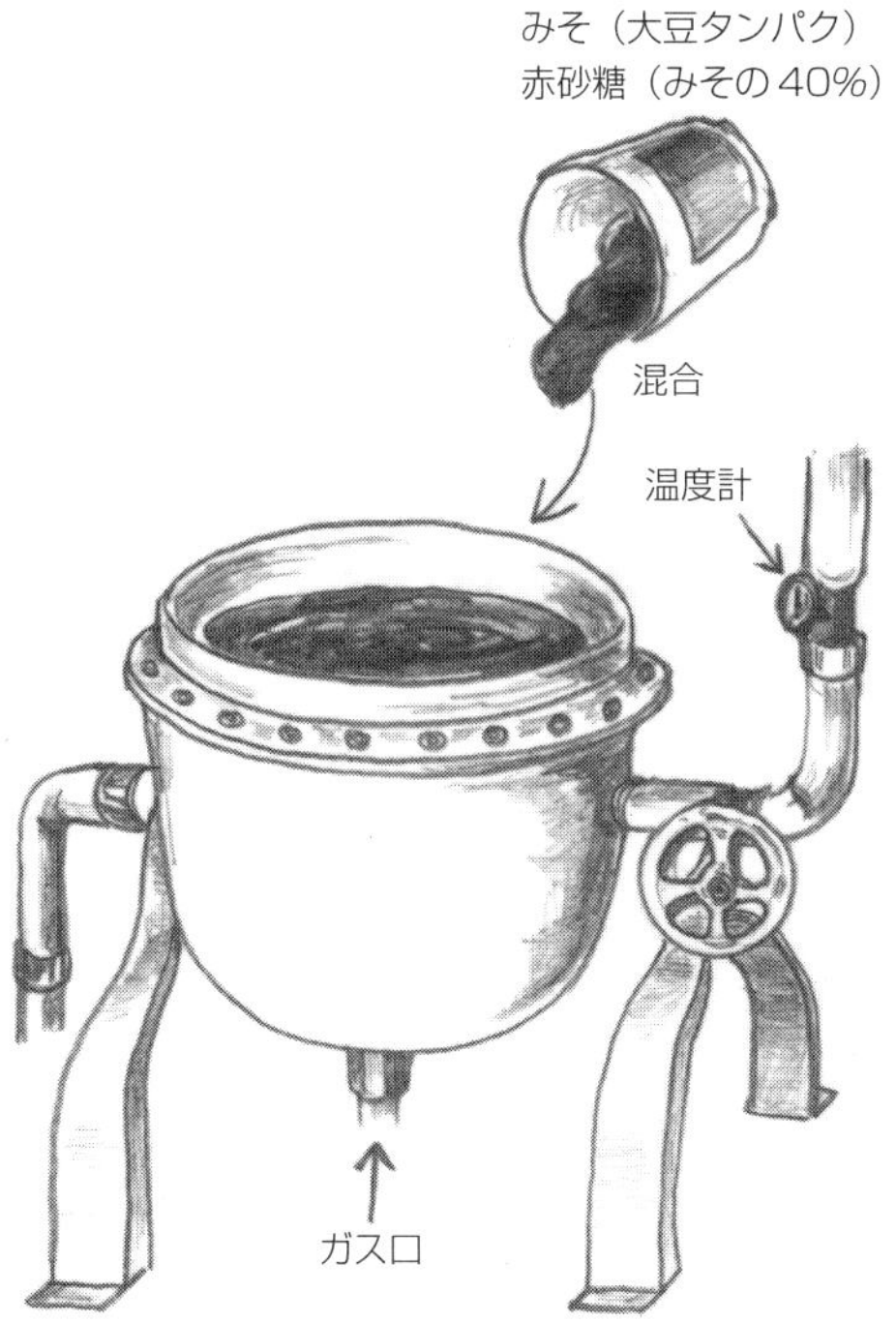


生みそと赤砂糖（みその40％）を厚手の鉄鍋でかき混ぜ，高温（150～200℃）で熱すると，タンパク質と糖が結合して，風味のよい焼きみそになる

**図26　焼きみそづくり**

で、おろし金でおろすと組織が破壊され、ミロシナーゼ（酵素）の働きでグルコースから離れて、辛味を発揮する。野生ダイコンは辛味成分の揮発性が弱いため辛味がいつまでも残っており、料理するとき便利に使える。この野生ダイコンおろしが、ソバのタレ、天ぷら用、さしみ用などに珍重される。花が紫色で美しいので、添えるとよい。

# 2、木の実の加工と保存

## （1）冷凍保存のやり方

### ①冷凍保存の原理と目的

生の果実は腐りやすく、品質低下がいちじるしいから、味覚、栄養、風味、香味などの保持が困難で、長期間保存できない。そこで冷凍加工にする。つまり、木の実の品温を奪うことによって必要な期間だけ保管するのが冷凍加工である。その場合、木の実の冷凍は大部分を生で行なうところが山菜と違う。

木の実の味覚、栄養、風味、香味などをそのままの状態で長期間保存する場合に、木の実の品質と品温の保持期間は冷凍庫の温度の設定によって異なる。木の実のような液果では氷の結晶の生成が早い。だいたい〇℃からマイナス五℃の温度帯、一般に氷生成温度帯といわれている温度帯で生成が早い。木の実の冷凍品を保管する温度が高くなれば、木の実の鮮度や品質を保つ期間は短くなり、保管温度が低温になるほど保管期間が長くなる。そこで、温度調節が可能な冷凍庫では、氷生成温度帯で保管するとよい。この場合、冷凍庫に入れる直前に急速凍結（マイナス一八℃）し、その後氷生成温度帯で保存するとよい。

木の実の冷凍保存の期間は、種類にもよるが、一〜二カ月前後が限度である。これを保存期間の目安にするとよい。

木の実の冷凍は、ジャム、ジュースなどの二次加工が目的である。したがって、大量に採れたときに冷凍して、季節はずれに二次加工するとよい。しかし、果実酒の原料としては、水分含有量が多くなりよい酒ができないので、生利用のほうがよい。また、木の実は酸味が強く、微生物に対して抵抗力が強いため長期間の保存に耐えるが、冷凍すると香味や風味が低下するので、早めに二次加工することが大切である。木の実の場合はとくに香味を重視するので、ほかの肉類や魚類と同じ冷凍庫で冷凍しないことも大切である。

## ②冷凍保存の実際

**●どんな木の実が冷凍できるか**　季節はずれに価値が出るものを重点に冷凍する。とくに二次加工のとき、ほかの果実と組み合わせるのに重要な種類を重点にする。たとえば、サルナシの冷凍品をミカンの果汁に添加して付加価値を高める、生グリの冷凍品を季節はずれに食べるというように、忙しいときに冷凍して後で加工することができる種類が数多い。主な木の実の冷凍品目と二次利用の方法は表18のとおりである。

**●冷凍方法のポイント**　木の実は季節がくると熟すが、早生品種や晩生品種がある。この熟期、つまり採取期を確実につかみ、旬に採取し、その日に冷凍することがポイントである。とくに晴天を選ぶことが大切で、雨天の日は採取しないようにする。また、未熟果や虫食い果、ゴミなどを取り除き、よく選別したものを冷凍するとよい。採取した木の実は一キロ単位にポリ袋に詰め、袋一〇個を箱に入れ、品名、

表18　木の実の冷凍加工品目と二次加工の方法

| 加工区分 | 種　別 | 利用方法 |
|---|---|---|
| 加工利用 | アケビ　幼果 | シロップ煮，ジュース |
| | 〃　（果皮） | つくだ煮 |
| | ガマズミ | ジャム，ソース，ジュース |
| | キイチゴ類 | ジャム，ゼリー，ようかん |
| | クサボケ | ようかん，ゼリー，アイスクリーム |
| | クロマメノキ | ジャム，アイスクリーム |
| | クワ | ゼリー，ジャム |
| | コケモモ | ジャム，ジュース |
| | サルナシ | ジャム，シロップ，ゼリー，ソフトクリーム |
| | サンカクヅル | ゼリー，着色料 |
| | サンショウ | つくだ煮 |
| | チョウセンゴミシ | ゼリー，薬用 |
| | トチノミ | 餅加工，ようかん |
| | ナツハゼ | ジャム，ゼリー，ジュース，アイスクリーム |
| | ハマナス | ジャム，ワイン |
| | マタタビ | 漬物 |
| | マツブサ | 薬用，ゼリー，アイスクリーム |
| | ムベ（果肉） | ゼリー |
| | ヤマブドウ | ジャム，ジュース，ゼリー，ようかん |
| | ヤマボウシ | ゼリー，ようかん |
| | ヤマモモ | アイスクリーム，ゼリー，果汁 |
| | 野生スモモ | ジャム，ゼリー |
| | ケンポナシ | ドリンク，ジュース |
| | ズミ | 果実酒 |
| | クマヤナギ | 〃 |
| | オオウラジロノキ | 〃 |
| | イワテヤマナシ | 果実酒，ジュース |
| | ブナ（実） | 菓子原料 |
| 生　食 | クリ | 生食（ゆでグリ） |
| | ヤマモモ | 生食 |
| | ヤマボウシ | 〃 |
| | ハシバミ | 生食（炒め） |
| | カヤ | 〃（〃） |
| | ツクバネ | 〃（〃） |
| | キイチゴ類 | 生食 |

数量、産地などを書いたラベルを添付して冷凍する（図27）。少量の場合はボックス型冷凍庫で冷凍するとよい。

**●主な品目の冷凍・冷蔵方法**　＜生グリ＞最盛期に採取したものでないと冷蔵に不向きである。水洗いして、よく選別し、乾かさずに水分が多い状態でポリ袋に詰め、濡れた新聞紙に包み、箱に入れて冷蔵する。冷蔵期間は三カ月以内である。

＜ナツハゼ、ヤマブドウなど＞水洗いしてから日光にさっと当て、半乾きにしてから速やかに冷凍する。

＜ガマズミ＞シアニン色素を含み、最高の天然色素が売り物なので、美しい色素を生かした冷凍加工が求められる。ガマズミには仲間がたくさんある。このうちガマズミ（アラゲガマズミ）は秋霜が降りてから採取する。ミヤマガマズミは秋早く熟す。いずれも液果でつぶれやすいから、洗わずに早めに

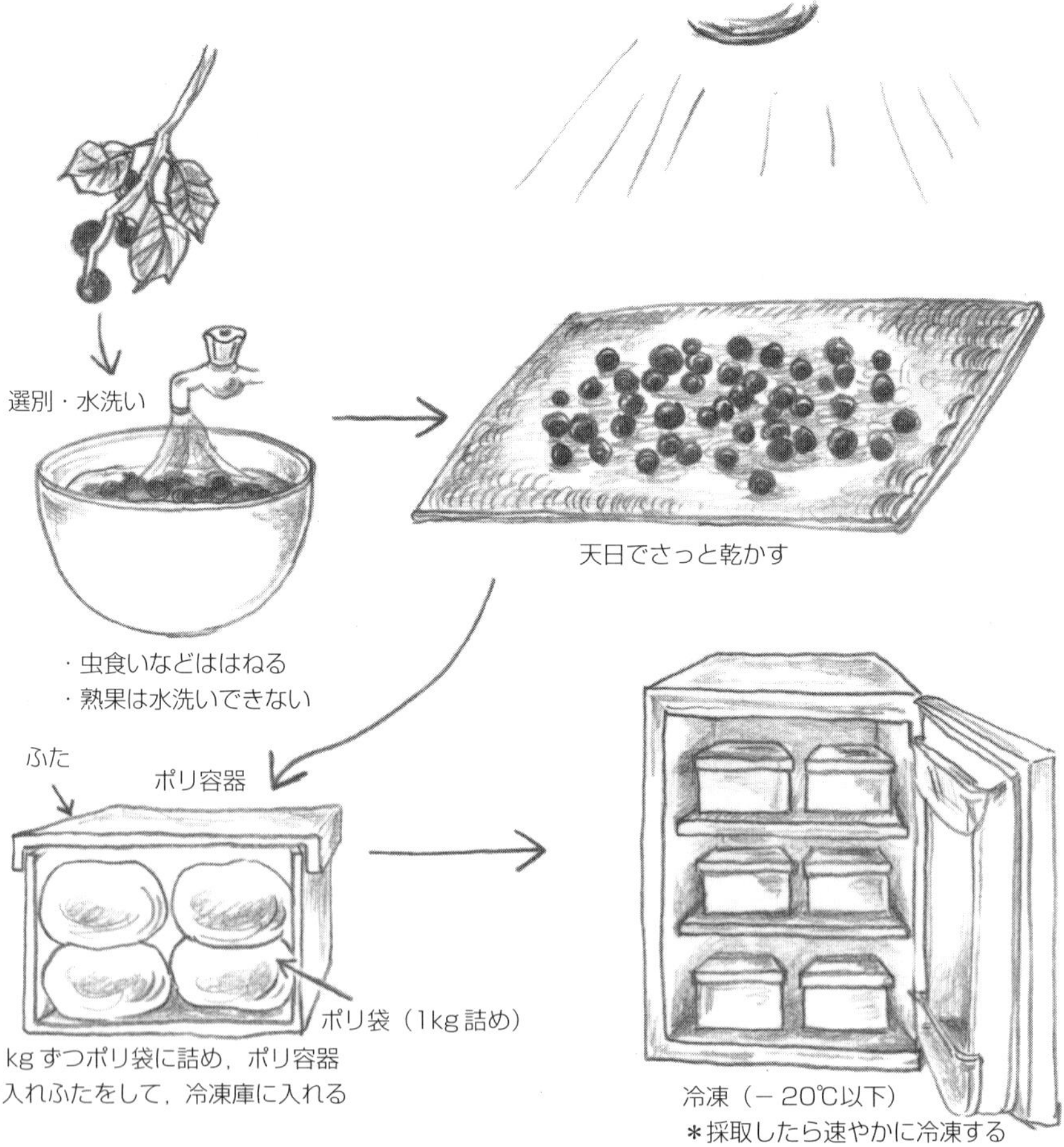
選別・水洗い
・虫食いなどははねる
・熟果は水洗いできない
天日でさっと乾かす
ふた
ポリ容器
ポリ袋（1kg 詰め）
1 kg ずつポリ袋に詰め，ポリ容器
に入れふたをして，冷凍庫に入れる
冷凍（－20℃以下）
＊採取したら速やかに冷凍する

**図27　木の実の冷凍保存**

冷凍するのがポイントである。

その他の木の実も同じ方法で冷凍・冷蔵ができる。ナツハゼ、ガマズミなどは、ジャムや果汁に二次加工する原料として半年以上保存できる。

## (2) ジャム類加工のやり方

### ①ジャム類加工の魅力

ジャム類(ジャム、ゼリー、マーマレードなど)は手づくり品が大変な人気である。野生植物の木の実は果物より酸味や渋味が強く、香り、風味がよくて色彩が鮮やかなので、静かなブームを呼び、珍品扱いされている。とくに木の実は、栄養価が高く機能性成分にすぐれているから、健康食や贈り物として喜ばれる。果物のように農薬を使わないことが人気の秘密ではなかろうか。最近では果物のジャムのほか、木の実、野菜、野生植物のジャムも登場している。

今後ともジャムの需要は高まるものと思われる。一方、ジャムを料理やヨーグルトに入れて食べる人も増加し、野性味豊かな木の実ジャムの手づくり加工がブームになると思われる。本物志向で野性味豊かなジャムは直売所などでの販売が有望である。

### ②ジャム類加工の原理

ジャム類がゼリー化して粘りをもつのは、ペクチン、糖、有機酸の三つがお互いに作用し合って固まるためである。この三つの成分が一定の濃度範囲になると固まる。果物に含まれるペクチンは炭水化物の一種で、その量は果物の種類によって異なる。未熟の果物にはプロトペクチンとして存在し、水に溶けないので、完熟した果物を使うようにする。ペクチンの量が少ないとゼリー化しない。木の実にはペクチンが少ないので、果物のジャムより砂糖を多く使う。また、リンゴなどの果物を補強するのもよい。一方で、酸が多いと砂糖が少なくてもゼリー化する。ペクチンが少ないときは、果物から抽出したペクチン(白色粉末)が市販されているから、それを使ってもよい。酸はpH値で評価され、pH二・八〜三・六がゼリー化の条件である(表19)。

### ③ジャム類加工の実際

木の実のジャム類加工には、果実をつぶしてつくる方法と丸粒のままつくる方法がある。ヤマブドウのように硬いタネのあるものは裏ごししてタネを除く。皮を使うとよいジャムができる。野生果

表19　木の実ジャムのゼリー化の標準的配合割合条件

| | |
|---|---|
| ペクチン | 1.0〜1.5% |
| 糖 | 65〜75% |
| 酸 | 0.3%(pH2.8〜3.6) |

実は糖度が低いので多めに加糖する。酸味が不足している木の実には、原料一キロに対してクエン酸を一～二グラム添加する。

ジャム類加工の工程は、選別―水洗い―水切り―加糖―煮詰め（強火でかき混ぜながら）―仕上げ（弱火で）―判定―ビン詰―熱湯殺菌（八五℃で一五分）―製品―貯蔵、である。なお、判定の方法は、コップに冷水を入れ、仕上げた液をスプーンで一、二滴たらしてみて、固まり具合をみる。底に落ちて固まるていどがよい。

## ヤマブドウジャム

［材料］ヤマブドウ一キロ、砂糖八〇〇グラム、クエン酸少々

［つくり方］ヤマブドウを一粒一粒離して水洗いし、よく水を切る。これをつまんでつぶし、ホウロウ鍋に入れて中火で約一五分煮る。こし器でこし、タネを

水洗い
水を切る
つぶして入れる
・少量の場合は家庭用ホウロウ鍋を使う
こし器でこしてタネと皮を取る
中火で約15分煮る
原料1kgに対して砂糖800g，水1カップを加えて煮る
（煮立つまで強火，その後中～弱火で30分煮つめる）
（アワを取ったり，酸が不足するときはクエン酸を加える）


図28　ヤマブドウジャムのつくり方

取って実を鍋に移す。砂糖（一キロに対し八〇〇グラム、水一カップ）を加え、煮立つまで強火、その後中火～弱火にして、約三〇分煮つめる。その間、アワを取ったり酸が不足するときはクエン酸を適量加えたりする（図28）。

### ナツハゼとリンゴのジャム

［材料］ナツハゼ一キロ、リンゴ中三個、グラニュー糖一キロ、クエン酸少々

［つくり方］ナツハゼは熟したものだけを選び、水洗いしてよく水切りをする。リンゴは皮、中心とタネを除いてすりおろす。両方を一緒にしてグラニュー糖を加え、煮立つまで強火、その後中火～弱火にして約三〇分煮つめ、その間アワを取り、酸が不足するときはクエン酸を補強する。

### フキジャム

［材料］フキ（皮をむいた青フキ）一キロ、リンゴ中四個、グラニュー糖一・二キロ、クエン酸三～五グラム

［つくり方］フキは若いうちに採取し、熱湯でゆで、皮をむき、一夜水につけてアク抜きする。アクを抜いたら二～三センチに切っておく。リンゴは皮をむき、中心、タネを取る。フキ、リンゴ、グラニュー糖をミキサーに一分間かけ、その汁を中火にかけて煮つめ、途中クエン酸を水でとき加えて、最後に弱火で仕上げる。フキにはリンゴに含まれているペクチンと糖分がよく合う。リンゴがない場合は粉ゼラチンを使ってもよい。ブランデーを少し加えると風味がよくなる。

## (3) 木の実果汁のつくり方

### ①木の実果汁の魅力と原料の選び方

木の実の果汁は大変美しく、風味抜群である。ジュースとして飲んだり、ほかの果汁に添加したり、菓子や清物、干し魚などの食品に天然着色料として活用できる。このように利用範囲が広いから、今後有望な加工品の一つであろう。果汁のつくり方は果物と変わらないが、果実を圧搾して果汁をつくる（図29）。

原料を選ぶときは、利用目的によっても違うが、糖度、酸、着色度、芳香性、新鮮度を重視する。果汁に適する主な木の実はヤマブドウ、ガマズミ、ナツハゼ、マツブサ、アカモノ、コケモモ、サンカクヅル、エビヅル、サルナシである。

### ②果汁つくりの基本

最近では果汁つくりの機械化が進み、剥皮除心機、連続搾汁機、遠心分離機などが完備し、自動化が進んでいるので利用したい。農村加工では、容器などが鉄製だと果汁の品質が変化するので、ステンレス製の器具や鍋を使うとよい。

木の実の種類によって搾汁方法が違うが、生のまま搾ることがもっとも大切である。また、搾り汁が空気に触れる時間をできるだけ短くする。

木の実にはタネが多いので、スジや皮とともに木綿袋などでこして取り除くようにする。また、クロマメノキ、ガマズミ、ナツハゼなどの木の実は粘りが強く、生でこすのが難しいので、砂糖かペクチノーゼ（ペクチンの分解酵素）を入れて数日おくと簡単に搾れる。

搾ったら速やかに砂糖を加えたりクエン酸で酸を補ったりして飲みやすい状態にして、ビン詰にする。これを果汁温度八五℃で二〇分間殺菌し、冷えたら冷蔵庫に入れて保存する。

次の注意事項を守ることがポイントである。

●砂糖はグラニュー糖か果糖を使う。

●味が悪くなりカビが発生しやすいので、早めに搾り、ビン詰処理する。

●果実の搾汁には各種の搾り器があるが、少量の場合は手動式、ジューサーなどを使う。

大量の場合はチョッパー（破砕式）、プレス式（箱形破砕方式）、遠心型搾汁機（脱水方式）、チョッパーパルパー式（トマト、イチゴなど軟質果物の搾汁）、インライン搾汁機（皮ごと処理）などがある。

●原液を二次加工に使うときは、薄めないようにすると着色が鮮明になる。

#### ガマズミ果汁

ガマズミからはブドウ色で色彩が美しい果汁ができ、各種の着色料としても人気が高い。誰でもつくれる方法は次のとおり。

熟度の高い果実を採取して不良果を取り除き、さっと水洗いして水分を十分に切る。容器（かめがよい）に入れ、グラニュー糖（原料の三〇～三五％）を入れてかき混ぜ、ふたをして二～三日おくとエキスが出始める。この状態になったら、図29の方法で静かに時間をかけてエキスを押出する。搾り終わったら砂糖、クエン酸で味を調整する。早めにビン詰にして八五℃で二〇分間殺菌する。終わったら冷却する。

#### ナツハゼ果汁

ナツハゼ一キロに対して果糖三五〇グラム（好みの量）を素焼きのかめに

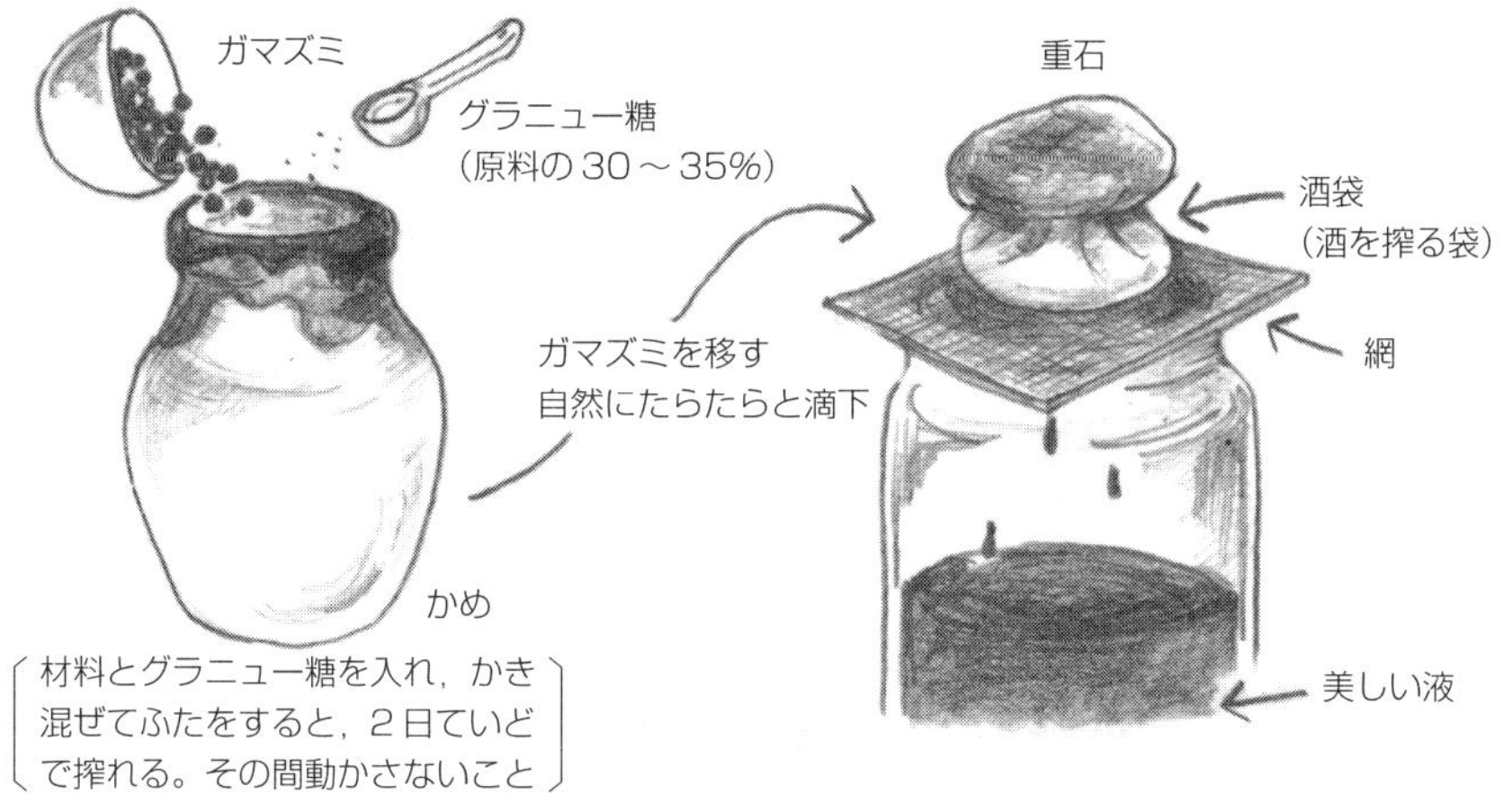
ガマズミ
グラニュー糖
（原料の30～35%）
かめ
材料とグラニュー糖を入れ，かき混ぜてふたをすると，2日ていどで搾れる。その間動かさないこと
ガマズミを移す
自然にたらたらと滴下
重石
酒袋
（酒を搾る袋）
網
美しい液

**図29　果汁の搾り方（ガマズミ）**

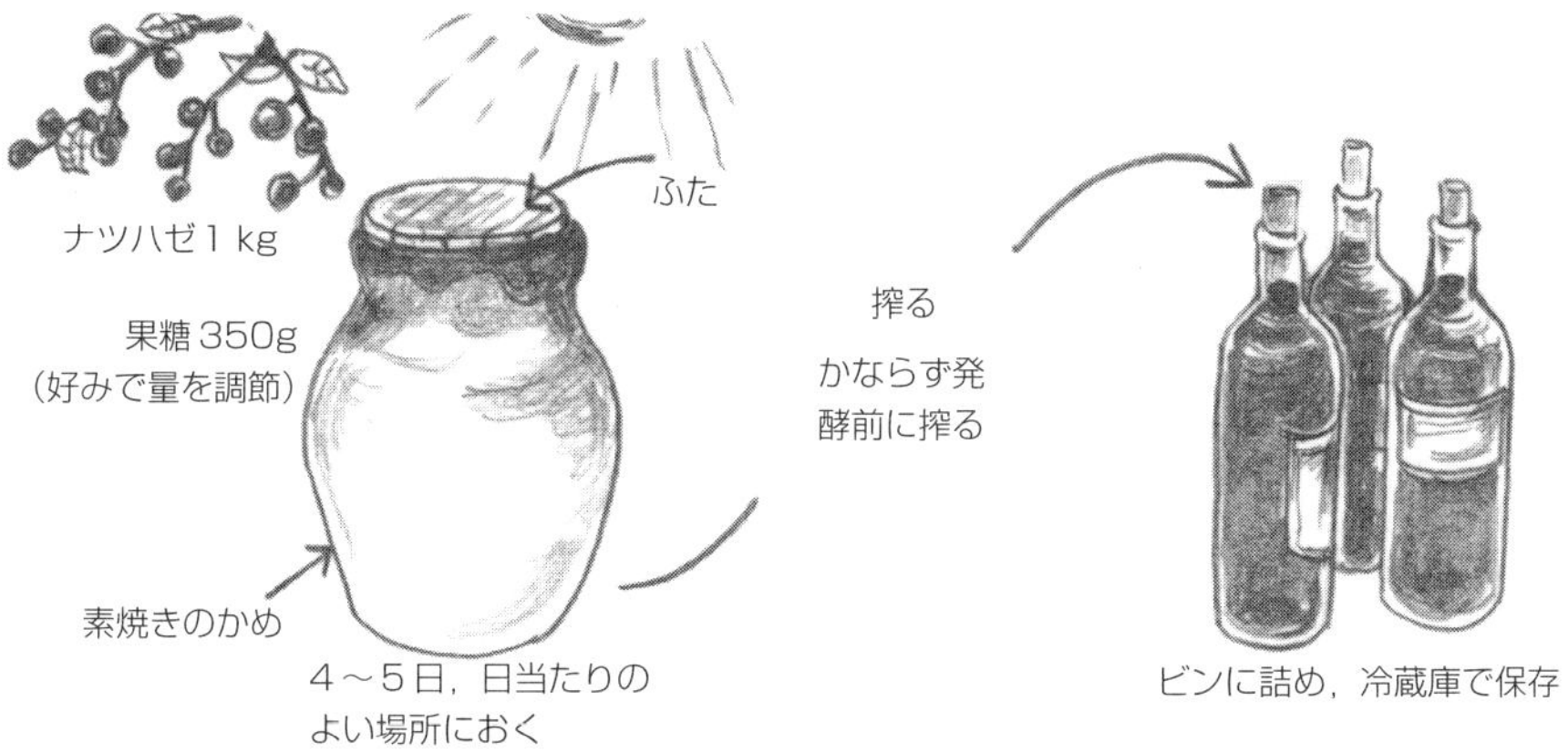
ナツハゼ1 kg
果糖350g
（好みで量を調節）
ふた
素焼きのかめ
4～5日，日当たりのよい場所におく
搾る
かならず発酵前に搾る
ビンに詰め，冷蔵庫で保存

**図30　ナツハゼ果汁のつくり方**

入れて仕込む。日当たりのよいところにおくと実がつぶれ、四～五日で搾れるようになる。ただし、ナツハゼは発酵が早いので、かならず発酵する前に搾るのがポイント。自家用の場合はビンに入れ、冷暗所か冷蔵庫に保存する。本格的につくる場合は、ビン詰にして保存するとよい。

## (4) 果実酒のつくり方

### ①果実酒づくりの魅力と材料

果実酒は、五〇〇種くらいの木の実、山菜、野生キノコ、薬草などからつくることができ、無限の広がりがある。風味や芳香などにすぐれた美酒が生まれる。つくり方で風味が微妙に違ってくるので、細心の注意が必要である。

果実酒は酒税法によって、自家用としてつくることは認められているが、販売するためには許可が必要である。

また、ヤマブドウ、香料、色素、ビタミン類などの使用も禁止されている。さらに、原酒は二〇度以上のものを使う条件になっている。

一般に原酒（基酒）の焼酎には甲類と乙類があるが、甲類のホワイトリカー（二〇度、二五度、三五度、四三度）を使う。最近は熟成の早い果実酒用ブランデーが使われ、人気が高い。甘味料として昔は氷砂糖が使われたが、いまは分解の早いグラニュー糖、果糖、オリゴ糖、ブドウ糖、純粋のハチミツが使われる。

### ②果実酒づくりのポイント

果実酒は発酵させてつくるものでなく、原料を原酒に浸してつくる。つまり、原料の香り、風味、栄養価、薬効性などを抽出して飲む酒である。そのため、蒸留機によって連続して蒸留した無色、無臭、無味のすっきりしたホワイトリカーを使う（乙類の焼酎は一回蒸留）。

甘味料を加えるのは、酒の浸透圧を高めて入れた材料の成分を引き出すことと風味づけのためである。したがって、少量使うのが原則である。糖の種類によって浸透圧は違う。果糖ではグラニュー糖のおよそ倍くらいの浸透圧に高めることができるので、グラニュー糖の半分の量を入れるだけでもよいことになる。ブドウ糖は、疲労回復に効果があり、糖類中もっとも消化吸収が高いので、薬酒づくりに使われる。

原酒のホワイトリカーと果実用ブランデーでは、ブランデーのほうが浸透圧が高く、熟成期が早いので、漬け込んで早めに飲める。ホワイトリカーでも度数の高いものは早く熟成するから、動物（マムシやハブ）など腐敗化が早いものに使われる。

**●仕込みビン、保存ビンを選ぶ**　容器の良否は果実酒の重要なポイントで、完

**ポイント**

| 飲み方 | つくり方のポイント |
|---|---|
| ストレート<br>カクテル | 新鮮な蕾を丸ごと仕込み，早めに布でこして保存する |
| ストレート<br>カクテル | 粒だけむしり取ってよく洗い，水けを取って漬け込む |
| 1日30cc<br>を飲用 | 果肉だけを仕込む。多糖類を多く含むので糖分を少なくする |
| ストレート | 柄を取り，丸ごと仕込む。ビタミンCがレモンの10倍 |
| 1日30cc<br>水割，寝る前 | マタタビの有効成分は揮発性だから，採取後速やかに仕込む。ガクを取り除いてつける |
| 20～30cc<br>を2～3回に | 2cmぐらいに切って仕込む。アミノ酸とビタミン$B_1$，$B_2$，Kが多く含まれる |
| 20～30cc<br>を食前に飲用 | 目の粗いザルなどで果肉をすり落とし，種子を除く。皮は1個の1/4ていど加えて仕込む |
| 1日20cc<br>を食前に | 半乾燥品を刻み，ヒネショウガを薄切りにして仕込む |
| 1日50cc<br>を水割で | 石づきを取り除き，開かない傘だけを砕き，レモンの皮をむき輪切りにして仕込む |

全密封できるものを使うことが大切。空ビンの古いふたを使うときには、空気が漏れることがあるから注意する。色つきのビンは光線が通りにくく、成分の変化が少ない。

**●保存は温度変化の少ないところで**　年間通して温度変化の少ない冷暗所に保存する。

**●よい材料を選ぶ**　味の良し悪しを決める最大のポイントはよい材料を選ぶこと。果実で芳香のある美酒をつくるためには、食べておいしいものより、まずい酸味や渋味のあるやや未熟果がよい。また、酒は直接飲むものだから、無農薬地帯から採取したものを使うとよい。水分の少ないものを使うことも大切で、半乾きていどならいちばんよい。

**③果実酒づくりの実際**

山の幸の果実酒はじつに豊富であ

**表20　果実酒に向く主な山の幸とつくり方の**

| 植物名 | 利用部位 | 材料（標準量） | | | | 材料の引上げ時期と飲用の期間 | 風味と薬効 |
|---|---|---|---|---|---|---|---|
| | | ホワイトリカー | 甘味料 | 主材料 | 追加材料 | | |
| フキノトウ | 生花 | 1.8ℓ,(35度) | 果糖30g | 80g | — | 中身を15日で引き上げ，3カ月後に飲用する | コハク色<br>喘息によい |
| ガマズミ | 果実 | 1.8ℓ,(35度) | 果糖50g | 800g | — | 中身を3カ月後に引き上げ,その3カ月後に飲用 | 最高に美しい酒<br>美容に |
| ケンポナシ | 果実 | 1.8ℓ,(35度) | 果糖10g | 500g | — | 中身を3カ月で引き上げ，飲用 | 甘い香り<br>悪酔いを防ぐ |
| サルナシ | 果実 | 1.8ℓ,(35度) | 果糖50g | 1000g | — | 中身を3カ月で引き上げ，飲用 | 黄金色に仕上がる<br>疲労回復 |
| マタタビ | 果実 | 1.8ℓ,(35度) | ブドウ糖100g | 500g | レモン2個 | 中身を3カ月で引き上げ，飲用 | コハク色<br>苦味と渋味 |
| チシマザサ | 葉心 | 1.8ℓ,(35度) | 果糖20g | 300g | — | 中身を1カ月で引き上げ，その2カ月後に飲用 | 淡い芳香<br>血圧降下剤 |
| アケビ | 果実 | 1.8ℓ,(35度) | 果糖50g | 皮ごと1000g | （レモン2個） | 21日で引き上げ，その3カ月後に飲用 | 女性の薬酒<br>利尿効果 |
| イカリソウ | 全草 | 1.8ℓ,(35度) | ハチミツ100cc | 半乾燥1000g | ヒネショウガ50g | 中身を約1カ月で引き上げ，3カ月後に飲用 | 特有の香りと味<br>強壮酒 |
| シイタケ | キノコ全体 | 1.8ℓ,(35度) | ハチミツ100cc | 半乾燥50g | レモン4個 | 中身を6カ月後に引き上げ，飲用 | 淡黄褐色<br>香りがよい |

る。そのうち主な山の幸の種類とつくり方は表20のとおりだから、これを参考においしい酒をつくっていただきたい。

アケビ酒（ブランデー）

［材料］アケビの果肉（丸ごと）八〇〇グラム、果皮（小さいもの）二個、果糖一〇〇グラム、ブランデー（果実酒用）一・八リットル

［つくり方］果肉は熟する直前のこわれていないものを使い、形のままスプーンでとる。果皮は皮の薄い紫色のものを使い、これを刻む。これらを果糖とともにブランデーに漬け込む。中身を一カ月で引き上げ、三カ月熟成させる。

## (5) 木の実の利用方法

### ①広がる利用方法

食生活が多様化して、木の実は遠くの外国からも輸入されるようになってきた。たとえば、トチの実は外国で粉末化され輸入されている時代で、国際化の波が木の実にまで及んでいる。

大自然の神秘が生んだ木の実類の利用についても最近注目されてきた。野性味たっぷりで形や色彩が美しく、香気や風味が抜群で、栄養価や機能性の面でもすぐれており、近代食に欠けている栄養素を補うことができる。現在、加工技術の発達で、野性味の特徴を生かした産品の開発が進んでいる。

木の実は生食用として品種改良され、栽培化が進んでいる。加工用としても用途が広く、冷凍品、健康茶、果汁、ジャム、ワイン、酢、乾果、ドリンク、酵素エキス、天然着色料、シロップ、果実ソース、ゼリーなどに用いられる。原液の二次加工として、果物果汁を添加したりしょうゆを添加したりして、菓子やアイスクリームの原料に使われ

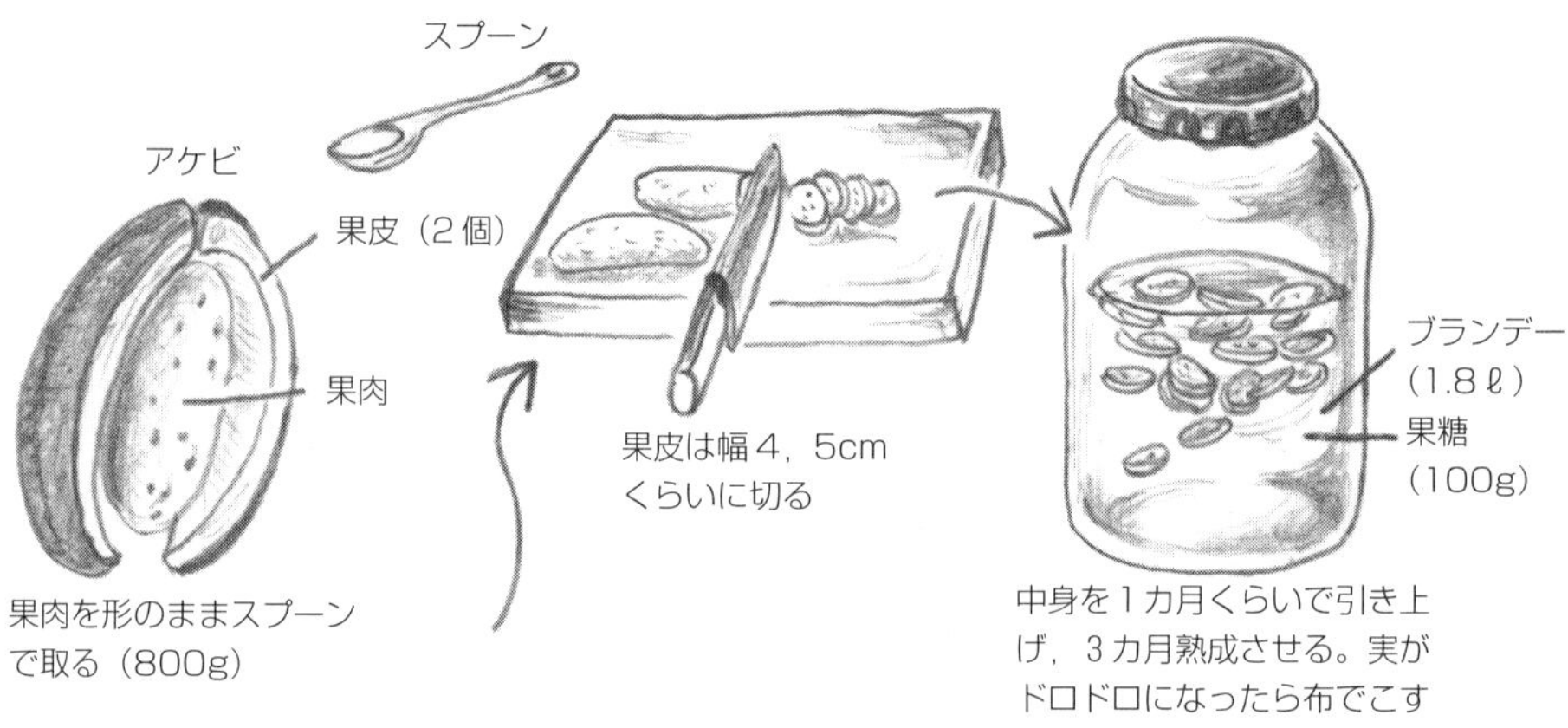


図31　アケビ酒のつくり方

る。さらに果実酒や薬用にも使われる。このように利用の幅が広く、有望性を秘めている。

農山村には未利用休耕地が多いので、観光木の実園や木の実もぎ取り園などを設置すること、加工開発によって新しい特産物を掘り起こし地域振興に役立てることが望まれる。

木の実は古い時代に重要な食糧として広く利用されてきた。ときには救荒食糧として利用されたり、地方地方のお国自慢の珍果としても利用されてきた。いまでは山村地域の観光物産としての特産物も数多い。たとえばトチ餅が名物になったり、サルナシワインやソフトクリームが地域の名産になったりしている。利用できる種類は五〇種以上あるが、その中で重要と思われるものは三三種である（表21）。今後、大幅に利用開発が進むものと思われる。

図32　サルナシの果実酒

### ②木の実の種類と主な利用方法

#### ●アケビの利用例

アケビは若芽、果肉、皮、つると全体が利用できる。若芽は利用範囲が広く、薬用（利尿効果）、生食、つくだ煮加工、健康茶に利用する。幼果はつくだ煮加工に利用する。冷凍したものも二次的につくだ煮加工する。果肉からは果実酒をつくる。皮は食用に、つるは薬用になる。

#### ●クサボケの利用例

昔から独特の芳香を生かしてタンスの中に入れたが、いまならかごの容器に入れて室内用の香り箱として売れる。車の中でも香りを楽しめる。果実酒に漬け込むと淡い黄金色に仕上がり、甘い香りと酸味が果実酒の中でも異彩を放つ名酒となる（果実八〇〇グラム、ブランデー一・八リットル、果糖一〇〇グラム）。

#### ●ナツハゼの利用例

ナツハゼはアントシアニンを多く含み、視力を高める効果がある。加工用としてすぐれ、ワイン、ゼリー、果汁、ソース、アイスクリームなどにされる。果実酒にすると鮮麗なガーネット色に仕上がり、ムード酒として喜ばれる（果実五〇〇グラムを果実酒用ブランデー一・八リットルに果糖一〇〇グラムを入れて仕込むと、三カ月くらいで美しい色の酒ができる）。

表21　重要木の実33種類と主な利用法

| 種　名 | 科 | 利　用　法 |
|---|---|---|
| アケビ | アケビ | 生食，皮と芽は食用，薬用，果実酒 |
| アズキナシ | バラ | 果実酒 |
| アマズル | ブドウ | 甘味料 |
| イチイ | イチイ | 果実酒 |
| イチョウ | イチョウ | 料理用，葉は薬用 |
| ウグイスカズラ | スイカズラ | 果実酒，生食用 |
| ウワミズザクラ | バラ | 果実酒，チェリー・ブランデー |
| エビヅル | ブドウ | 食用，ジャム，ゼリー |
| ガマズミ類 | スイカズラ | 果実酒，漬け汁（漬物加工，菓子加工の着色用） |
| カリン | バラ | ゼリー，果実酒，砂糖煮 |
| ガンコウラン | ガンコウラン | 果実酒 |
| クコ | ナス | 果実酒，薬用 |
| クサボケ | バラ | 果実酒，薬用 |
| クマヤナギ | クロウメモドキ | 果実酒，薬用 |
| グミ類 | グミ | 生食，果実酒 |
| クロモジ | クスノキ | 果実酒，薬用 |
| ケンポナシ | クロウメモドキ | 果実酒，薬用 |
| コケモモ | ツツジ | ジャム，ドリンク，果実酒 |
| サルナシの仲間 | マタタビ | 生食，果実酒，ジャム，アイスクリーム |
| サンカクヅル | ブドウ | 食用，ジャム |
| ズミ | バラ | 果実酒，ドリンク |
| チョウセンゴミシ | モクレン | 果実酒，薬用 |
| ツルコケモモ | ツツジ | ジャム，ドリンク，果実酒 |
| ナツハゼ | ツツジ | 果実酒，ジャム，漬け汁，アイスクリーム |
| ナナカマド | バラ | 果実酒（完熟のもの） |
| ニワトコ | スイカズラ | 果実酒 |
| ハマナス | バラ | 果実酒，ゼリー，薬用 |
| マタタビ | マタタビ | 生食，果実酒，薬用 |
| マツブサ | モクレン | 果実酒，薬用 |
| ヤシャビシャク | ユキノシタ | 果実酒，薬用 |
| ヤマブドウ | ブドウ | ワイン，ジャム，果汁 |
| ヤマボウシ | ミズキ | 果実酒 |
| ヤマモモ | ヤマモモ | 生食，ゼリー，ジャム |

**●ハマナスの花と実の利用例**

北国に咲く香料低木ハマナスは、果実にビタミンCが多く、薬用植物でもある。実は果実酒にすると美酒ができる（果実八〇〇グラム、ホワイトリカー一・八リットル、果糖一〇〇グラムまたはハチミツ二〇〇ミリリットル、三カ月以上で熟成）（図33）。花は、開きかけたころに採取して袋（ビニール）に詰めて冷凍しておくと、季節はずれの風呂の入浴剤として香りが満点で、喜ばれる。原酒は果実酒用ブランデーでもよい。

**●カヤの利用例**

カヤは日本人好みの木の実で、古代には油を取った。滋養強壮食で、栽培されている。実を採取してアク抜き（木灰をつけておく）し、よく乾燥して使う。殻を圧力加工機でむき渋皮を落として、あめで固めるとカヤ糖ができる。チョコレートに入れてもおいしい。

## ③木の実の料理と菓子

### アケビのみそ詰め焼き

[材料] アケビ八個、みそ、砂糖、油各大さじ一杯、マイタケ、ゴボウ、ニンジン各五〇グラム、カンピョウ八本、豚ひき肉一〇〇グラム、小麦粉小さじ二杯

[つくり方] みそに砂糖、小麦粉を入れ、よくかき混ぜて合わせておく、これを果皮（中身を取り除いたもの）の中に詰める。これだけでもいいが、さらにひき肉、マイタケ、ゴボウ、ニンジンなどを細かく切って混ぜるとなおおいしい。詰めたらカンピョウで結んで、フライパンに油を多めに入れて熱し、中まで火が通るようにときどき返しながら焼き上げる（図34）。冷凍すれば長期間食べられる。食べるときは解凍してから焼く。

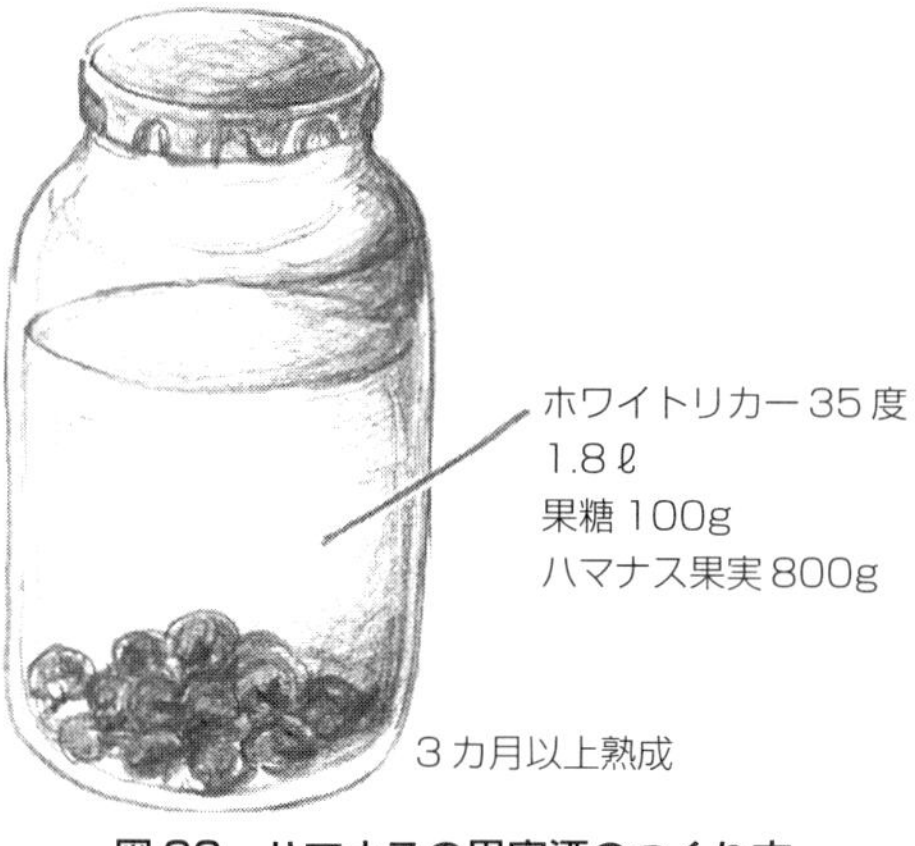
ホワイトリカー35度
1.8ℓ
果糖100g
ハマナス果実800g
3カ月以上熟成

図33　ハマナスの果実酒のつくり方

### アケビの菓子

[材料] 生アケビ六〇〇グラム、砂糖五〇〇グラム、グラニュー糖一〇〇グラム

[つくり方] 新しい果皮を短冊状に切り、さっとゆでる（ゆで過ぎないのがコツ）。一晩水につけ、苦味を抜く。太陽光線に短時間当てて乾かす。砂糖を入れて一〇分ていど煮る。最後に水を捨て、グラニュー糖を入れ、器の中でころがして砂糖をからませる。多少苦味があるのがよい。

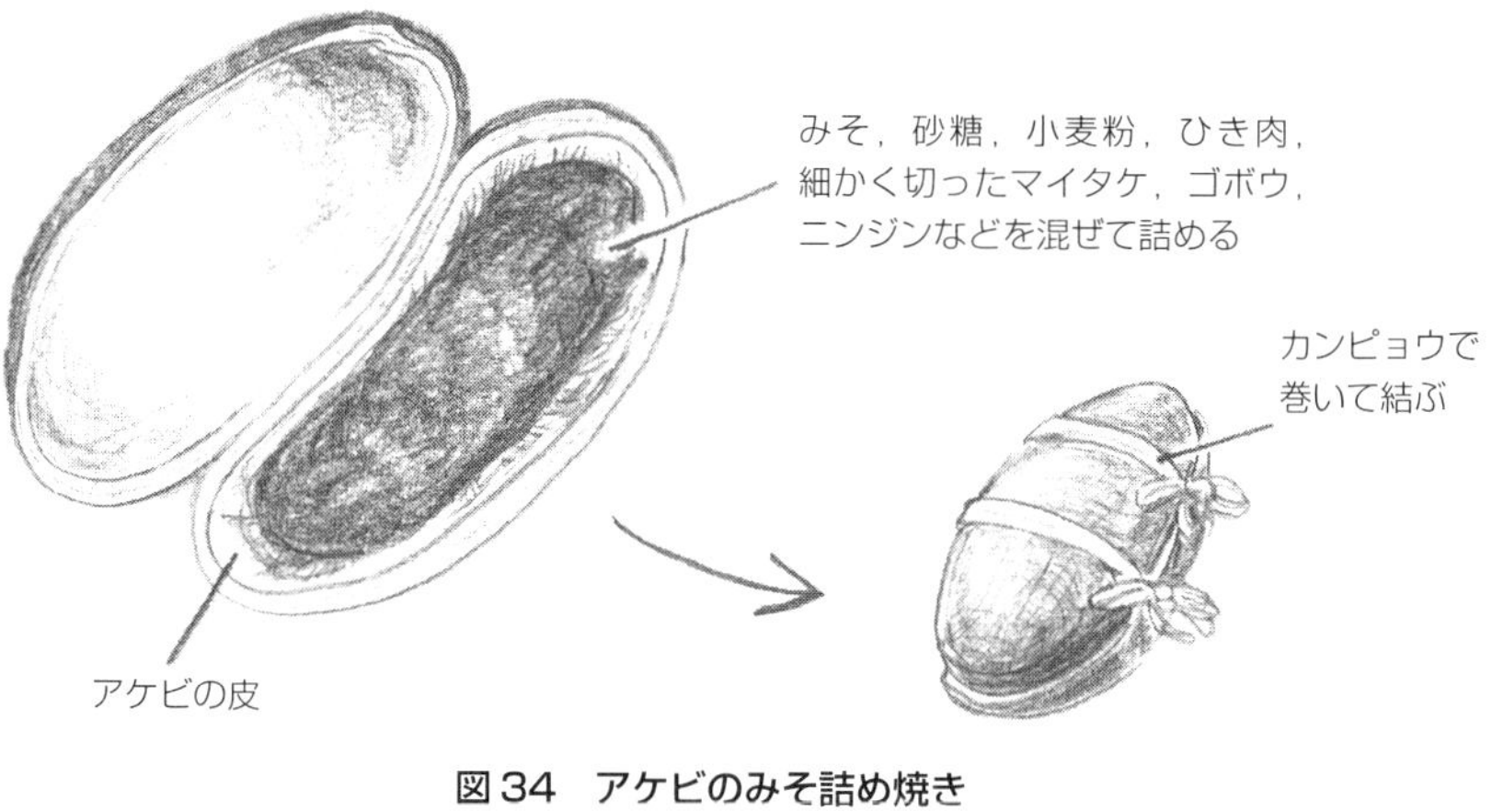
みそ，砂糖，小麦粉，ひき肉，
細かく切ったマイタケ，ゴボウ，
ニンジンなどを混ぜて詰める
カンピョウで
巻いて結ぶ
アケビの皮

図34　アケビのみそ詰め焼き

### シバグリの渋皮煮

［材料］シバグリ六〇〇グラム、重曹小さじ一杯、グラニュー糖二五〇グラム、しょうゆ小さじ四杯

［つくり方］シバグリは美味で、栄養価が高い。渋皮を傷つけないように鬼皮を剥ぐには、鍋に水をたっぷり入れて重曹を加え、熱湯になってからクリを入れて一〇分くらいゆでる。湯に浸しておきながら一粒ずつ取り出し、下側に庖丁目を入れて鬼皮だけを剥ぐようにむく。

むいた渋皮つきクリを鍋に入れ、たっぷりの水と重曹を加え、一五分ぐらいゆでる。ゆですぎないようにする。静かに水にあけ、一個一個残ったスジを取り、たっぷりの湯を加え、弱火で四～五分ゆでる。黒い汁（アク）を捨て、クリを鍋に入れて水をかぶるていどに入れ、火にかける。砂糖を二回に分けて加え、二〇分くらい煮てからしょうゆを小さじで四杯加える。汁がなくなるまで煮つめる。

# 3、キノコの保存と料理、加工

## (1) 生での保存

キノコ類は春秋ばかりでなく夏に発生するものもあって、夏場は一日で腐りやすい。ヌメリの多いキノコは細菌がすぐ着き、腐りやすい。鮮度がよいと歯切れや舌ざわりがよいが、古くなると悪くなる。そこで保存が必要になる。

組織が硬いヒラタケ、マイタケ、シイタケ、ホンシメジ、コウタケなどは保存しやすいが、イグチの仲間、アミガサタケ科などはすぐ腐りやすく生保存が難しい。とくに古いキノコで雨天に採取したものは腐りやすい。どうしても生で保存するときは、さっと天日で乾かし、冷蔵庫に入れて生保存して、早めに食べるとよい。長くおくと香りや味が落ちやすい。ポリエチレン袋に詰め、真空包装して保存する方法もある。

## (2) 乾燥品のつくり方と保存

キノコには昔から乾燥して保存されるものが多い。キノコは軟弱で、採取のとき傷口から変色して細菌が侵入し、腐敗が急速に進むので、採取後すぐに乾燥されてきた。乾燥はヌメリがあって水分の多いキノコには向かないが、水分の少ないキノコには向く。

シイタケのように成分の一つにエルゴステロールを含むキノコでは、紫外線に当たるとこれがビタミンDに変わる。乾燥によって一〇倍に増えるといわれる。ビタミンDは骨の形成に深くかかわる脂溶性ビタミンで、カルシウムを多くとってもビタミンDが不足すると骨は形成されない。最近は大量生産のため人工乾燥方法がとられているが、天然乾燥のほうが栄養価が高い（カリウムが一二倍、鉄分が一〇倍、ビタミンDがとくに多い）。また、乾燥によってうま味成分のグアニール酸と香り成分のレンチオニンがつくられるので、風味がよくなる。

### ①どんなキノコが乾燥に向くか

代表的なキノコではシイタケがある。また、昔からキクラゲ類、カワラタケ（薬用）、コウタケ、ハツタケ、マイタケなどを乾燥してきたが、ほかのキノコでも乾燥できる。イグチの仲間も乾燥するとおいしい。秋のキノコは、天候に支配されてよく乾燥できないので数が少ない。

### ②乾燥方法と保存

乾燥方法のポイントは短時間で完全に乾燥させることである。しかし、秋の天候では難しい。こうした条件のときは、水分やヌメリの少ないコウタケ、キクラゲ、マイタケ、ホンシメジ、ハツタケなどを用い、大きいキノコは割って乾燥するとよい。むしろなどに広げるか、糸に通して、日当たりで乾燥する。雨に当たらないようにすることも大切である。

よい乾燥品は手ではじくとカラカラと音がする。この状態で含水量一三％くらいである。水分が残っているとカビが発生するので注意する。また、天日乾燥のあとで火力乾燥して、完全な乾燥品をつくるとよい。

乾燥品が仕上がったらポリエチレンの厚い袋に入れ、温度の低い日の当たらないところに保存する。ポリエチレンの袋を缶などの中に入れておいてもよい。その袋の中に乾燥剤を入れ、かならず採取日、乾燥日、キノコ名を書き添付しておくとよい（図35）。

### ③乾燥品のもどし方

図35を参照。

## （3）冷凍のやり方

キノコは季節のもので、秋に大部分が発生するので、大量に採れたとき冷凍すると風味を落とさず、いつでも利用できる。キノコは香りが重視されるが、水分が多いと氷結温度が高くなり、組織や香りの成分がこわれやすいので、種類によっては冷凍に向かないものがある（ナメコやムキタケなど）。

冷凍の目的は、食品中の細菌や微生

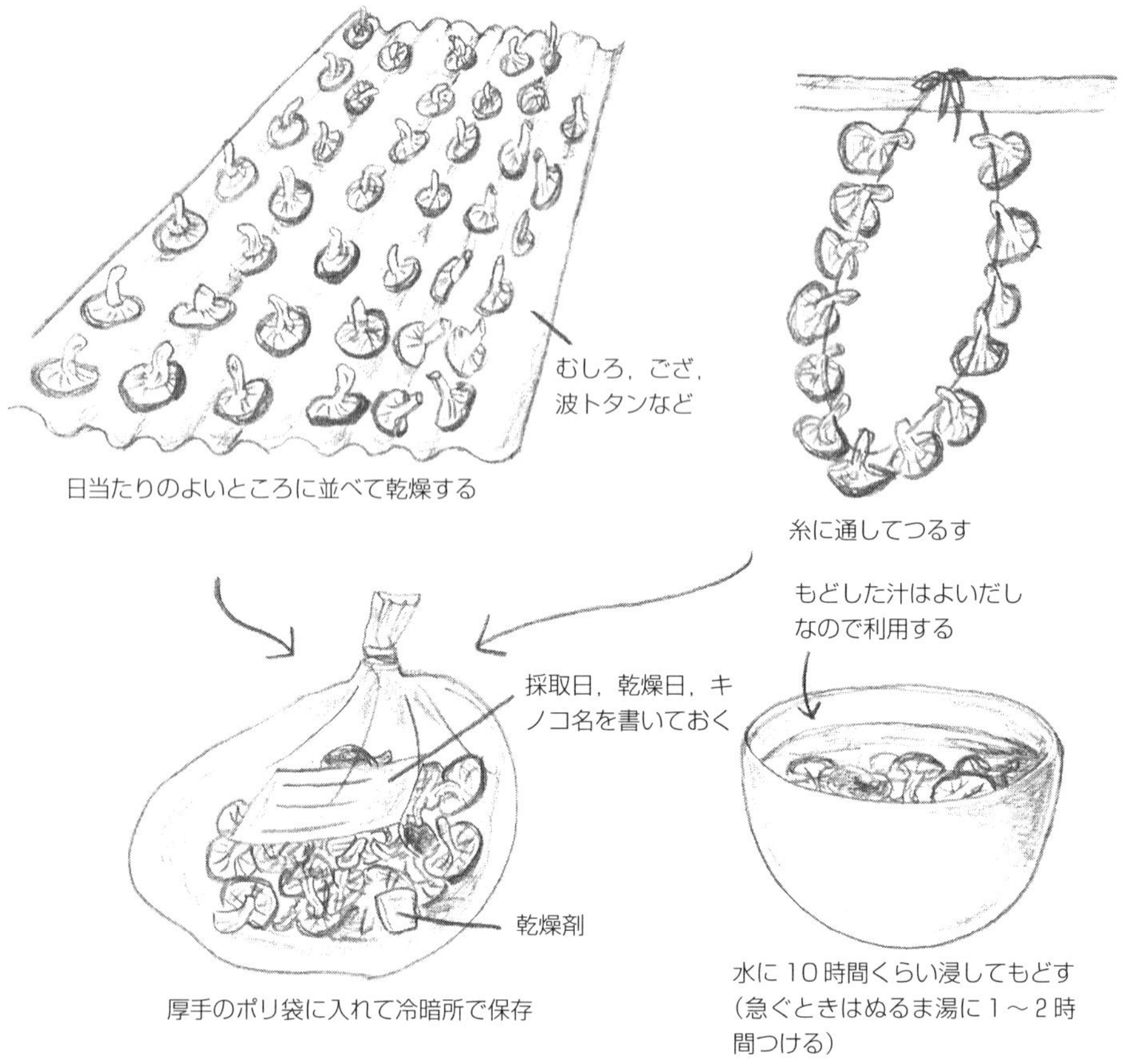
むしろ，ござ，
波トタンなど
日当たりのよいところに並べて乾燥する
糸に通してつるす
もどした汁はよいだし
なので利用する
採取日，乾燥日，キ
ノコ名を書いておく
乾燥剤
厚手のポリ袋に入れて冷暗所で保存
水に10時間くらい浸してもどす
（急ぐときはぬるま湯に1～2時
間つける）

**図35　キノコの乾燥方法ともどし方**

物の増殖、酵素の働きを止めて、腐敗を防止することである。しかし、キノコのように水分が多いと氷になる過程で氷の結晶が大きく成長し、組織の中が氷ばかりになるだけではなく、細胞中の水分まで凍結してしまう。そのために細胞膜が破れ、中の香り成分、うま味成分が流れ出て価値がなくなる。キノコは冷凍すると形が残っているばかり、という状態になりやすく、冷凍が大変難しい食品である。そのため、ほかの食品より一歩進んだ冷凍加工の方法がとられている。

### ①自家用の冷凍加工の方法

組織が硬くて水分の少ないキノコを晴天の日に採取して冷凍する。かならず晴天日に、水洗いしたキノコをさっと乾かしてポリ袋に詰め、生で冷凍する。家庭用には冷凍ボックスを用いるとよい。生で冷凍したほうが変質しにくいキノコはチチタケ、キシメジ科の仲間である。

熱湯を通し、酵素の作用を止めて冷凍するキノコは、ナメコ、スギヒラタケ、アミタケ、ナラタケ、ムキタケなどたくさんある。大きめの鍋に水を多めに入れ、徐々に加熱して、八〇℃になったらキノコを入れる。原料一キロに対して五グラムくらいの食塩を入れてゆでると色上がりがよくなる。鍋はホウロウ引きかステンレス製のものを使う。ゆでる時間は品目によって変わるので、中心部まで熱が通ることを目安にする。ゆで上がったキノコは、冷水につける→冷えたら速やかに引き上げて水分を取る→原料に対して三～五％の食塩を全体にふる→水分がにじみ出るので、さらに水気をふき取る→ポリ袋に詰める→ポリ袋数個をまとめて箱詰めする、という工程をへて冷凍する。魚や肉などの食品と一緒に冷凍すると、においが移って失敗する。

### ②営業的な冷凍の方法

微生物は〇℃でも発育して食品を変化させる。キノコにはこの低温微生物がつきやすく、冷凍しても無条件で安定貯蔵ができるとはかぎらない。凍結方法によっては、腐敗はしないが品質劣化が起こる。したがって、細胞外に大きな氷結晶ができないように貯蔵条件を変える必要がある。また、とくに細胞外に水分が集まると氷結するので、最大氷結晶成帯（〇～マイナス五℃）を早く通過させ、低い温度で貯蔵する。キノコ類は肉類などと違って細胞組織が弾力性に乏しく、冷凍すると障害を受けやすい。品質劣化をできるだけ防ぐには、最大氷結晶成帯を早めに通過させる凍結方法がよい。冷凍温度は低いほうがよく、マイナス二〇～マイナス三〇℃以下にすると浸透圧が弱まり、水分の移動が阻止できる。

凍結方法にはいろいろな方式があって、特別な機械装置が必要になる。現在の冷凍技術は向上しており、生食と変わらない製品ができるようになってきている。キノコのような呼吸をしているものは、急に低い温度にさらされると冷蔵病（凍害）になるので、キノコ体内の酵素を抑制して低温貯蔵する方法を用いる（図36）。図36の方法は

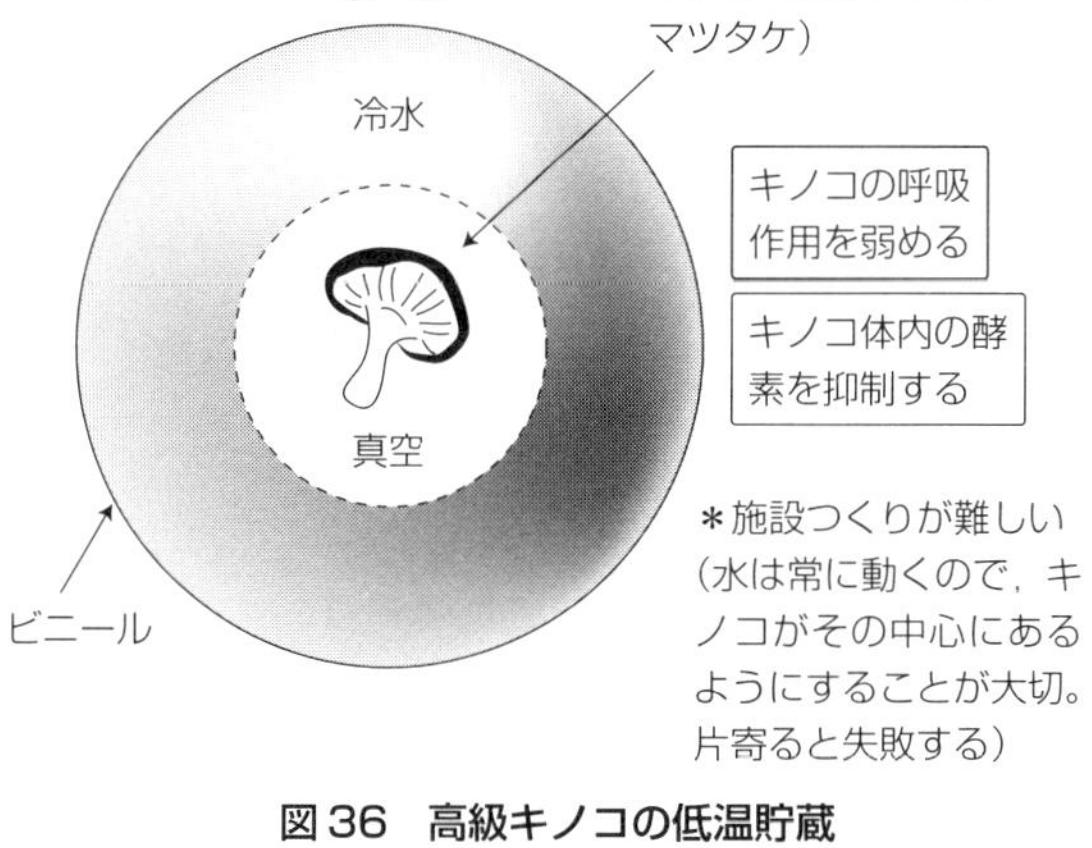
球　形
キノコ（ホンシメジ，マツタケ）
冷水
キノコの呼吸作用を弱める
キノコ体内の酵素を抑制する
真空
ビニール
＊施設つくりが難しい
(水は常に動くので，キノコがその中心にあるようにすることが大切。片寄ると失敗する)

**図36　高級キノコの低温貯蔵**

まだ試みていどで、マツタケ、ホンシメジのような高級キノコで用いられるが、三カ月が保存限度である。

## (4) 塩蔵のやり方

たんさん採れたキノコを貯蔵するとき、昔から行なわれているのが塩漬である。どんなキノコにも適し、大量に貯蔵ができ、簡単でもある。

キノコは野菜や山菜より腐りやすくて発酵するので、漬物感覚では失敗することが多い。塩分を多く入れれば腐らせることはない。カビが発生したら塩分が少ないことになるから、塩分の目安になる。塩分濃度が高いと浸透圧が高くなり、キノコの細胞液の水分が外に出て脱水される。その後、漬け汁が細胞内に入り込むと酸素の溶解度を減少させ、微生物の発育を阻害する。こうしてよい漬物ができることになる。塩分を多く入れてもあとで塩抜きすれば心配ない。

### ①どんなキノコが塩漬に向くか

どんなキノコでも塩漬はできるが、あとで料理して食べるときにおいしいものでないと塩蔵する価値がない。そこで、塩蔵に向くキノコを表22に示した。

### ②塩蔵の実際

生のまま塩蔵する方法もあるが、キノコはヌメリが多く細菌がつきやすいので、熱湯でゆでてから漬け込む。キノコは大部分が長期漬（六カ月以上）にするので、塩分濃度二五～三五%は必要である。キノコには微生物が多く付着しているため、塩分を多く使用しないと失敗する。また、山菜漬より浸透圧作用が低く、塩分の吸収が悪いことも、塩分をきつくする理由である。

表22　塩蔵に向く主なキノコ

| 科　名 | キ　ノ　コ　名 |
|---|---|
| ヒラタケ科 | タモギタケ，ヒラタケ，シイタケ |
| ヌメリガサ科 | フキサラシメジ，サクラシメジ |
| キシメジ科 | ハタケシメジ，シャカシメジ，ムラサキシメジ，ホンシメジ，ブナシメジ，キシメジ，ナラタケ，スギヒラタケ |
| モエギタケ科 | クリタケ，ナメコ |
| イッポンシメジ科 | ウラベニホテイシメジ |
| イグチ科 | アミタケ |
| ホウキタケ科 | ホウキタケ |
| エゾハリタケ科 | エゾハリタケ，ブナハリタケ |
| タコウキン科 | マイタケ，マスタケ |

漬け方は山菜漬の要領でよい。たとえば、三五%の塩を使う場合、二〇%以上を一回目に使用し、残りを本漬用にする。三カ月の保存漬は塩分二〇%にして一回漬けでよい。漬け方のポイ

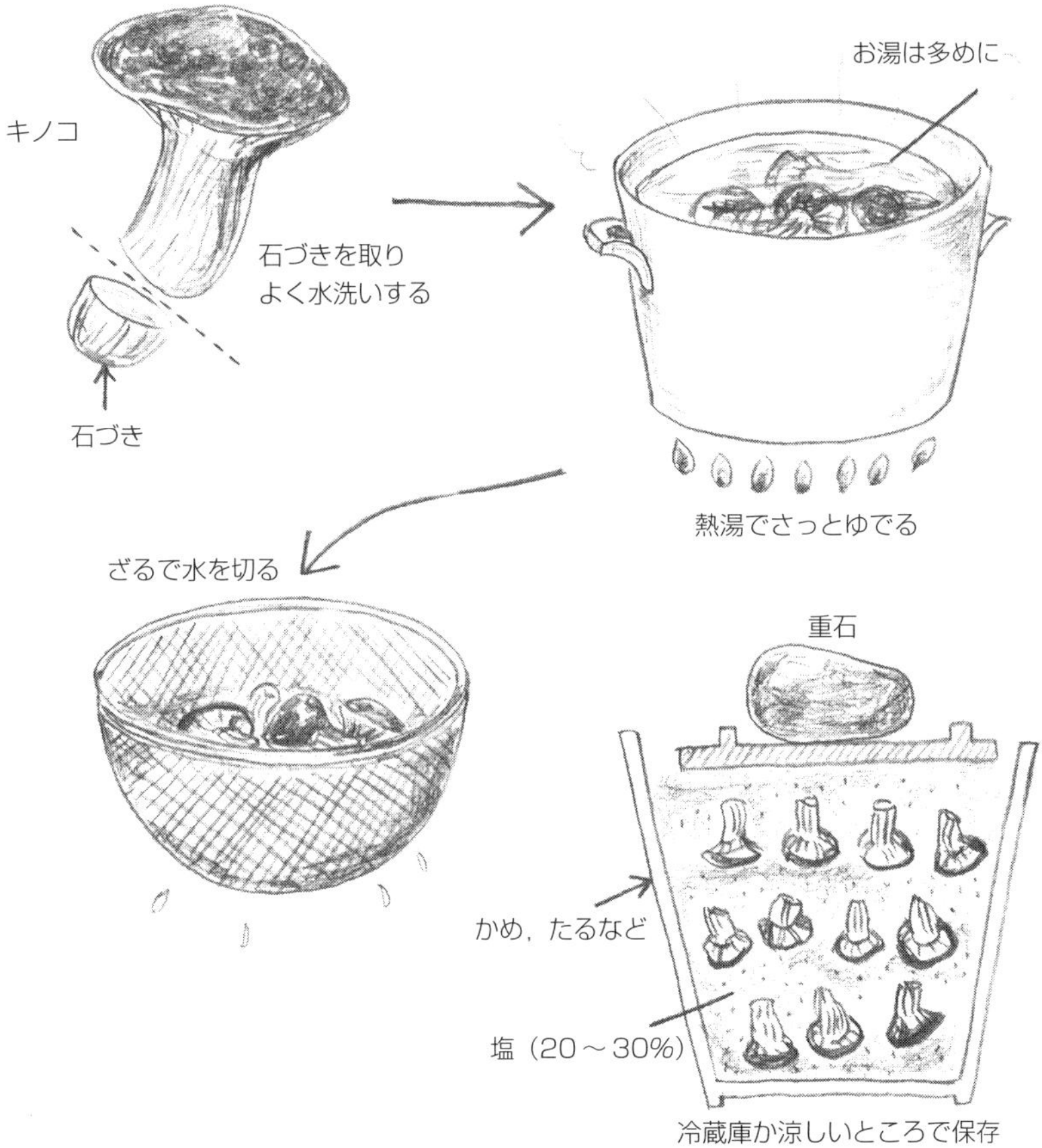


**図37　キノコの塩漬保存の方法**

ントは、採ってきたらただちに処理して漬け込むことである。間をおくとかならず鮮度が落ち、失敗する。また、水洗い、水切りを完全にして速やかに熱湯処理してから水切りをして、かめに漬け込むのがいちばんよい。保存は冷蔵庫か涼しいところで行なう。

**③塩抜きのやり方**

塩抜きは、流水に半日くらいつけて行なう。水につける場合は、何回か水を取り替えてやる。塩加減は、かじって確認する。

## (5) キノコ料理のつくり方

キノコ料理は、キノコ独特の持ち味を生かすことがポイント。味、匂い、肉質（硬いもの、もろいもの）などの特徴があるし、生、乾燥、冷凍、塩蔵加工するとまた持ち味が変わる。持ち味にあった料理を選ぶことが大切である。

味のよいキノコは吸い物、大根おろし和え、焼き物、煮物などにする。香りのよいキノコは汁物、炊き込みご飯、土瓶蒸しなどに向く。比較的クセのないキノコは酢の物、おひたし、妙め物にする。組織が硬く肉厚のキノコは天ぷら、フライ、妙め物にする。乾物で香りのあるコウタケ、シイタケは炊き込みご飯に向く。

キノコ料理は郷土料理が多いが、これからはキノコ特有の個性を生かし、栄養、風味を楽しむことができる和洋料理に転換する発想をするとよい。キノコのうま味成分はグアニル酸、トリコロミン酸、イボテン酸などで、それらと違う成分を含んだ組み合わせ素材や調味料によっても風味が変わるので、研究が必要である。

**表23　キノコ料理と用いる種類**

| 料理区分 | 食風 | 料理に向く主なキノコ |
|---|---|---|
| 汁　物 | 和風 | ナメコ，アミタケ，ナラタケ，タマゴタケ，ヒラタケ，ツチグリ，ホンシメジ，ムキタケ，ハツタケ，チチタケ，マツタケ |
| コンソメスープ | 洋風 | タマゴタケ，チチタケ，マイタケ |
| 天ぷら | 和風 | マイタケ，シイタケ，トンビマイタケ，ヒラタケ，スギヒラタケ，クリタケ，コガネタケ |
| 和え物 | 和風 | ホンシメジ，センボンシメジ，キクラゲ，シメジ，ウラベニホテイシメジ，アミタケ |
| 大根おろし | 和風 | ナメコ，アミタケ，イグチ類 |
| 炊き込みご飯 | 和風 | シメジ類，コウタケ，マツタケ，マイタケ，クリタケ，ハツタケ，ヒラタケ |
| ピクルス<br>マリネ | 洋風 | サンゴハリタケ，オニフスベ，ブナハリタケ，マスタケ，エゾハリタケ |
| 鍋物 | 和風 | ハツタケ，マイタケ，シメジ類，ハタケシメジ，ムキタケ，シイタケ，ヒラタケ，クリタケ，ハツタケ |
| 炭火焼 | 和風 | マツタケ，シメジ類，クロカワ，ムキタケ |
| フライ | 洋風 | コガネタケ，マイタケ |
| 酢の物 | 和風 | アミタケ |
| 薬膳料理 | 漢方 | シロキクラゲ，キクラゲ，冬虫夏草 |

注）油炒め，バター妙めには大部分のキノコが利用できる

## 天ぷら

キノコをカラッと揚げることができるかどうかはコロモと油で決まる。コロモは、かき混ぜすぎると粘りが出て、ねっとりしてカラッと揚がらない。油は、古いとおいしくないし健康によくないから、新しい油を使いたい。温度を一定にしてさっと揚げるのがコツである。マイタケ、シイタケ、トンビマイタケ、ヒラタケ、スギヒラタケ、クリタケなどが向く。

## 干しシイタケご飯

炊き込みご飯をおいしく炊くコツは、火を止めるときにキノコとレタス、セロリなどを細かく刻み入れること。香りがミックスしておいしく炊ける。シメジ類には貝柱がよく合う。

［材料：四人分］米カップ三、昆布小一枚、干しシイタケ四枚、ブナシメジ一五〇グラム、ギンナン一二個、塩小さじ一、日本酒大さじ一、しょうゆ小さじ二

［つくり方］洗った米を鍋に入れ、切った材料と調味料も入れ、干しシイタケのもどし汁（カップ一）で炊く。干しシイタケはもどしてから入れる。ギンナンはむいて入れる。

ヒラタケ、シメジ、スギヒラタケなどほかのキノコでも同様の方法で、おいしくつくれる。

## コウタケの茶巾卵

芳香がほかに類がない珍品。

下煮した乾燥コウタケを小角に切って汁を軽く絞る。卵一個に対してカツオ、シイタケ、昆布などの一番だし一カップの割合で合わせ、薄口しょうゆ、酒、みりんで茶碗蒸しのような味をつける。小さいボールにラップを敷いて卵地を入れ、コウタケ四〜五枚を入れて包み、輪ゴムで結んで、七五℃くらいの湯で落としぶたをして約二〇分火を通す。上記の濃いめの汁でコウタケを温めて器に盛る。だし汁に薄くくずをひく。ゆでたシュンギクを添え、くずをひいただし汁をかけて、それに紅葉ニンジンをあしらう。

## マスタケのマリネ

フランスの漬物。酢、ワイン、オイル、各種香辛料などでエキスをつくり、長期間漬け込んでから食べる。トマト、リンゴを加えると風味がよくなる。配合割合は好みでよい。マスタケは切って入れる。

## マツタケの土瓶蒸し

ハモは三枚におろして骨切りにし、適当な大きさに切って薄塩を振っておく。鳥のささ身はスジを取り、細かく切って薄塩をふっておく。エビは丸むきにし、二つに切って薄塩をふっておく。ギンナンは中身を塩ゆでにしておく。マツタケを三つに切る。土瓶蒸し器に材料を入れ、吸い汁を入れて蒸す。ミツバを切って入れ、スダチを添える。吸い汁に日本酒を二、三滴たらしてもよい。

## キノコの山賊料理

組織の硬いシメジ類、ヒラタケ、マイタケなどでつくるふるさと料理である。

焚き火をつくり、その上に網渡しをおき、二～三枚のアルミホイルかぶせて、キノコ、肉、ネギなどを焼く。焼いたらしょうゆとワインをかけて味をつけて食べる。

### シロキクラゲの薬膳料理

シロキクラゲは不老長寿の薬で、ビタミンDを全食品中でもっとも多く含み（一万六〇〇〇IU）、カルシウムをシイタケの二〇倍も含む。いわば「白髪を黒く戻す薬膳料理」に向く。

［材料］シロキクラゲ（乾物）一〇グラム、キクの花、トマト、キュウリ、ゴマ酢（酢一／二カップ、ハチミツ大さじ二）、植物油（オリーブ油）少々、塩少々

［つくり方］シロキクラゲを湯でもどし、蒸し器で約一時間蒸しておく。キクの花は熱湯でゆでる。キュウリ、トマトは薄切りにする。全部の材料を形よく盛りつけ、それにゴマ、酢、オリーブ油をかけて食べる。

### ニンニクとみそ和え

めずらしい味の深山料理。ブナハリタケ、キクラゲのような奥地に出るキノコを熱湯でゆで、ニンニクをすりおろし、少量のみそで薄味に和えて食べる。

# 4、健康茶のつくり方

## (1) 種類と利用方法

私たちが毎日飲んでいる緑茶は、初めは薬用植物として古い時代に中国から伝えられた。今日では嗜好品として広く愛用されている。現在たくさんの茶が出回っており、健康茶、ダイエット茶、万能茶などが広く活用されている。

山の幸を生かした健康茶も数多く利用されているが、全体的にほんの一部で、未利用資源も多い。今後、農山村の産品おこしに役立つものが数多い。

わが国は地勢や環境の変化に富み、健康茶になる木の芽、薬草、キノコ、ササ、木材（つる、皮）などの資源に恵まれているから、健康茶の開発は有望である。主な健康茶資源は次のとおりである（表24）。

**●ササ類**

日本は諸外国に比べてササが多く自生している。その資源量は約二億トンと推定され、毎年新しい若芽が利用できる。ササには種類が多く健康茶に利

用できるものとできないものとがある。ミヤコザサ、アズマネザサなどはケイ酸が多く、食品には不向きである。オオバザサ、チマキザサ（方言でクマザサとも呼ぶ）はケイ酸が少なく、品質的にもすぐれているから活用できる。

ササの生命力は強く、寒い地方に資源量が多い。葉緑素（クロロフィル）やビタミン類が多く、細胞の若返り、末梢血管の拡張効果など、薬用植物として注目される（表25）。

**表24　健康茶になる主な山の幸**

| 区　分 | 茶に用いられる植物 |
|---|---|
| ササ茶 | チマキザサ，オオバザサ |
| 木部（皮）を使う茶 | クマヤナギ（木部），メグスリノキ（木部・小枝），クワ（白皮），タラノキ（白皮） |
| 花を使う茶 | ハマナス，シュンラン，リュウノウギク，ヤマザクラ |
| 木の芽の茶 | マタタビ，サルナシ，タラノキ，コシアブラ，アケビ，アカメガシワ，アカマツ，チャノキ，カキ，ヤマウコギ，クコ，クマヤナギ（芽，葉），ウコギ |
| 薬草・野草茶 | ウツボグサ，イカリソウ，カキドウシ，カワラヨモギ，ヨモギ，ヤマヨモギ，オオバコ，メハジキ，アカマツ（葉），ツルナ，ナンテンハギ，カワラケツメイ，キクイモ（芽），フキノトウ，ヤマハッカ，ドクダミ，ギョウジャニンニク |
| キノコ茶 | マイタケ，カワラタケ，マンネンタケ，シロキクラゲ，シイタケ |
| その他の茶 | クマヤナギ（実），サルオガセ |

注）健康茶は山の幸の仲間と栽培種とを組み合わせてつくる場合も多い

### ●木材（つる、皮など）

健康茶になるクマヤナギはつる性で、若葉、つる、実が健康茶になる。利尿効果抜群で、胆石の妙薬である。メグスリノキは小枝や葉が健康茶としてブームになった。利尿効果と肝臓病、眼病に効果があって利用される。ただし、資源量が少ない。

### ●木の芽類

健康茶になる木の

**表25　ササの葉の栄養成分**

| 種類＼成分 | 水分（g） | タンパク質（g） | 脂肪（g） | 無チッソ有機物（g） | 繊維（g） | 灰分（g） | カルシウム（mg） | マグネシウム（mg） | リン（mg） |
|---|---|---|---|---|---|---|---|---|---|
| クマザサ | 5.85 | 13.06 | 3.05 | 5.85 | 71.59 | 6.45 | 360 | 60 | 55 |

| 種類＼成分 | 鉄（mg） | ナトリウム（mg） | カリウム（mg） | ケイ酸（μg） | カロテン（μg） | ビタミン $B_1$（mg） | ビタミン $B_2$（mg） | ビタミンK（μg） |
|---|---|---|---|---|---|---|---|---|
| クマザサ | 43 | 0.9 | 600 | 0 | 1,300 | 0.4 | 0.5 | 600 |

注）東京都立衛生研究所による分析

芽は種類も多く、資源量も多い。木の芽は植物の生長点で栄養価が高く薬効性もあって、有望品目である。つる性の木の実にはマタタビ、サルナシなどがある。木の芽ではタラノキ、コシアブラなど種類が多い。

**●薬草、野草類、葉類**

薬草は販売できないものが多いが、自家用には広く利用されている。野草では、香りのよいフキノトウ、ヤマハッカなどが利用される。葉類ではアカマツの葉が古くから健康茶に用いられ、ビタミンA、C、Kを多く含んでいて、昔から不老長寿の妙薬として健康茶に広く利用されている。

**●キノコ類**

キノコ類は抗ガン作用のあるグルカン（グルコース）を含んでいるため、健康茶への利用が高まっている。シイタケ、マイタケ、カワラタケなど種類が多い。

## (2) 健康茶のつくり方、飲み方

### ①つくり方

健康茶は、病気治療が目的でなく、日常の飲料として保健効果や病気の予防を期待する嗜好飲料である。したがって、植物本体の独特の風味や香り、栄養価や機能性を期待して、誰でも飲みやすいようにつくるのが基本である。たとえば緑茶は、野生植物には苦味や特有の香りがあって、その効果は中国茶（烏龍《ウーロン》茶、普洱《プーアル》茶）にひけをとらない。

健康茶のつくり方には、植物の中にある酵素の活性を抑えるため蒸気で蒸して乾燥する方法（不発酵茶の一種）と乾燥品を釜で煎る方法とがあるが、釜で煎る方法が一般的である。家庭の手づくりの場合は、薬草のようにそのまま乾燥して茶にする方法も広く用いられている。

**●材料採取のポイント**

原料の採取は、植物が芽ばえる旬の時期を失わない適期に行なうことがもっとも大切である。芽が伸び出すときは栄養の頂点である。たとえば、カキの若芽はビタミンCの含有量が一〇〇〇ミリグラムもあるが、老葉になると一〇分の一に減ってしまう。ゲンノショウコの有効成分タンニンは開花直前に五％くらいあるが、その後は一％に減少する。香りも開花期には高まるし、これが製品の風味にも関係するので、やはり適期に採取するのがポイントである。

採取したらビニール袋に入れ、速やかに持ち帰って、鮮度の高いうちに処理加工を行なう。

**●採取したものの処理**

採取したものはその日のうちに処理

郵便はがき

おそれいりますが切手をはってお出し下さい

1078790

(受取人)
東京都港区
赤坂郵便局
私書箱第十五号

農文協
☎03-3585-1141 FAX03-3589-1387
http://www.ruralnet.or.jp/
読者カード係 行

◎ ご購読ありがとうございました。このカードは当会の今後の刊行計画及び、新刊等の案内に役だたせていただきたいと思います。

● これまで読者カードを出したことが　ある（　）・ない（　）

ご購入書店名：　　　　ご購入年月日　　年　　月　　日

| | |
|---|---|
| ご住所 | （〒　　－　　）<br>TEL：<br>FAX： |
| お名前 | 男・女　　歳 |
| E-mail： | |
| ご職業 | 公務員・会社員・自営業・自由業・主婦・農漁業・教職員（大学・短大・高校・中学・小学・他）研究生・学生・団体職員・その他（　　） |
| お勤め先・学校名 | 所属部・担当科 |
| ご購入の新聞・雑誌名 | 加入団体名 |

● お名前は伏せたままご感想をインターネット等で紹介させていただく場合がございます。ご了承下さい。
● 今後出版案内を送付する場合もございます。ご了承下さい。
● 送料無料・農文協以外の書籍も注文できる会員制通販書店「田舎の本屋さん」入会募集中！
案内進呈します。　希望□

**■毎月50名様に見本誌を1冊進呈■**（ご希望の雑誌名ひとつに○を）

①食農教育　②初等理科教育　③技術教室　④保健室　⑤農業教育　⑥食文化活動
⑦増刊現代農業　⑧月刊現代農業　⑨VESTA　⑩住む。　⑪人民中国
⑫21世紀の日本を考える　⑬農村文化運動

S04.01

| 書　名　お買い上げの本の書名をご記入ください。 |
| --- |
| |

●本書についてご感想など

●今後の出版物についてのご希望など

| この本をお求めの動機 | 広告を見て（紙・誌名） | 書店で見て | 書評を見て（紙・誌名） | 出版ダイジェストを見て | 知人・先生のすすめで | 図書館で見て |
| --- | --- | --- | --- | --- | --- | --- |
| | | | | | | |

当社の出版案内をご覧になりまして購入希望の図書がありましたら、下記へご記入下さい。

◇ 購読申込み書 ◇　郵送ご希望の場合、送料をご負担いただきます。

| | | | |
| --- | --- | --- | --- |
| （書名） | （定価）¥ | （部数） | 部 |
| （書名） | （定価）¥ | （部数） | 部 |

ご指定書店　地区　　　書店名

することが大切である。野生のものはポリフェノール性化合物が多く、放置しておくとすぐに褐変して色彩が悪くなるので、鮮やかな緑色の茶ができない。どうしてもその日に処理できないときは、袋に入れ、風通しのよい冷暗所に保存する。処理は、原料をよく判別し、かならず水洗いをする必要がある。

### ●自然乾燥の健康茶のつくり方

一般に健康茶は半乾燥で飲むと青臭いので、よく乾燥してから飲む。ただし、乾燥方法を誤ると有効成分が少なくなったりカビが発生して腐ったりするので、春の終わりから初夏にかけ、天気が続いて一日で乾燥できるような日を選ぶことがもっとも大切である。草ものや葉ものは太陽光線でそのまま二～三時間干して、手早くハサミで細かく刻み、再度乾燥する。こうすると一日でよく乾き、緑の状態を保つことができる。揮発性のハッカ、ヨモギなどは、日に当てると有効成分が揮発するため、陰干しが原則である。

### ●蒸し茶のつくり方

蒸し茶は、酸化酵素の破壊を抑え、タンニンの酸化を防ぎ、材料を緑色に保ち、青臭味を除き、細胞を破壊して液汁を浸出させるために行なう。

蒸す器材は餅を蒸すせいろならよいが、鉄製品は使わないほうがよい。鉄鍋や鉄釜を使うと原料の色が黒くなることがある。これは野草にタンニン成分が多く含まれているためで、これが釜の鉄分と結合してタンニン鉄という成分に変化するためである。飲むと胃が荒れることがある。また、容器が悪いと時間がかかり、しかも栄養価が減少するので、完全な容器が要求される。加熱によってビタミンCは一分で七四％、三分で四八％にまで減少し、ほかの成分も減少するといわれている。以上の点を考慮すると、アルマイト製の容器を用いるのがよい。

蒸気が上がってから材料を入れて二〇秒から一分くらい蒸す。

蒸した原料は速やかにざるなどに広げ、冷たい風で冷却する。送風機を活用してもよい。冷えたら庖丁で三ミリくらいに刻み、両手でまとめて絞る。野草の中のアクを取るためである。乾燥方法には天日乾燥、陰干し、機械乾燥がある。

乾燥したものを粉末加工機で粉末にすれば、粉末茶になる。

### ●健康茶の配合

一種類が原則であるが、好みのものを二、三種組み合わせて配合してもよい。組み合わせると保健効果が高く、風味も増す。この場合、合った品目同士（ササ、玄米、マタタビの芽など）を組み合わせることが大切である。

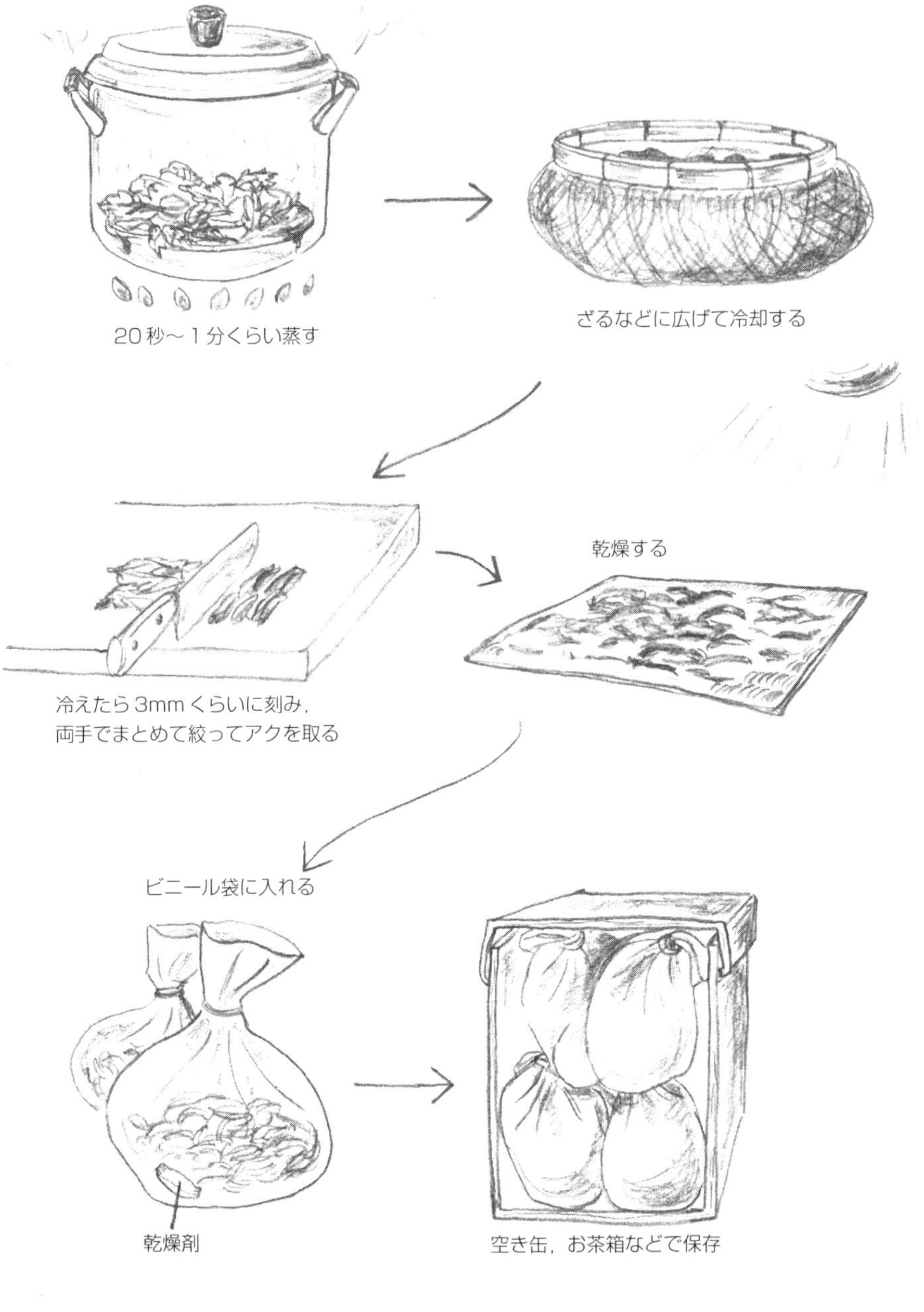
20秒～1分くらい蒸す
ざるなどに広げて冷却する
冷えたら3mmくらいに刻み，
両手でまとめて絞ってアクを取る
乾燥する
ビニール袋に入れる
乾燥剤
空き缶，お茶箱などで保存

**図38　健康茶のつくり方と保存方法**

### ●保存と有効期限

天日乾燥した健康茶は、含有水分量を一三％以下にしないと一年間保存できない。保存の場所は風通しのよい二階で、湿気がなく気温の変化がない場所を選ぶ。保存容器は気密性の高いビニール袋がよい。このビニール袋に詰め、乾燥剤を入れて空き缶、茶箱などの容器に保存する。保存期間は一年間を限度とする。

### ②飲み方

健康茶を緑茶より少し多めにきゅうすに入れて、沸騰した湯を注ぎ茶碗に入れて飲む。薬草茶に準じて飲むので、多く飲まないほうがよい。鉄びんで煎じると胃がタンニン鉄のため荒れることがあるので、使わないようにする。

# 第３章　上手な売り方

# 1、流通革命の波に乗った販売を

## (1) 多様に広がる販売形態

今日、日本経済は一変し、農山村を取り巻く情勢は大きく枠組が変化した。農山村の活路を切り開くためには、従来の対策では限度があると思われる。「つくれば売れる」時代は去ったといわれる。

こうしたとき、地域資源を有効に掘り起こして、儲かる産業おこしが求められている。わが国の食材資源はじつに豊富で、山の幸、海の幸、各種加工食など約一万二〇〇〇種あって、欧米の約六倍だといわれる。とくに中山間地域には山の幸資源が豊富である。しかし、その利用率は約一五%ともいわれているから、積極的な掘り起こしと加工・利用、販売こそ元気の出る農村づくりにつながるだろう。

農山村にとって最大の弱点は、販売力が弱いことである。山の幸の掘り起こしには売る知恵が決め手となる。昔から「百姓はつくるときは楽しく、売るときは腹が立つ」といわれ、他人まかせの売り方が多く、一次産品の大部分は市場への販売であった。山の幸の販売にあたっては、発想を転換し、新しい販売システムを確立して、山村再生への出発とすべきである。

## (2) まず販売戦略を立てる

山の幸のような産品の場合は、マスコミがとりあげる栄養価や機能性の高い特産物をつくって販売すると有利である。たとえば、「ビタミンCがレモンの一〇倍、日本列島の珍果サルナシ」「フキの葉はβ-カロチンが茎の一七〇倍、ふるさとの香りがするつくだ煮」などの発想で販売戦略を立てる必要がある。

地域全体で知恵を出し合いながら、次のような戦略を立てて販売するとよい。

**●農産物直売所を生かす**　農産物直売活動は高齢者、兼業農家、女性でも取り組むことができ、直接売って楽しむことができる一兆円を超す「産業」であり、農山村地域活性化の原動力である。国内流通が大きく変わるなかで、都市と農村の交流や地域生産、地域消費

（地産消費）、観光産業などの発展にも大きな力になりうる。その直売所が山の幸や地域特産物を数多くつくり、地域限定品として販売することが望まれる。

**●前向きの販売戦略を**　開放型流通機構の波に乗りながらも、モノの豊かさより心の豊かさを考える。ふるさと産品を多くして、大量販売より少量厳選主義で、しかも低価格主義はとらない。「特産物サミット」や「ふるさと大会」などのイベントを数多く開催して、マスメディアを利用したＰＲを積極的に行なう。

**●新しい販売先の開拓**　山の幸のような地域特産物は、地域の観光地や社会福祉施設、学校給食、生協、空港、スーパーなどでは品不足で、原料確保が課題になっている。地域ぐるみで生産し、販売促進を図るとよい。

**●都市との交流も位置づける**　観光狩園などをつくり、新鮮なキノコ、木の実などの体験販売を行なう。これによって、都市と農村の交流が活発になり、余暇を農村で楽しむ人が多くなって、山の幸狩りはブームになりそうである。木の実、木の芽、山菜、薬草、キノコなどのオーナー制度、自らもぎ取り・採集を体験する狩園などは、農山村の新しい魅力を味わう新しい試みである。地域ぐるみでの販売にも取り組むとよい。果物、野菜など多品目を総合的に販売するとよい。

## （3）有望販売品目を選び、開発する

中山間地域の活性化に向け、山の幸を生かした夢のある特産物づくりと、むらに仕事を起こそうという動きが広がっている。とくに直売所のある地域では、珍しい山の幸を消費者に安く提供したいという思いがある。一方の消費者はスーパーの農産物に飽きがきている。いつも同じ農産物でなく、珍品で採りたてのもの、新顔の山の幸も買ってくれる。したがって、とくに直売所では、話題になるような有望品目を多く開発し販売することが課題である（表26）。

現在、直売所の平均販売品目数は二〇～三〇品目、多いところで一五〇品目くらいで、山の幸はまだまだ限られており、数が少ない。

**●今後の消費の傾向**　今後の食生活の動向を調べた「消費者動向調査」（二〇〇〇年）によると、消費者は「これからの食生活は簡素化が進み、すぐ手軽に食べられるものが伸びる」「滋養食品、安心食品、予防食品、健康食品が伸びる」と思っている。実際、「安全健康食品を求める」が七六・六％、「美味食品を求める」が一六・四％、「鮮度品質食品を求める」が四・二％、「その他」が二・八％である。

表26　山の幸の主な有望販売品目

| 区　分 | 有望販売品目 |
| --- | --- |
| 山菜類 | アサツキ，アザミ類，ウワバミソウ，キクイモ，オオバギボウシ，オカヒジキ，オランダガラシ，ギョウジャニンニク，クサソテツ，ジュンサイ，セリ，ゼンマイ，チシマザサ，ツルナ，ナンテンハギ，トンブリ，ハマボウフウ，ヤマウド，ミヤマイラクサ，モミジガサ，フキ，ヤマノイモ，ヤマユリ，ワラビ，イヌドウナ，アシタバ，オトメユリ，シオデ，ツクシ，ツワブキ，ノカンゾウ，ユリワサビ，ワサビ，ホドイモ，ヤマラッキョウ，サワオグルマ，トリアシショウマ，野生ダイコン，ノビル，ヤマトキホコリ，ナズナ，バイカモ，ハンゴンソウ |
| 木の芽 | ウコギ，ヤマウコギ，コシアブラ，マタタビ，タラノキ，ヤマグワ，サンショウ，リョウブ，ハリギリ，イワガラミ |
| 木の実 | アケビ（芽，実），イチョウ，ウグイスカグラ，オニグルミ，カヤ，ガマズミ，キイチゴ類，クサボケ，グミ類，クロマメノキ，ブナ，コケモモ，サルナシ，サンカクヅル，エビヅル，サンショウ（実），シバグリ，ハマナス，チョウセンゴミシ，ツクバネ，ハスカップ，トチノキ，ナツハゼ，ハシバミ，マタタビ，マツブサ，ヤマボウシ，ムベ，ヤマブドウ（葉，実），ヤマモモ，アカモノ，ケンポナシ，イワテヤマナシ，オオウラジロノキ，ニホンスモモ |
| キノコ | マイタケ，シイタケ，ナメコ，ヒラタケ，タモギタケ，エノキタケ，ブナシメジ，キクラゲ，エリンギ，ハタケシメジ，スギヒラタケ，サクラシメジ，シャカシメジ，ホンシメジ，ムキタケ，クリタケ，アミタケ，チチタケ，ツチグリ，カノシタ，コウタケ，ヤマブシタケ |

**●季節ごとに有望な販売品目**　こうした消費の動向を踏まえて、有望品目を選び、開発するようにしたい。たとえば、春にはフキノトウ、タケノコ、山菜など緑のもの、秋にはキノコ類（とくにマイタケ、野生キノコ）、アケビ、ガマズミ、ヤマブドウ、マツブサ、クサボケ、シバグリ、ナツハゼ、マタタビなどが有望である。くわしくは第2章、第4章を参照いただきたい。

## 2、直売所、観光地での上手な売り方

山の幸のような地域特産物は、地元の直売所や温泉、観光レクリエーション施設などで大変人気が高く、かなり高く売られている。とくに田舎風の街道販売や直売所、道の駅などではヒット商品が多い。ところが、品不足が目立ち、消費者からは量産してほしいという希望出ている。とくに天然のキノコや木の芽類は限られたものが売られているていどで、珍品扱いされているものが多い。

温泉地では、昔からキノコや山菜などを山に入って採ってきて温泉旅館やホテルなどに供給する人がたくさんいたが、最近は急激に減少し数えるほどになってしまった。そのため山の幸を使うことができない状態である。また、都市周辺では資源が枯渇状態で、栽培化が求められている。山間部の直売所

でも品不足が続き、午前中に売り切れる場合が多い。今後、栽培化を図り、生産を高めて、常時、山の幸が出回るようにしたいものである。また、未利用資源を掘り起こして販売するとよい。

### (1) 直売所での販売

直売所でも、消費者に魅力がある山の幸を次々と掘り起こし、多目的販売を目指すとよい。常に自慢の味を並べ、旬のものを売るように心がける。それと同時に、周年販売も心がける。春にはフキノトウ、ネマガリダケ、コシアブラ、タラノキなど。秋には野生キノコ、アケビ、ヤマブドウ、ナツハゼなどを直売するとよい。冬場は手づくり加工品の健康茶、漬物、ビン詰など。また、冬には木の芽や山菜の促成栽培も人気が高い。

個人では限りがあるので、地域ぐるみの栽培化と直売、加工開発を進めることが望まれる。

### (2) 観光地の再生に山の幸を生かす

観光客の減少で、観光地は活気がなく、空き家も出ているほどである。こうしたなか、山の幸料理の提供やホテル、旅館内での朝の直売が大変喜ばれ、地元の新鮮な山の幸はヒット商品になっている。珍菜のヤマトキホコリ、イヌドウナ、モミジガサ、ヤマユリ（球根）、コシアブラ、タラノキなど飛ぶように売れる。また、食材としてリョウブ、アケビの芽、マタタビの芽、ネマガリダケなども売れている。これらの料理、珍菜、食材はふるさとの味として大変喜ばれ、再度泊りたくなるという観光客が多い。

観光地周辺に、木の実狩りができる観光狩園などをつくることも、観光地の活性化につながる。

## 3、目玉商品の開拓

### (1) 目玉商品づくりの課題

**●なぜ目玉商品の開発を目指すか**

目玉商品づくりには、目指す方向が二つある。一つは採算を目的としない開発であり、もう一つは採算を目的にした開発である（図39）。まず、この二つのどちらに重点をおくかを明確にすることである。たとえば、高齢者の生きがいづくりや、女性の生活改善のた

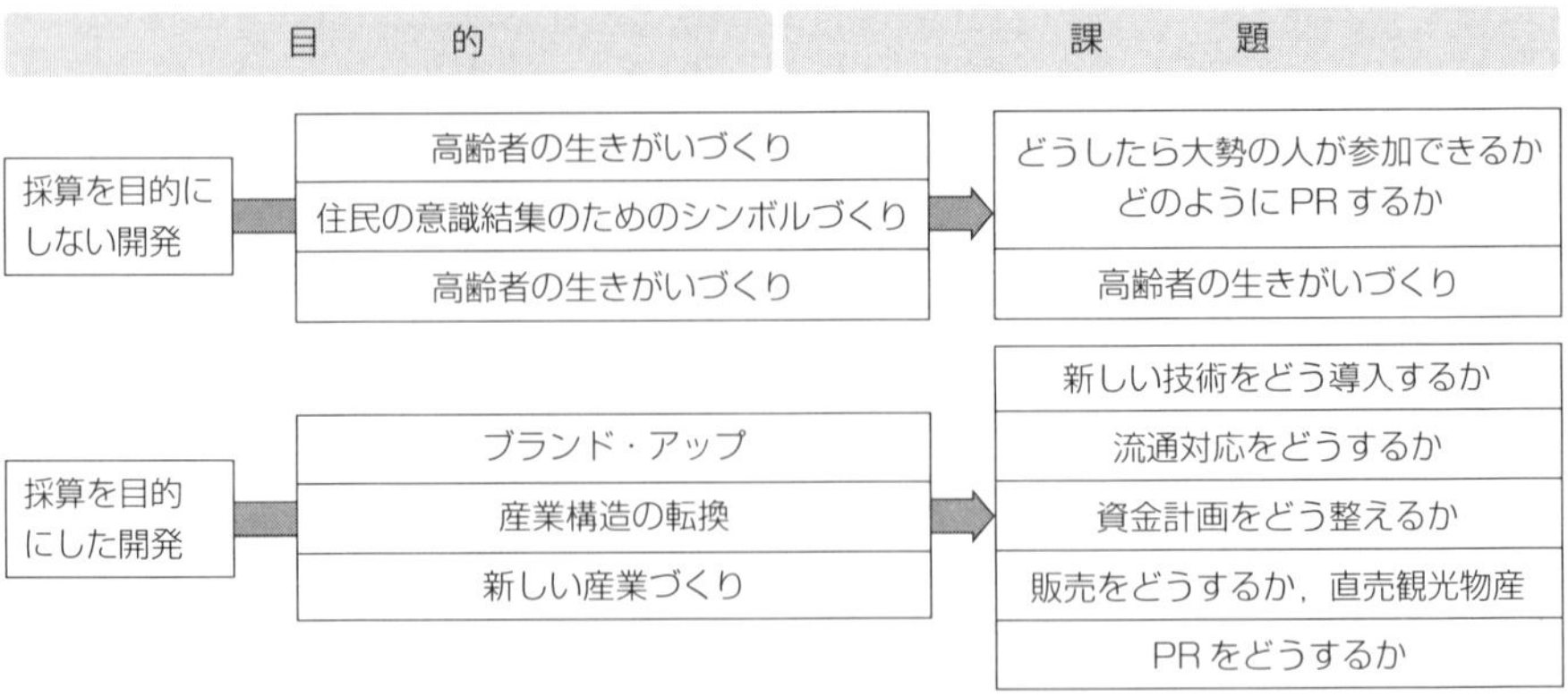

目的
課題
採算を目的にしない開発
高齢者の生きがいづくり
住民の意識結集のためのシンボルづくり
高齢者の生きがいづくり
どうしたら大勢の人が参加できるか
どのようにPRするか
高齢者の生きがいづくり
採算を目的にした開発
ブランド・アップ
産業構造の転換
新しい産業づくり
新しい技術をどう導入するか
流通対応をどうするか
資金計画をどう整えるか
販売をどうするか，直売観光物産
PRをどうするか


**図39　目玉商品づくりが目指す方向**

めの食品加工は、採算を目標とした商品開発ではない。目標を厳密に定め、コンセンサスを得てスタートする必要がある。

**●どんな地域資源を目玉にするか**

地域資源はたくさんあっても地元のものには目につかない。専門家のアドバイスを得たり、地域資源調査をやったりして、資源を見直して産品おこしをする。

いま、地域で採れたこだわりの山の幸、季節感のある山の幸、たとえば春の山菜、夏の花、秋の木の実、キノコ、冬の珍品などの目玉商品に数多く出会える直売所が求められている。

たとえば、春には木の芽のコシアブラ、リョウブ、サンショウ、山菜のクサソテツ、ネマガリダケ、ウド、フキノトウ、ミヤマイラクサ、シオデ、ウワバミソウなど、夏には野に咲くユリ類、イカリソウ、キク科など、秋には野生キノコ、ガマズミ、アケビ、ナツハゼ、アケビなど、冬にはオランダガラシ、健康茶などをそろえると、人気が出る。

**●組織づくりをどう整えるか**　体制づくりが成否を決めるので、地域の運営体制をどうするか、アドバイザーの確保をどうするかなどを整える。

**●資金面の課題をクリアーする**　農村の振興と新しい農村の暮らしは、新しい法律『食料・農業・農村基本法』から出発している。「作る」「売る」「加工する」。元気な農村をつくるため国や地方自治体で施策が講じられており、各種支援事業を活用するとよい。とくに中山間地域では小規模から始めるとよい。

**●技術開発と人材養成**　実際につくっている人間が、つくっている商品に魅力を感じないと売っても売れないし、人材も集まらない。だからこそ、つくる技術がもっとも重要である。技術指導には地域おこしマイスター派遣制度があって無料で指導が受けられることになっているから、その制度を利用するのも一つの方法である。

**●目玉商品の売り先を定める**　目玉商品のマーケットの選定、競合品の分析、消費動向の調査などを前もって行なう。直売での販売は誰でも取り組めるが、観光地の店やホテルなどへの販売は経験不足では失敗することが多い。売り先によって産品の価格、ネーミング、デザインが変わる。広告やPRができなければ今日では効果が半減する。農山村では口コミが意外に効果を現す場合が多い。

**●目玉商品には商品登録を**　商標登録、意匠登録、実用新案登録などの権利を取得すると、販売に有利である（一九九ページの付録4の1を参照）。

## (2) 目玉商品開発の着眼点

山の幸のなかには、今後に可能性を秘めているものが数多いが、そのなかでも私が可能性があると判断しているものは次のとおりである。地域ごとに目玉商品を開発するヒントにしていただきたい。

**●フキの葉の加工品**　北半球に二〇種あるフキのうち、ヤマフキの葉は香りがよく、品質がすぐれ、β－カロテンが七三〇〇マイクログラムあってコマツナの二・二倍である。年に二回収穫でき、資源量が多い。つくだ煮、餅、めん類、菓子に加工すると、目玉商品になる可能性がある。ただし、本州北部や北海道に自生する秋田フキの系統は苦味が多く品質が劣る。

**●世界に売れる日本サンショウ**　日本の伝統的香辛料で、日本コショウといわれる。成分のサンショウオイル、シトロネラールは脳を刺激して脳内温度を保つ効果や、免疫効果などがある。若葉、実、白皮が加工できる。粉末、菓子、つくだ煮、スパイスなどに加工して、世界に向けて売り出すとよい。

**●ヤマヨモギパンを売り出す**　日本に三七種あるヨモギのうちでもヤマヨモギは質がよい。万能薬であり、栄養価が高く、香り抜群だから、粉末化してパン、餅、菓子、ドリンクなどにすると目玉商品になる。

**●ヤマブドウの葉の餅**　ヤマブドウの葉にはポリフェノールがワインの二〇倍含まれ、生活習慣病への効果、抗ガン作用があり、餅に加工されてふるさとの目玉商品が生まれている。

**●キノコの天然調味料の開発**　キノコには未利用資源が多い。これらは乾くと組織が硬くなり、食用に不向きのものが多い。アラゲカワキタケ、カワキタケがその例で、名前のとおり乾くと硬い。ところが、グルカンを含んでいて免疫力抜群で風味がよく、昆布、かつお節などと組み合わせて天然調味料を開発できる。

**●山の幸と海の幸を組み合わせる**

魚のサケは、イコサペンタエン酸（EPA）、ドコサヘキサエン酸（DHA）が豊富で、高血圧と老化の予防に効果がある。山の幸のギョウジャニンニクは滋養強壮食品で、ビタミンが多い。両方を組み合わせて〝ぬた〟に加工すると、滋養分豊かな山海の珍味が生まれる。

**●セット商品の開発**　木の芽は大部分天ぷら用に使われる。天ぷらにするとき数品目の木の芽があれば便利である。コシアブラ、タラノキ、リョウブ、クワなどを組み合わせて木の実セットにして売り出すとよく売れる。

山の幸と野菜を組み合わせたセットや木の実セット、珍品セット、珍果セットなど、工夫するとよく売れて人気商品になる。

# 第４章 有望山の幸＝特徴・効用と加工・利用

# 1、山菜

春の香りが漂う風味
## アサツキ（ユリ科）

分布・自生地：北海道から四国の原野、農耕地
主な成分：アリシン、ベントーズ、各種ビタミン
効用：血液をサラサラにする。脳卒中予防
利用法：生食用、酢漬、みそ漬、ビン詰、甘酢漬

アサツキ

### 雪の中で生長する強壮食品

ネギの仲間の野生アサツキは、早春の残雪が残る日だまりに黄緑味を含んだ若芽を出し、北国の人は「ヒロコ」の愛称で親しんでいる。一番早く春の気配が感じられる香り高い山菜である。雪の中でも生長し、冬場に栽培される。

### 分布が広く繁殖力旺盛

ネギ属の一つで、葉はネギと同じ細い円筒形。初め黄緑で、のちに淡緑色になる。長さ一五～三〇センチ。土中にラッキョウに似たりん茎があって食べられる。六～七月に花茎の先に美しい紅紫色の花が咲く。中国、シベリア、朝鮮半島、北海道、本州、四国などに野生化し、原野、農耕地に多い。北国ではキリ畑に自生する。仲間が多く、高山地帯にシロウマアサツキ、シブツアサツキ、ヒメエゾネギ（変種）などがある。栽培品種では森合系、二本松系などの系統がある。栽培されるワケギはシベリア原産である。

### 血液をサラサラにする滋養強壮食品

『本朝食鑑』（一六九七年）に出ている薬効植物で、食欲増進効果のある滋養強壮食である。特有の辛味のもとはアリシン（硫化アリルの一種）で、血行をよくして腸管からの栄養吸収率を高める。ビタミン$B_1$の吸収をよくするので、$B_1$不足からくる疲労、食欲不振、不眠などに効果がある。若葉やりん茎にペントーズ、マンナン、ビタミンC、$B_1$、$B_2$、$B_6$、E、Kなどを含む保健食品である。雪国では、血液をサラサラにするので、脳卒中予防や冬場のエネ

ルギー源として人気が高い。

### 冬場の直売用に

料理の幅が広く、若葉をめん類や吸い物の薬味にすると独特の香りがあり、ネギと違った風味が楽しめる。酢みそ和え、おひたし、サラダ料理、天ぷらなどが冬場に人気があるので、直売用に向く。りん茎は、初夏のころにみそをつけて食べると珍味で、最近では観光地でも売られて人気商品である。りん茎をラッキョウのように酢漬、みそ漬、ビン詰、塩漬、ぬたに加工できる。

長寿の薬

## アシタバ（セリ科）

分布・自生地：自生地：暖かい海辺地域。各地で栽培化
主な成分：ルテオリン、フラボノイド、β-カロテン
効用：滋養強壮、血行をよくする
利用法：生食用、浴用剤や菓子原料としても注目

アシタバ

### 繁殖力が旺盛

最近スーパーで見かける野菜化した日本原産の野草で、今日摘んで明日に葉が出てくることから明日葉《あしたば》と名がついた。繁殖力旺盛で、薬効性があって長寿、精力増強の薬草としても珍重される。主産地は暖かい海辺地域であるが、東北地方まで栽培が広まっている。独特の香気があり、食欲増進効果があるので、疲労回復やスタミナ強化によいといわれ、消費量が年々増加している。

### 暖かい海辺に生える多年草

房総半島、伊豆諸島、紀伊半島、三浦半島、八丈島の海岸地域に自生している。近年栽培が進み、主力産地は八丈島、伊豆諸島である。そのほか各地でも栽培される。草丈六〇センチで、全株に柔らかい毛がある。葉は五～七の小葉をもった羽状複葉で、互生する。折ると黄橙色の乳汁が出るのが特徴である。よく似たハマウドは白っぽい乳汁が出るので区別できる。これは食べられない。山地に生えるシシウドやその仲間は食用や薬用になるものが自生し、アシタバと似た形態をしている。

## 滋養強壮効果の高い薬草

八丈島では〝天与の野菜〟として年間利用されている。葉や茎にルテオリン、イソクエルチトリン、フラボノイドなどを含み、ビタミン$B_1$、$B_2$、$B_6$、C、E、Kが多く含まれ、とくにβ−カロテンは五三〇〇マイクログラムも含まれる。スタミナの増進、新陳代謝の促進、疲労回復、生活習慣病予防に効果がある。フラボノイドは血行をよくし、動脈硬化を防ぐ。

## 香気がすぐれ、利用拡大が望める

野生の香気にすぐれ、食べてみたいという魅力があるので、利用開発が期待される一つである。現在は生食用として天ぷら、和え物、酢の物、油炒め、汁の実などに使われる。今後は、汁液を絞ってハップ剤や浴用剤、ローション、シロップ、菓子原料、ジャムなどへの加工が期待される。

深山の珍草

# イヌドウナ（キク科）

分布・自生地：中部以北の平地から高山。半日陰地に自生
主な成分：成分は分析されていない
効用：強壮食品として期待される
利用法：生食用、漬物加工、つくだ煮

イヌドウナ

## 特有の香りが見直される山菜

深山の湿りけのある半日陰地に自生し、資源量が少なく、あまり知られていない。

キク科の仲間では味がよく、ほのかな香りが人気の秘密である。高級山菜扱いされ、香りや歯ざわりが高く評価されている一品。

## 中部以北に分布する多年草

中部以北から東北、北海道にかけて、平地から高山まで分布している。自生地は木の下で、光がチラチラ入り込むところに群生している。大形の多年生で、環境がよいと高さ一～二メートルくらいになり、直立する。葉は三角状のほこ形で、三方にとがり、質は柔らかい。葉柄に耳形の翼があり、茎を包む。秋に茎の先に細長い白色の頭状花を開く。同じ仲間に中部以北に分布するヨブスマソウがある。これは、ほんの一部で栽培されている珍品である。

## 栄養分析はこれから

キク科の仲間はビタミンCを多く含んでいる。イヌドウナは分析が遅れているが、今後未知成分がはっきりすれば、新しい強壮食品として浮かび上がる可能性がある。

## 独特の香りが加工用途に向く

東北を代表する山菜で、独特の香りが売り物。

生では天ぷら、カレー煮、おひたし、油炒め、和え物、卵とじなどにして楽しめる。加工用としては、珍菜で香りの山菜だから、さっと湯に通して冷凍するとよい。生で冷凍してもよいが、長期間は無理である。塩蔵して保存するときは、タンニン物質が多く褐変を起こすので、速やかに処理するとよい。ほかに、うのはな漬、みそ漬、粕漬などに利用でき、珍品の漬物である。冷凍加工したものか生のもので香りの強いヤマウドの葉、サンショウの葉（青い実）、ヤマウコギなどと組み合わせてつくると珍味ができる。ミョウガ、シソを組み合わせても香りがミックスされ、良品が生まれる。ふるさとの珍品として売り出すとよい。資源量に限りがあるので、種子繁殖（休眠がある）で苗を養生して栽培化するとよい。

滋養強壮食品

# ウコギ類（ウコギ科）

分布・自生地：ヤマウコギは産地の半日陰地に自生
主な成分：β－カロテン、ビタミンC
効用：薬用植物、滋養強壮、低血圧
利用部位と利用法：生食用、つくだ煮、冷凍用、根は薬酒

ウコギ

## ほろ苦い早春の健康食

昔から知られた薬用植物で、若芽は春の珍味である。人家の庭などに植えられたり野生化しているものもある。種類も多く、日本古来のヤマウコギは強精、強壮効果があって好んで食べる人も多く、資源量が年々減少している。薬用で有名なエゾウコギは、宇宙飛行士の宇宙食にもなったといわれ、姿を消しつつある幻の存在である。

## 種類が多い薬木

日本に九種類あって、家のまわりや生垣に植えられているヒメウコギは中国原産、ヤマウコギは在来種、薬用のエゾウコギは北海道の十勝にだけ自生する。ウコギ（ヒメウコギ）は高さ二～三メートルの落葉低木で、小枝に鋭いトゲがまばらにあって、短枝がたくさん出る。枝は灰白色。葉は五つの小葉からな

ヤマウコギ

表27　ウコギのミックス茶の組み合わせ例

| 組み合わせ材料 | 配合比 |
|---|---|
| ウコギ | 50％ |
| 玄米（炒ったもの） | 20％ |
| ササの葉（開く前の乾物） | 10％ |
| シャクチリソバ（葉の乾物） | 20％ |

注）ブレンドして袋詰めにし，缶に入れる

り、葉柄より短く濃緑色で、長枝は互生、短枝は束生する。初夏のころ半球形の花を開き、黒い液果が熟す。根の皮は「五《ご》加《か》皮《ひ》」といって薬用に用いられる。ヤマウコギは、ウコギより全体が大形で、山地の半日陰地に自生しており、資源量が少ない。

## 栄養価が高い滋養食

薬用植物で、現代人の神経系や心因性の病気に効果があるといわれる。民間では強壮、低血圧症、更年期障害、不眠症、慢性リウマチなどに用いられる。若芽は滋養強壮効果が高く、最近人気が高い。栄養価では$\beta$―カロテンが四一七〇マイクログラムもあり、ホウレンソウに近い。ビタミンCが多く、葉緑素も多く含み、末梢血管拡張作用がある。

## 人気の高いつくだ煮加工

ほろ苦さを生かしたおひたし、ウコギ飯、汁の実、天ぷら、和え物、糠漬、一夜漬、油炒めなどにする。つくだ煮は若い人にも喜ばれ、直売所でよく売れる。たくさん採れたとき冷凍加工しておき、必要なときつくだ煮加工するとよい。若芽をたくさん採って天日乾燥し、カキの葉、アカマツの葉、ササの葉などと組み合わせて茶にすると売れる。粉末加工してソバ、菓子、パン、ドリンクに入れて加工してもよい。ウコギは滋養強壮食品として伸びが期待されるので、栽培するとよい。とくに促成栽培が有望である。

料理しだいで伸びる

# ウワバミソウ（イラクサ科）

分布・自生地：全国に分布。湿地を好んで自生
主な成分：ビタミンCが多い
効用：ガン予防、抗酸化作用、肝機能の強化
利用法：生食用（全草、むかご）、各種漬物、リンゴ漬など

ウワバミソウ

## 十五夜に旬がくる山菜

独特のヌメリが出ておいしくなる変わった山菜。十五夜になるとヌメリが増してくるので、そのころが旬。この

ヌメリは消化酵素を含んでおり、落語にも出てくる。昔は落語が盛んで、ラジオで放送された。その中に、ソバの食べくらべをしたとき、消化を助けるウワバミソウを食べたところ、人間が溶けてしまい、ソバが羽織袴で座っていた、という落語がある。

料理の幅が広く、野菜、海草、加工品などと組み合わせてつくると二五品目くらいあっという間につくれる。最近人気が高くなり、今後の有望品目の一つである。

**資源量が多い東日本**

全国的に分布し、自然環境のよいところに残っている。西日本に分布している小形のヒメウワバミソウより北日本のものは大形で、品質が柔らかくすぐれている。水分を九三％以上も含む多汁質の山菜で、湿地を好んで自生する。根茎は多肉質、帯紅色で、ひげ根がある。茎は赤味を帯びた肉質で、高さ三〇～六〇センチくらい。葉は無柄で二列に互生し、ゆがんだ長卵形が多い。花は淡黄色で小さく、葉腋に球状に固まってつく。秋に葉のつけ根の節がふくらみ、むかご（肉芽）ができる。むかごも食べられるが、地方によっては料理がわからず、食べないところもある。多年草で、むかごでも繁殖する。

**ビタミンCがイチゴの倍**

ビタミンの多い山菜で、とくにCを多く含み、かぜ、ガンを予防する働き、抗酸化作用、解毒作用がある。ムチン（ヌメリ）を含み、胃腸を守り肝機能を強化する。細胞を活性化して老化防止に役立つので、現代向きの食品として見直されている。

**加工用途の多い山菜**

生食用にするとクセがなく一般向きで、若いときは茎と葉を、組織が硬くなったら葉を落として茎だけを使う。若い葉は天ぷら、若い全体はおひたし、三杯酢、酢みそ和え、ひや汁、汁の実、漬物、ミズナトロロ、油炒めなどにする。

一夜漬は春から秋口まで利用できる。茎を水洗いし、熱湯にさっと通して引き上げ、すばやく冷水につける。冷えたら引き上げ、乾いた布で水分をふき取り、細かくみじん切りにする。ボールに移し、しょうゆを加え、ニンニクをすりおろして加える。ほかに納豆、ワカメ、オクラ、モロヘイヤ、トロロ（ヤマイモ）、オオバギボウシなど好みのものを熱処理して加える。トロロはすりおろし、納豆はそのまま加える。これらをよく混ぜ合わせて冷蔵庫に入れ、翌日食べる。

加工は塩漬、しょうゆ漬、粕漬、甘酢漬、つくだ煮、乾燥品などに適している。冷凍加工してつくだ煮にしてもよい。塩蔵品はあとで野菜漬、山菜漬と組み合わせ、ミックス漬に二次加工する。資源量の少ないところでは栽培するとよい。栽培適地はやや傾斜した湿った半日陰地である。

特有のぬらめきが魅力

## オオバギボウシ（ユリ科）

分布・自生地：中部地方から北海道。湿気の多い原野
主な成分：ビタミンCが多い
効用：機能性などの分析はこれから
利用法：生食用、粕漬、乾燥（山カンピョウ）

オオバギボウシ

### 一度食べると忘れがたい山菜

一部野菜化が進んでいる山菜で、独特のぬらめきと歯ざわりが一度食べると忘れがたい。漬物にすると歯ざわりがよく、風味が現代向き。最近は促成栽培が進み、早くから店頭に現われる。アクのまったくない山菜で、鮮度が落ちずに保存期間が長い。園芸品種も多く、庭植えされる。野生種は資源量がどんどん減少している。つぼみも食用にされる。

### 種類が多いが、本種が一番

ギボウシ属はアジア東部の各地に四〇種以上分布している。そのなかでオオバギボウシは最大の葉を持つ大形の多年草で、食べておいしく右に出るものがない。同じ仲間で食用になるものにトウギボウシ、ナンカイギボウシ（関西以西に分布）、ミズギボウシ、コバギボウシなどがある。

根茎は硬い肉質で太く、葉は根から群がって出て広楕円形か亀の甲形で長さ八〇センチに達する。若いうちは葉身と葉柄を食べるが、一般には葉柄を利用する。夏に花茎の先端に紫色を帯びた白いラッパ形の花が総状に出る。園芸品種でも若いうちは食べられるが、商品価値はない。葉柄を採取するとき全部採らず、かならず一～二本残すと、翌年枯れることがない。

### ビタミンCが多い

ビタミンCが四四ミリグラムと山菜のなかでは多い。栽培ものより山地ものは二〇％ていど多い。ビタミンCは組織が硬くなるにつれて減少するのだろう。一般に葉柄をゆでたときのビタミンCの残存率は八〇％で、ほかの山菜が四二～六四％だから、高いほうである。機能性成分などの分析は進んでいないが、独特のぬらめきが多い。と

くに山地ものは軟らかく、ほかの山菜にない風味で、洗練された舌ざわりはトップクラスである。

## 漬物と山カンピョウへの加工

生食では煮物、天ぷら、汁の実、カレー煮、油炒め、すまし汁、卵とじ、三杯酢、あんかけ、和え物、甘煮、おひたし、磯まき、サラダ、即席漬、糠漬、酢の物によい。つぼみは天ぷら、酢の物に向く。

加工品をつくるときには、葉柄を塩漬しておき、あとでしょうゆ漬、甘酢漬に二次加工する。オオバギボウシの塩蔵品は消化酵素（ムチン）が多く腐りやすいので、ほかの山菜より塩分を少し多めにする。塩は、原料一〇キロに対して下漬で二キロ、本漬で一キロを目安に使う。

葉柄はゆでて乾燥すると山カンピョウとして人気がある。干し方がポイントで、ゆでたら熱いうちにむしろなどに広げ、天日で乾かす。乾燥中に手もみで数回もみあげる。もんだとき形がくずれやすいので、ていねいにもむのがコツ（図40）。

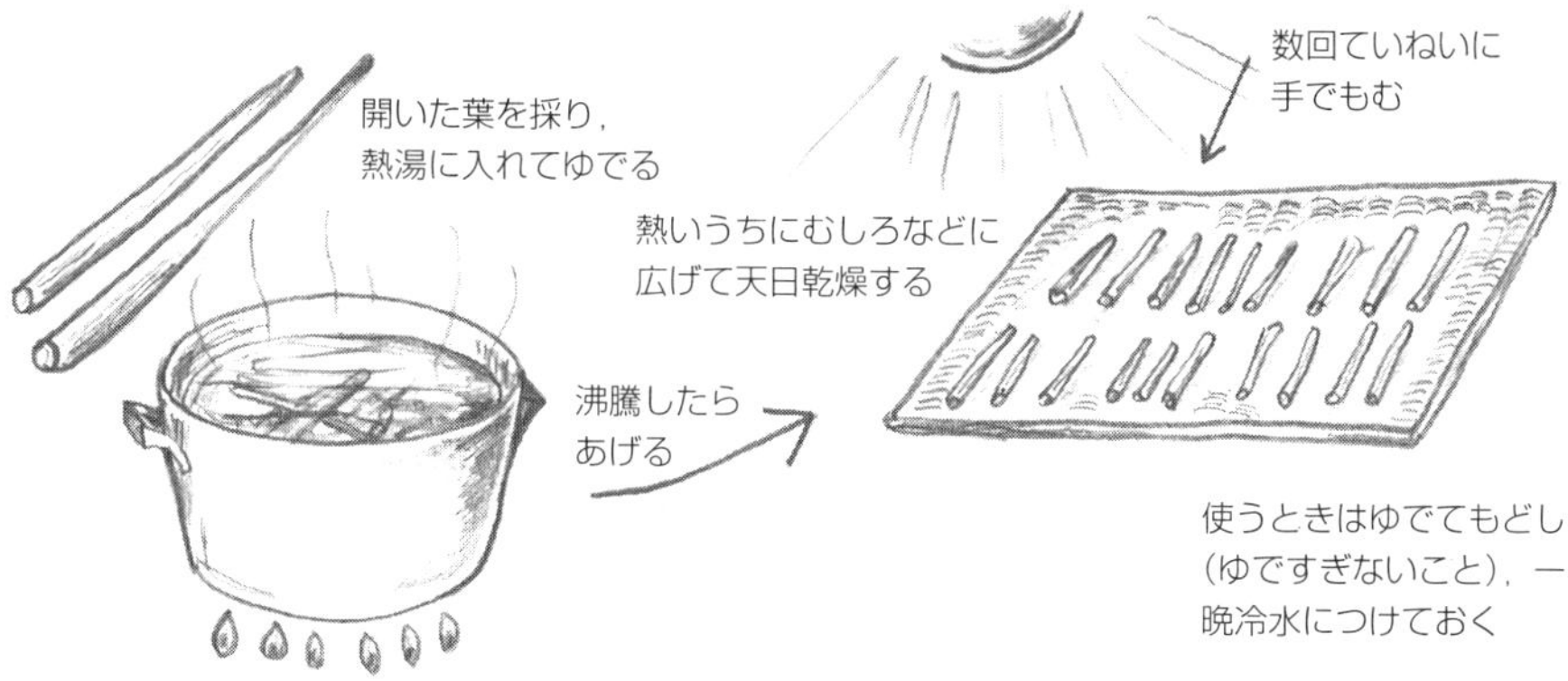
開いた葉を採り，
熱湯に入れてゆでる
沸騰したら
あげる
熱いうちにむしろなどに
広げて天日乾燥する
数回ていねいに
手でもむ
使うときはゆでてもどし
（ゆですぎないこと），一
晩冷水につけておく

**図40　オオバギボウシの乾燥**

## カタクリ（ユリ科）

花言葉「初恋」

分布・自生地：北海道から九州で北ほど多い。雑木林などに自生
主な成分：デンプン、β‐カロテン、カルシウム
効用：解毒作用、下痢、胃腸炎、嘔吐
利用法：生食用、乾燥、カタクリ粉、観賞用

カタクリ

## 残雪の日だまりに咲く花

万葉の時代から人々に親しまれてきた早春の花で、いまは食べるより観賞用である。花と葉が同時に残雪の残る日だまりに一番早く咲くので乱獲される。生態系が変わって年々減少し、珍品扱いされる。都市周辺では絶滅に近い状態である。このカタクリとアリは、ともに蟻酸《ぎさん》を含んで共存している。アリがカタクリの種子を集めて穴に引き込み蟻酸を出すと、また地上に引き出し、その種子が発芽する。したがって、アリの生息しやすい環境づくりが増殖の秘訣である。

## 林の中に生える多年草

日本に一種だけあって、北海道から九州まで生育する。北に行くほど資源が多く、西には少ない。りん茎からデンプンがとれ、昔は片栗粉として親しまれてきた。りん茎は白色、長楕円形で、地中深くにあって掘り取りは困難。葉は卵形で、質が軟らかく、淡緑色の地に薄い紫褐色の斑紋があり、ふつう二枚つく。春に花茎の先端に美しい淡紫色、大輪の六弁花を開く。実は広卵形のさく（蒴）果。夏のころに枯れて姿を消すので、りん茎の掘り取りは葉が枯れないうちに行なう。

## 良質のデンプンは民間薬

本当の片栗粉はカタクリのデンプンで、解毒作用や緩和作用があり、かぜ、下痢、胃腸炎、子どもの嘔吐などに用いられる民間薬である。とくにヨード中毒を解毒するのに効くといわれる。きわめて消化のよいデンプンで、最高級品扱いされているが、資源量が少なく、生産されていない。若葉は、β－カロテン一二七〇マイクログラム、ビタミン$B_1$〇・〇八ミリグラム、カルシウム八五ミリグラムを含み栄養価が高く、食用とされる。花に植物性花粉ホルモンがあるほか未知成分があるともいわれ、見直したい不思議な食べものである。

## カタクリ餅をつくる

片栗粉をつくるときは、掘ったりん茎をよく洗い、たたきつぶし、臼でひいた汁を布袋に入れもみ出し、水を入れてかき混ぜ沈殿させ、うわ水を捨て、天日乾燥する。大量の場合は製粉機で加工するとよい。カタクリ餅は薬膳料理の一つで、雑穀餅をつく要領でつき、つぶしあんを入れ、大福をつくる方法でつくると名産品ができる。

若葉は乾燥品にする。茎ごと採って熱湯にさっと通し、天日乾燥する。途中、天地返しをかならず二～三回行なうこと。熱湯に通した若葉を冷凍品にしてもよい。いずれも料理に使われる。

滋養強壮の王様

## ギョウジャニンニク（ユリ科）

分布・自生地：北海道の平地から本州の高山
主な成分：β−カロテン、アリシン、アリルフィド類
効用：高血圧予防、不眠、冷え性、抗菌作用
利用法：生食用、甘酢漬、冷凍品、サケとのぬた

ギョウジャニンニク

### 山岳信仰のための野生ニンニク

昔は山岳信仰の行者が荒行に耐える体力、精力を持ち続けるために食べたといわれる。現在はスタミナ食品、滋養強壮の超一級品として市場にも出回る珍菜である。北海道が産地だが、各地で栽培化され、生産量は年々増加している。一度食べると忘れがたく、そのコクの深さはニンニク以上。健康食として伸びが期待される。

### 北国の産で涼しい環境を好む

北海道では平地にも自生するが、本州では高山地帯に生える。日当たりのよい涼しい環境を好むものと日陰地を好むものとがある。自生環境のよいところでは群落をつくっている。本州の奈良県以北に分布する。

宿根草だが、りん茎はニンニクのようにならず、ごく小さい。全体に強いニンニク臭があるので、すぐ判別できる。葉は長楕円形か楕円形で質が軟らかく、淡い青緑色。葉柄を備え二～三枚生じる。花はネギ属そのものの花で、のちにさく果を結ぶ。自家採種するときは、涼しい環境に生育しているものを選ぶ。ネギ坊主から五〇粒の種子が採れる。熟しすぎたり採取後乾燥状態になると発芽が悪くなるので、熟す直前に採りまきする。熟した種子は二日くらい浸水してから採りまきする。夏の直射日光を嫌うので日覆いをして乾燥を防ぐと、平地でも栽培できる。

### 血行をよくする栄養成分

栄養価にすぐれ、β−カロテンがキャベツの一〇倍、それにビタミン$B_6$、C、K、葉酸を多く含む。酵素アリナーゼの作用によってアリシン、アリルフィド類を多く含み、これが高血圧予防、不眠症、冷え症などに効くとされる。末梢血管を拡張して血行をよくする現代向きの滋養強壮食品である。アリシンによる抗菌力や抗血栓作用があるので、地域おこしの目玉にしたいも

のの一つ。

### 個性と薬効を生かした加工を

個性の強い香りが売り物で、肉料理、フライ、天ぷら、油炒め、和え物、酢の物、汁の実、卵とじ、煮つけ、おひたしなど数多くの料理に使える。次々と新しい料理法が生まれてくる滋養食品である。葉酸を多く含むので、ビタミン$B_{12}$を多く含む肉類（レバー、牛肉、豚肉）と組み合わせて料理すると、赤血球（寿命四カ月）の新生に役立つ。加工開発が進んでおり、若葉のつくだ煮、乾燥野菜（ラーメンに入れる）、粉末化（めん類、菓子類）、薬用酒、冷凍、ビン詰、魚のサケとニンニクのぬた、粕漬などに利用される。

古代植物の生き残り

## クサソテツ（オシダ科）

分布・自生地：日本全土。積雪地帯に多い。やや湿気のある沢地など
主な成分：カルシウム、亜鉛、ミネラル、アラキドン酸
効用：生活習慣病、免疫機能の調節
利用法：生食用、庭園用、缶・ビン詰、塩蔵

クサソテツ

### 春一番に芽を出す早春の味覚

クサソテツは、ふるさとの味として誰でも知っているコゴミのことである。春の訪れを感じるころになると若芽が発生し、農家の食卓に出てくる、代表的な山菜。古代シダ植物の生き残りで、ミネラルが多く栄養価にすぐれ、最近見直されている。薬用植物の一つで、民間療法にも用いられる。山村では春になるとコゴミ採り が楽しみであったが、近年急激に資源量が減少している。

### 分布が広く、混気の多いところに生育

北半球に広く分布し、東アジア、ヨーロッパ、北アメリカ東北部に自生する。日本全土にも分布し、積雪地帯に比較的多く自生している。自生地は山麓で、やや湿気のある沢地や北向きの森林地帯、河川筋、散生地、原野などに群落をつくる。とくに日陰を好むが、日当たりでも地中の水分があれば生育する。各地で栽培化が進んでいる。

クサソテツは、高さ一メートルに達

し、大形でソテツに似ているところから、この名前が生まれた。披針形で、もむとキュウリに似た特有の香りがする。葉色が美しい緑色で、羽状複葉がきれいに巻いて輪に配列されている。

## 栄養価の高い万人向きの山菜

生活習慣病に効くカルシウムがキャベツの一・六倍、亜鉛が二・九倍など、ミネラルを多く含むので注目されている。亜鉛は体内でDNAやタンパク質を合成する働きを持ち、細胞の発育を促す。水銀、鉛などの毒性を弱め、環境汚染から体を守る成分である。ビタミンではβ－カロテン、$B_1$、$B_2$、$B_6$、C、E、K、葉酸を多く含む。アラキドン酸（ビタミンF）も含まれる。この成分は高等植物には含まれない。アラキドン酸は人間の体内で合成されない成分で、体の免疫機能を調節して全身のさまざまな症状を予防する成分だ

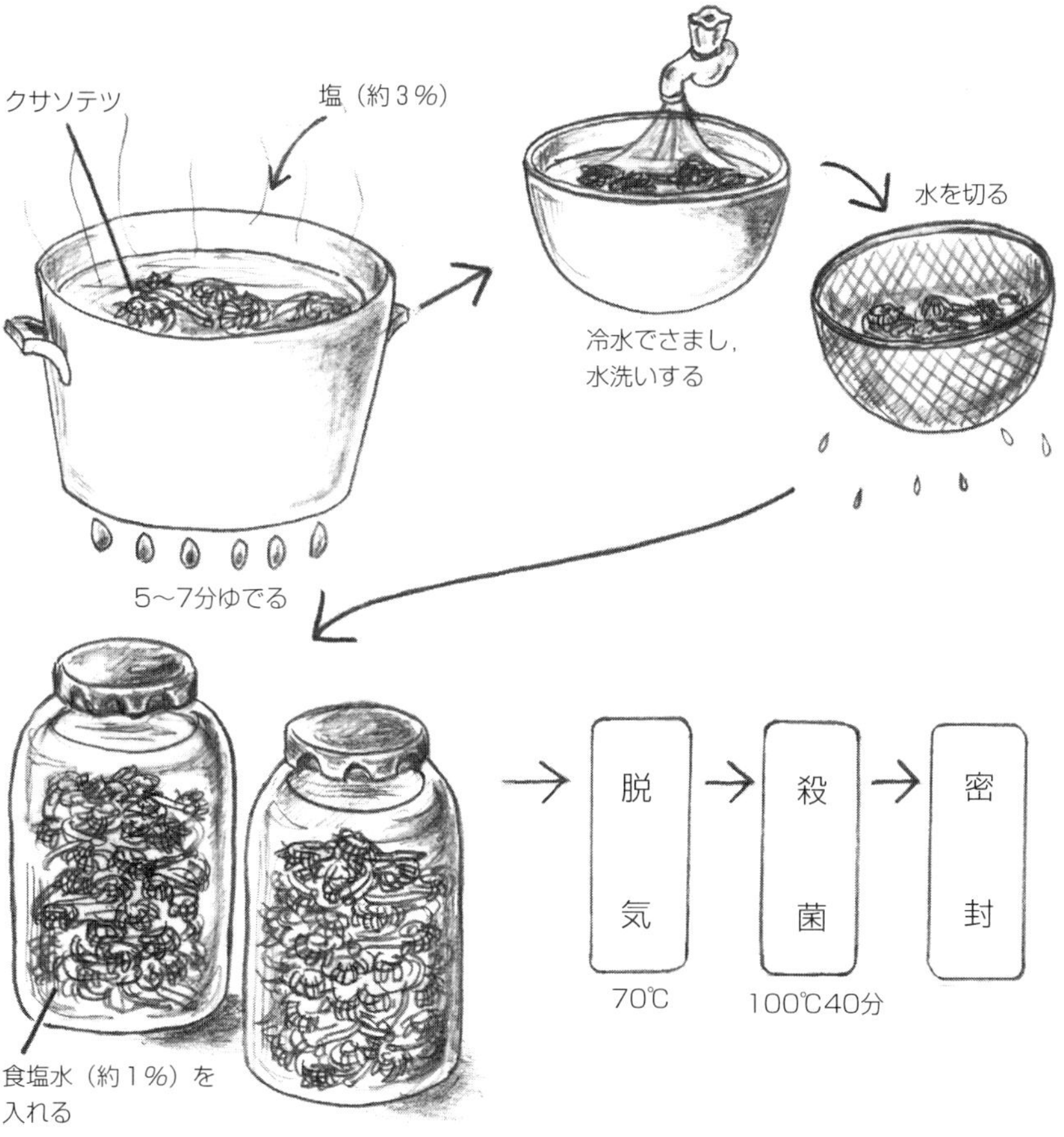


図41　クサソテツのビン詰

から、春に一度はクサソテツを食べるとよい。

### 食欲を高める料理と加工

代表的な料理はクルミ和えで、栄養価が高く、軽いぬらめきと特有の香りが人気の源。和え物、天ぷら、酢の物、フライ、糠漬、切り和えなどに向く。冷凍品に加工しておくと年間利用できる。採りたての生を熱湯に通し、水を切って冷凍する。塩漬は昔から行なわれている保存法で、しょうゆ漬、ミックス漬などの二次加工に使う。ビン詰加工（図41）は、質のよいものを選び加工すると、海外まで出荷が可能である。

山菜の王様

## シオデ（ユリ科）

分布・自生地：北海道から九州に分布。原野や山林の縁などの排水のよい肥沃地
主な成分：ビタミンB類とビタミンC
効用：機能性成分の分析はこれから
利用法：生食用

シオデ

### 山アスパラと呼ばれる高級山菜

東北地方の人たちが「一度は食べてみたい」という、「山アスパラ」と呼ばれる高級山菜。コクのある風味とソフトな歯ざわりで、鮮やかな緑色が山菜の王にふさわしい。秋田地方の民謡に出てくる「ひでこ節」のヒデコはシオデのことで、雪国の長い冬から開放された山村の人たちが春の悦びを歌い上げた賛歌である。採りたてのシオデを味わうのは最高の楽しみで、民謡まで出てくるまさに山菜の王様である。

シオデは自生環境を選ぶ山菜で、現在では環境が大きく変わったために自生地が減少し、見つけるのが本当に難しくなり、貴重品扱いされている。しかし、一部の地域では栽培に成功し、少しずつ生産を上げている。

### 仲間が多く、食べられないものも

雌雄異株のつる性多年草で、茎は緑褐色で長さ二〜三メートル、葉は卵状楕円形で薄い。葉先はとがっている。地下茎は硬く肥厚し、横にはって繁殖する。花は頭花の直径が二〜三センチで、長い柄があり、大形の散房花序を出して、淡黄緑の細かい六弁花を夏に

開く。果実は液果で球形。最初緑色で熟すと黒くなる。

シオデ属の仲間は多く約三〇〇種あり、熱帯圏に多く分布する。日本には一二種あって、食べられないものがある。食用には俗に本シオデというシオデと、茎が直立し上半部が傾斜するタチシオデ（バラシオデともいう）がある。タチシオデは葉の裏が白っぽく、葉柄の長さが一～四センチ。ほかに葉の細いホソバシオデやザラツキシオデ、サドシオデ（佐渡産）の変種があり、新芽は食べられる。シオデは北海道から九州まで分布するが、意外と未利用資源になっているところもある。採取期は遅く、春の終わりころから初夏にかけて。

### 風味抜群の山菜

ソフトに洗練された風味はほかに類がない。一度食べると忘れがたい風味である。栄養成分の分析が遅れている一つである。ある調査によるとビタミンB1、B2、Cを多く含みカルシウムも多く含まれている。とくにクセのない舌ざわりが受けている珍品である。

### 生食がもっともよい

おひたし、クルミ和え、クルミ酢和え、マヨネーズ和え、ゴマしょうゆ和え、サラダ、粕和え、白和え、すまし汁、汁の実、バター炒め、煮物などにするとおいしい。冷凍保存もできる。とくに水分が多いので、熱湯にさっと通して布でふき、冷凍する。保存は三カ月が限度。

山菜の王者ともいわれた大衆食品

## ゼンマイ（ゼンマイ科）

分布・自生地：全国に分布。低山から高山の森林地帯の日陰
主な成分：カリウム、カロテン、ナイアシン
効用：神経痛、かっけ、水腫、腹痛
利用法：乾燥加工、もどして和え物、煮つけ、汁の実、ビン詰

ゼンマイ

### 国産物は人気が高く、高級料理の材料に

日本固有の山菜で古くから知られ、

昔は農山村の備蓄食品として重要な地位を占めていたが、現在では中国などの輸入物に頼る状況となっている。そのため近年輸入品が出回り、急速に消費が拡大し大衆品化している。二〇〇二年の東京卸売市場でのゼンマイ水煮の取り扱いは三七四・五トンに達し、約二億二〇〇〇万円も売られている。

わが国のゼンマイは良質で、独特の風味があって依然人気が高く、高級料理の材料になっている。一方、保健食としても見直され日本固有の山の幸として重要な地位を占めている。

また、中山間地域の特産物として農産物直売所の人気の高い商品なので栽培化して、地域の特産物として振興を図りたいものである。

## 豪雪地帯の山村で良品が採れる

ゼンマイの産地は、豪雪地帯で交通の便の悪い山村に多く自生地があって、とくに良質のゼンマイが採れるので、山村活性化のためにもゼンマイ振興は重要課題である。とくに自生地は奥地の岩場や急傾斜地で滑りやすく、危険地帯が多く、高度の採取技術と経験、忍耐、体力、危険の克服などの、総合されたものが必要とされる精神的、肉体的重労働である。そのため、人手不足や若い後継者がいないのが問題であり、対策として、栽培化が求められている。わが国の産地は福島、山形、新潟県が全国の約六〇%を占めている。

昔は、〝泊まり山〟といって家族ぐるみで奥地のゼンマイ小屋に泊まりこんで採取したものであるが、近年は少なくなった。山奥は天候が悪く天日乾燥が困難なために釜でゆで焚き火でくん製にされた。この方法でつくられたものが「青干しゼンマイ」で、昔は京都で人気があった。また、ふつう里山で釜でゆで、天日で乾燥させたものは「赤干しゼンマイ」といっている。

## 乾燥で栄養価アップ山村の保健食品

ゼンマイは、乾燥することにより栄養価が高くなり、カリウムは生の六倍、ビタミンB、カロテンは一・三倍、Eは二・五倍、K三・五倍、ナイアシン五・七倍になる。昔から神経痛、かっけ、水腫、りん病、腹痛にも効くといわれ、山村の保健食となっている。

乾燥品は水でもどし、煮しめ、ゼンマイふかし、和え物、煮つけ、天ぷら、汁の実などの料理に使われる。

加工品は粕漬、ビン詰などである。今後、すぐ食べられる食品の開発が課題である。

万人が知る木の芽

## タラノキ（ウコギ科）

分布・自生地：平地から高山の日当たりのよいところに自生
主な成分：ミネラル・ビタミンが多い。カロテン、タラリン
効用：酸性体質の改善、高血圧予防、滋養強壮
利用法：生食用、ビン・缶詰、粕漬、みそ漬

タラノキ

### タラノメブームで資源量が減少

栄養抜群の木の芽で薬用植物。よく知られた山の幸で、昔はいたるところに大きな群落があったが、近年は乱獲が続き激減した。タラノキは日当たりを好む陽樹で、周囲の木が大きくなり、夏の日当たりが悪くなると枯れてしまう。環境変化による枯死も多い。一方、畑で栽培するタラノキは毎年増え、市場流通のほとんどは栽培ものである。木の芽は植物の生長点で、栄養価にすぐれ、今後もブームが続くことが予想される。また、ウコギ科の仲間でコシアブラ、チョウセンニンジン、エゾウコギなどは薬用植物で、薬効性の高いものばかりである。

### 落葉低木で典型的な陽樹

平地から高山までの原野、川岸、森林の伐採地、丘陵地などに自生する。分布は広く、朝鮮半島、サハリン、アムール、ウスリー、中国東北部などに自生する。日本でも全土に分布している。高さ二〜六メートルくらいになり、幹は直立して少数の分枝を生ずる。木全体にトゲがあるが、老熟した幹には少ない。トゲのない種類もある。葉は二回羽状の複葉、小葉は卵形。夏ごろ花茎（複総状花序）を出し、白色で花弁五枚の小さい花を咲かせる。実は液果で黒く熟す。葉が白色を帯びないものをメダラと呼び、トゲが少なく、栽培用に用いられる。

### 自然食品のチャンピオン

酸性体質を改善して若々しい健康をつくるミネラル、ビタミンを多く含み、皮にはサポニン質のアルファタラリン、ベータタラリンを含んでいて血糖を下げる薬用効果が多少ある。栄養的にはカリウムを多く含み、高血圧予防に効果がある。カルシウムも多い。ビタミンではEが多く、活性酸素から体を守り、老化を防ぐ。骨の健康維持に必要なビタミンKを多く含む。赤血球や細胞をつくり出す働きのあるビタミン$B_{12}$（葉酸）は豆類に匹敵する。B群を多

く含むので、精神的疲労を安定させる効果がある。薬用効果を期待するときは、旬の若芽を食べるとよい。

### 料理、加工に最適

多く含まれるβ－カロテンは油料理にすると吸収率がよくなるので、天ぷら、フライ、油炒め、サラダ料理、クルミ和え、ピーナッツ和え、ゴマ和え、マヨネーズ和えなどにするとよい。おひたし、酢みそ和え、煮つけ、卵とじ、糠漬、粕漬にも適する。

保存するときは、一〇～一五センチの若芽を採取して速やかに塩蔵するのがもっともよい。冷凍には不向きである。塩蔵のやり方は、下漬原料一〇キロに対して食塩二キロ、差し水二キロ（食塩四〇〇グラムと水一・六キロで差し水をつくると二キロ）、重石一二キロで漬け込み、一五日後に本漬にする。本漬は原料六キロ（下漬前の一〇キロの原料）に対して食塩一キロ、差し水一・五キロ（食塩五〇〇グラム、水一キロ）、重石五キロで漬け込んで保存する。これを粕漬、みそ漬に二次加工する。

繁殖力旺盛な薬草

## タンポポ（キク科）

分布・自生地：日本全土。海岸から高山まで分布
主な成分：パラオキシフェニール酢酸、タラキサステロール、桂皮酸。ビタミン類、ミネラルも多い
効用：殺菌作用、かぜ、利尿、健胃、滋養強壮
利用法：生食用、つくだ煮、タンポポコーヒー

タンポポ

### 繁殖力で植物界を〝征服〟

繁殖力が驚くほど盛んな植物で、全世界を征服する途上にあるといわれるほどである。西洋では第一級の薬草扱いである。フランスではタンポポをピサンリと呼び、利尿効果をさしている。日本では春の野に咲く雑草で、たまたま民間薬に使われるていど。日本には、タンポポの在来種や帰化植物がたくさんあり、暖かい地方では四季を通じて花が見られる。

栄養価がひじょうに高く、資源的に恵まれているタンポポは、利用を高めたい山菜の一つ。カルシウムをダイズの一〇倍も含み、驚かされる。日本人は古来慢性的なカルシウム不足で、骨の病気が多かった。これは、日本が火山国で火山灰層の土壌が多いためである。実際、ヨーロッパ産の野菜に比較してカルシウムが二〇分の一といわれる。タンポポは繊維の多いことでも知

られ、便秘症の改善にも活用できる。

## 帰化タンポポが在来種を駆逐

繁殖力旺盛な西洋タンポポは、日本のタンポポを駆逐しながら日本中に広がっている。その過程でいろいろな雑種が生まれ、地方によって変異が多く三三種くらいある。しかし、在来種も片隅に残っている。在来種も西洋タンポポも食べられるが、その苦味は種類や生育環境によって多少の差がある。いずれも薬用にもなる。

タンポポの花は春秋二回咲き、利用も春秋にできる。西洋タンポポは総苞片が全部外側に反り返って垂れ下がるので、在来種と区別できる（在来種は反り返らない）。折ると白汁が出るのが特徴で、この汁が腫れ物用の民間薬に使われる。ロシアにはゴムタンポポという種類があり、白い汁からゴムを採る。タンポポは全部の種類が食用になるが、在来種より西洋タンポポのほうが苦味が少なく、おいしい。西洋では野菜並みに扱われているところもある。

## 栄養価、薬効性が高いヘルシー食品

パラオキシフェニール酢酸、タラキサステロール、桂皮酸などを含み、ブドウ球菌、肺炎双球菌などの殺菌作用や抑制作用があるので、肺炎予防に食べるとよい。消化不良や習慣性便秘にはとくに効く。かぜ、利尿、解熱、健胃、胆汁分泌の促進など幅広い薬効があり、生活習慣病の予防に有効である。西洋では薬草で、「医者泣かせ」といわれている。栄養的には$\beta$-カロテンを一八三〇マイクログラムも含み、ビタミン$B_1$、$B_2$、Cも多い。カルシウムも多く、栄養価にすぐれている。食べると野趣と自然の香り、風味が楽しめる滋養強壮食品。

## 加工品で名産が生まれる

さわやかな苦味を生かしてつくだ煮加工すると名産が生まれる。若葉が春秋に採れるので、これを使うなり、冷凍加工して保存し、つくだ煮に加工するのもよい。単品でも、ほかの香りの強いものと組み合わせて加工しても、珍品が生まれる。天日乾燥して保存し、つくだ煮加工すると味が変わるから、生加工品とのセット商品をつくるとおもしろい。花のみそ漬は独特の香り、苦味、風味があっておいしい（図42）。根は秋に採取して乾燥し、タンポポコーヒーにするとよい（図43）。

タンポポの花
さっとゆでる
流水につけアクを抜く
（苦味を生かすのでアク
抜きはほどほどにする）
よく絞って，布袋に詰めて
みそに漬ける

**図42　タンポポの花のみそ漬**

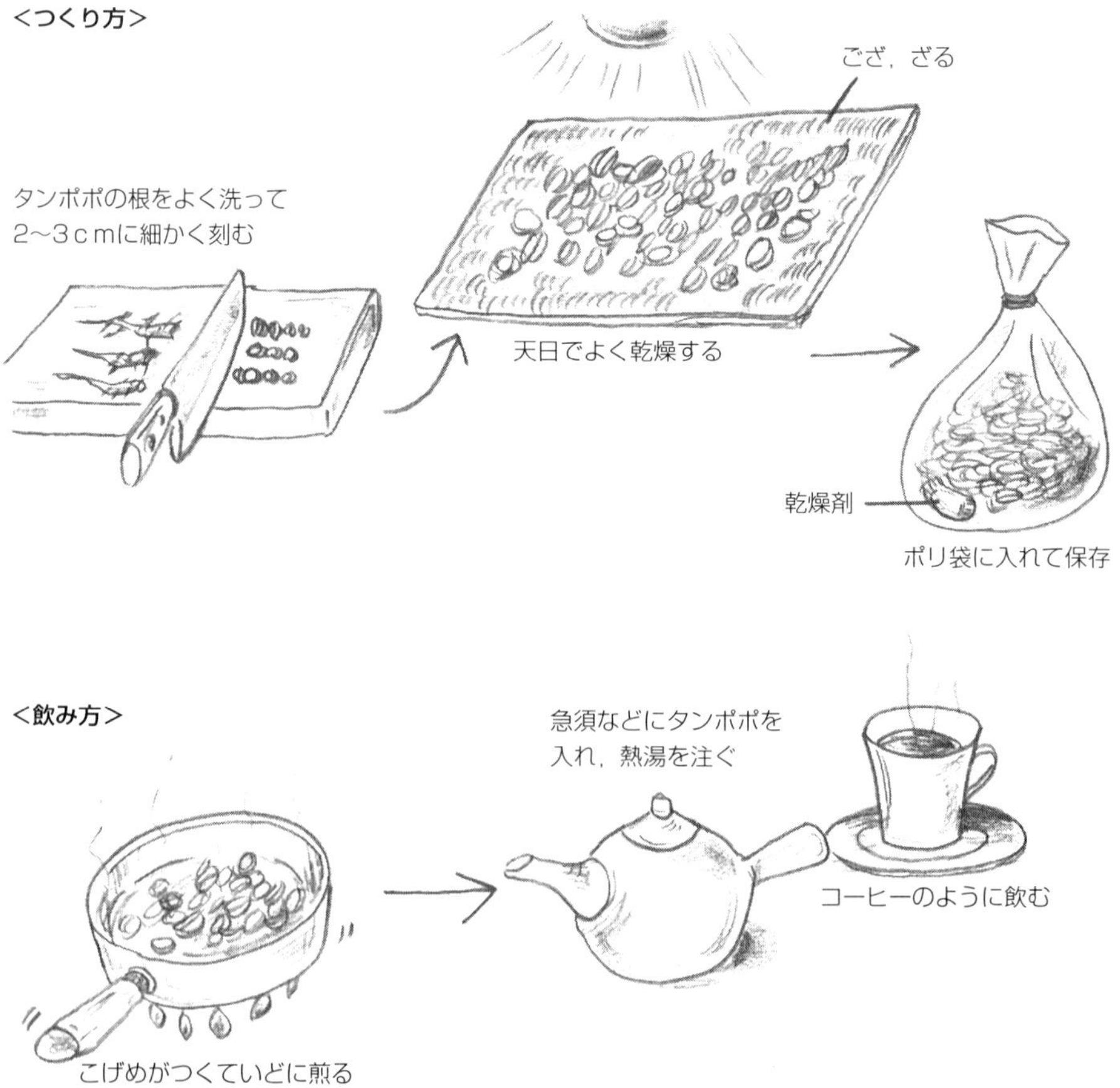
<つくり方>
タンポポの根をよく洗って
2～3ｃｍに細かく刻む
ござ，ざる
天日でよく乾燥する
乾燥剤
ポリ袋に入れて保存
<飲み方>
こげめがつくていどに煎る
急須などにタンポポを
入れ，熱湯を注ぐ
コーヒーのように飲む

**図43　タンポポコーヒー（茶）のつくり方**

タケノコの最高級品

## チシマザサ（ネマガリダケ）（イネ科）

分布・自生地：鳥取県以北の日本海側、中部以北の高山帯、北海道
主な成分：チロシン、アスパラギン酸
効用：スタミナ食品
利用法：生食用、ビン・缶詰、冷凍

チシマザサ（ネマガリダケ）

### 淡白でアクのないタケノコ

別名ジダケともいう、採りたてを食べると最高のタケノコで、観光地の目玉商品として取引される。一〇〇〇メートル以上の高山に分布し、東北地方の代表的な山菜として人気が高い。ものすごい生長力を秘めており、一夜で大きくなる。奥山のスタミナ食品として、山で働く人々がこのタケノコを食べる時期になると、病気が少なくなるといわれる。自然食ブームにより毎年乱獲が続き、資源量が毎年減少して枯渇状態のところもある。近年山形、長野県などで栽培が軌道に乗って市場取引され、一キログラム当たり一〇〇〇円以上で売られている。平地で栽培すると一カ月早く出荷ができ、有利である。ネマガリダケは、山麓に植えるとどんどん山手のほうへ自然繁殖する性質があるので、傾斜の荒地対策に適している。

### 分布は積雪地帯に多い

イネ科のクマザサ属に属し、日本に三五種くらいある。本州では鳥取県以北の日本海側、本州中部以北の高山地帯、北海道に自生地がある。大部分が大きな群落をつくっている。同じ仲間にナガバネマガタケ、エゾネマガリダケ、サヤゲチシマザサなどがある。いずれも食用になっている。高さ一～三メートル、全体が無毛で、枝は分枝する。葉は狭長楕円形で表面に光沢があり、二～四個着生する。新しい地下茎が伸びて繁殖する。タケノコは長さ一五～二五センチ、太さ二センチほどの小形である。採取期は六～七月。

### 奥山のスタミナ山菜の筆頭

タケノコのなかでもっとも美味で、食べるとニキビが出るといわれる。大きな生長力を秘める成分は「味の素」と近縁のチロシンで、栄養にもなり、神経伝達物質で甲状腺ホルモンやメラニン（色素）の原料になるアミノ酸として位置づけされている。甲状腺ホルモンが不足すると、食べものの正常な代謝ができなくなるので重要な成分である。チロシンは動物性タンパク質にも存在する。タケノコがスピード生長

するもとはチロシンとアスパラギン酸を多く含むためで、これらはスタミナ源でもある。健康食としては、若いタケノコを早めに食べるのがポイント。

### 加工開発には栽培化を高めて

チシマザサのタケノコは、昔から農山村の重要な収入源で、加工開発が進んでいる。産地でビン詰、缶詰に加工したり、塩蔵しておき、あとで粕漬、からし漬、みそ漬、山菜ミックス漬、みりん漬などに二次加工し、各地に出荷している。最近では海外の小形のタケノコが輸入され、観光地で売られているが、本当のチシマザサの量産を図りたい。栽培化するときは、今年出たタケノコを秋に掘り取って苗にし、やや傾斜地の山すそに植えれば、三年間で収穫できる。

海辺の野草

## ツルナ（ツルナ科）

分布・自生地：全国の海辺の砂浜に分布。栽培化されている
主な成分：ビタミン類、ナイアシン、カルシウム
効用：胃炎、胃ガン予防、かぜ、老化防止
利用法：生食用、健康茶

ツルナ

### 夏野菜不足のときの摘み草

海浜の砂地に繁殖する繁殖力の強い野草で、薬草としても話題の植物。別名をハマジシャと呼び、摘み草の一つ。中国では番杏《ばんきょう》といって壊血病の薬とする。多年草で、暖地では枯れないが、寒い地方では冬に枯れる。強い日射を反射させて植物細胞を保護する働きがあり、夏の暑いときでも生育旺盛でほとんど枯れることがない。どんどん繁殖するから、夏場に野菜が不足するとき芽を摘むことができて便利。ビタミンやミネラルがほかの野菜より多く、最近とくに注目されてきた。いまは野菜化され、畑で栽培される。一度播くと、種子が畑に落ちて毎年発芽してくる。

### 分布が広く栽培は全国各地で

一七七二年、ニュージーランドからロンドンに紹介され、これが栽培化された。そのため、ニュージーランド・スピナッチ（ニュージーランドホウレンソウ）の英名がついた。中国、朝鮮、

東南アジア、オーストラリア、ニュージーランド、南アメリカと広く分布する。日本では北海道（西南部）、本州、四国、九州に広く分布する。いずれも海辺で砂浜が多い。これは、果皮が硬く、熟しても開かないので、果実が海水に浮いて遠くまで流され、砂浜に打ち上げられて発芽したもの。栽培するときはハウス内で加温すると、冬でも採取でき、冬野菜として活用できる。

### β－カロテンが多い野菜

昔、薬草として「胃ガンの特効薬」といわれたことがあるが、ガンが治るわけではない。これは、ツルナに多く含まれるβ－カロテンが、ビタミンAに変化して胃に作用し、胃の粘膜の正常化を促し、胃炎やポリープを予防したものであろう。β－カロテンを多く含むため、目の粘膜を正常に保つほか、ガンの予防効果も期待できる。ビタミンCも多く含み、かぜ、ガンを予防し、抗酸化作用がある。ビタミンK、ナイアシンも多く、老化防止、生活習慣病の予防にもなる。さらに鉄分、カルシウムも多いため、栄養的に見直されてきた。健康草として栽培化し、利用を高めるとよい。

### 新鮮なものを食べる

生鮮なツルナを食べるのがもっともよい。生のものはクセがなく、アクを抜く必要もない。若芽を食べるのがポイント。古い葉になるとざらついた食感になる。熱湯にさっとくぐらせた若芽を油炒めにすると最高である。煮干しと組み合わせた油炒めがよい。そのままで汁の実、ゆでてサラダ、和え物、煮びたしなどにする。薬草利用は、生で天日干しして保存し、一日一五グラムを煎じて飲む。急性胃炎によい。

栄養価が高く見直された野草

## ナズナ（アブラナ科）

分布・自生地：日本全土の平地から高山。農耕地に多い
主な成分：コリン、フマール酸、ビタミン類（とくにCが多い）
効用：生薬（利尿、解熱、止血）、血行改善、抗ガン作用
利用法：生食用、つくだ煮

ナズナ

### 越冬芽から食べられる健康草

ペンペン草の名で知られる。市街地や農耕地に多い野草で、万葉の時代か

ら大宮人《おおみやびと》に愛された名の通った春の七草の一つ。淡白で日本的な味がする野草。畑の雑草でもあり、意外と資源量が多く、摘んで食べる人も多い。

薬草としても名が通っており、フランスでは「羊飼いの財布《ブルス・ア・パストゥール》」と呼ばれ、ナズナの小さい逆ハート形をした実を財布にたとえたようだ。中世には「血止め草」と呼ばれ、出血を止めるのに卓効があるとされた。西洋ではいまでも子宮出血、月経過多に煎じて用いられる。また、鼻血を止めるのに、煎じた液を綿にしみ込ませて鼻孔にさし込むとよいといわれる。ビタミン$K_1$をキャベツの四・二倍も含み、止血の効果がある。

ナズナは地中海地方の原産で、いまでは世界中を征服した植物。繁殖力の強い草で栄養価が高く、見直されている。

## 農地に多い健康草

世界的に分布する野草だが、ポリネシアにだけはまだ生えていない。日本にも全土に分布する。平地から高山まで生育し、集落周辺の農耕地に多く生える。越年草だから、秋の越冬芽（ロゼット）を採って食べられる。茎の高さ一〇～四〇センチくらい。根生葉は頭大羽状（ヒマワリのような花のつき方）に深裂し、地面に開出する。花は白色の小さい四弁花。花後、ばち形の短角果を結ぶので、これをペンペン草というようになった。同じ仲間にイヌナズナ（オオナズナ）があり、名のとおり大形で、同じように食べられる。近年はハウス内で栽培し、七草の一つとして市販されている。

## ビタミンCがカンキツ類より多い

生薬名薺菜《せいさい》という薬草で、利尿、解熱、止血に用いられる。子宮出血、月経過多、流産の出血のとき、乾物一〇グラムを水五〇〇ミリリットルで煎じて服用する。眼の充血には煎汁で洗う。全草にコリン、フマール酸などを含む。ビタミンCがカンキツ類より多く、β－カロテン、ビタミン$B_1$、$B_2$、$B_6$、K、葉酸が多い健康草で、近年、栄養価が注目され、直売所の人気商品になっている。血行をよくし、抗ガン作用もある。

## 生食が中心で、加工はこれから

万人向きの風味で、一度食べるとまた食べたくなる。クルミ和え、ゴマ和え、マヨネーズ和え、ピーナツ和えにすると大変おいしい。汁の実、おひたし、三杯酢、卵とじ、油炒め、でき上がった塩辛（ゆでてみじん切りにして入れ食べる）などに入れる。加工開発は進んでいないが、冷凍しておき、これを和え物にする。また、熱湯処理したものを天日乾燥して保存し、つくだ煮に加工する。

ピーピーグサとして知られる

## ノカンゾウ（ユリ科）

分布・自生地：全国に分布。田のあぜ、原野などやや湿ったところ
主な成分：β−カロテン、鉄などミネラル、アスパラギン酸
効用：貧血症、神経を守り、スタミナ源
利用法：生食用、乾燥

ノカンゾウ

### 開発が遅れている山菜

薬用植物の一つで、いたるところに見られる山菜、春の摘み草。未利用資源となっているところも多く、開発はこれからである。農地や人家の近くに多く自生する。真夏の真昼どきに咲くオレンジ色の花は目立って美しく、ふるさとを思い出す。ヤマユリの花と称する乾燥品は、正式には金針菜《きんしんさい》という中国産のシナカンゾウを乾燥したもので、中国料理に使われる。

　この山菜は食べたことがないという人が意外に多いが、大部分の人が観光地などで食べているはず。庶民的な味覚として親しまれてきたが、いまは食べる人が少ないのに驚かされる。ただ、一部には栽培して早出しで高く売っているところもある。料理の普及も課題の山菜である。

### 分布が広く仲間が多い

東アジアに多く分布し、日本には一一種類が自生している。主なものはノカンゾウ（本州東北以南～九州）、ヤブカンゾウ（日本全土）、ニッコウキスゲ（東北以北）、ハマカンゾウ（関東以西）、ユウスゲ（本州中部）などで、園芸種がたくさんつくられている。ほとんどが食べられるが、一般に利用されているのはノカンゾウとヤブカンゾウ。ニッコウキスゲやユウスゲは資源量が少ないから、花を楽しむために保存が必要。ノカンゾウの葉は刀のような形で、葉が左右交互につく。花は橙黄色で、形がユリの花に似ている。ヤブカンゾウは八重咲きで、ノカンゾウは一重咲きである。

　仲間のヤブカンゾウは古い時代に中国から渡来した帰化植物で、薬用に栽培したものが野生化したものと考えられる。

### 栄養価が高く貧血予防に

栄養価が高く、ビタミン類のβ−カロテンが芽に一三三〇マイクログラム、花に一三〇マイクログラム含まれる。

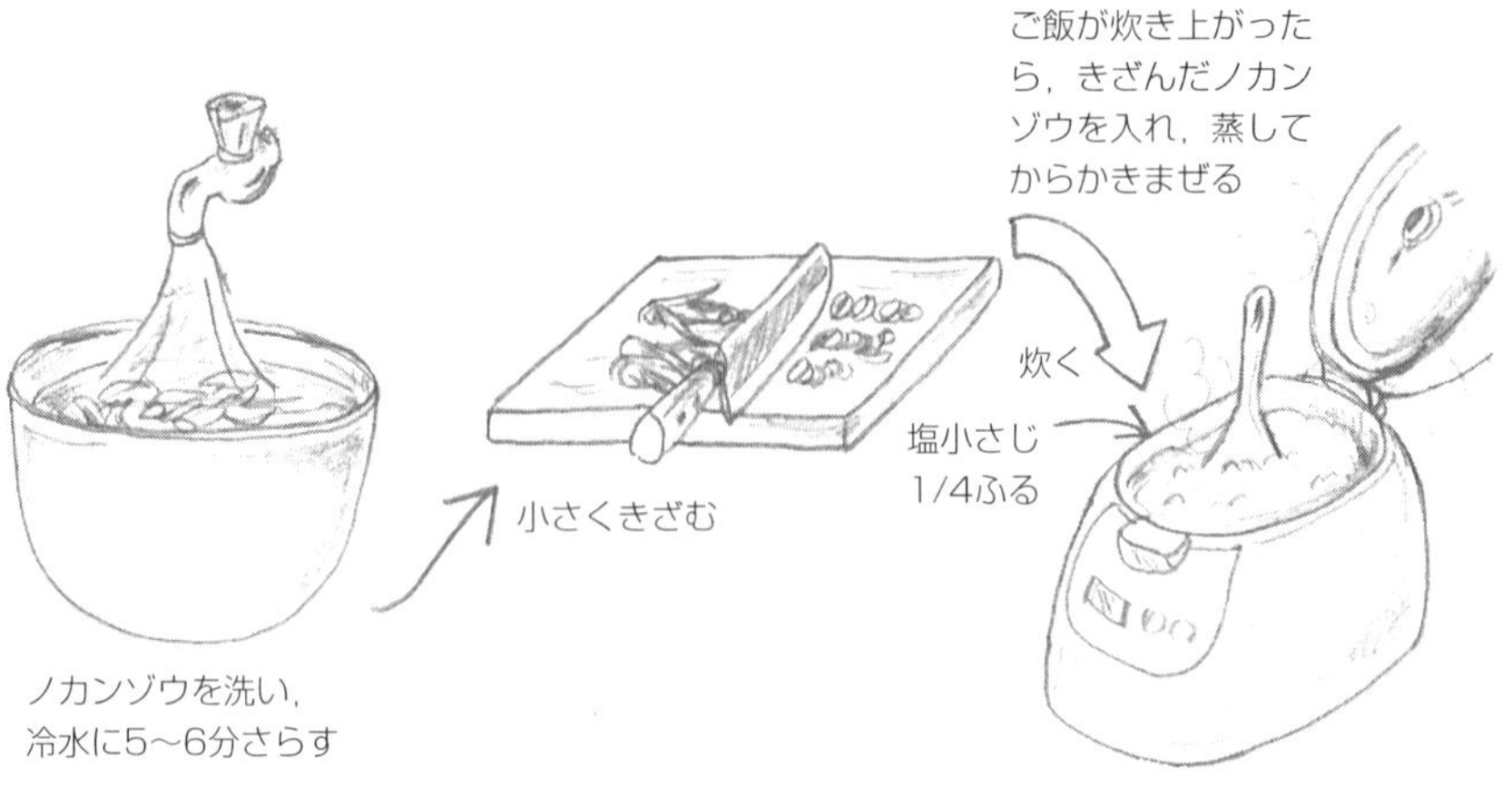
ノカンゾウを洗い，
冷水に5〜6分さらす
小さくきざむ
ご飯が炊き上がったら，きざんだノカンゾウを入れ，蒸してからかきまぜる
炊く
塩小さじ
1/4ふる

**図44　ノカンゾウの炊き込みご飯**

カルシウムやカリウム、鉄などのミネラルが多く、とくに鉄分が多いので、貧血症に効果がある。アスパラギン酸を含み神経伝達物質の原料になるので、神経系を守り、スタミナをつける。アスパラギン酸は尿の生成を促進する作用もあるといわれる。

### 色彩が美しい食材として

春の若芽を摘み、熱湯にくぐらせ、水にさらして冷蔵し、おひたしにして食べる。軽いぬらめきと甘味があって珍味。酢の物に適し、酢みそ和えに向く。煮つけ、天ぷら、汁の実、油炒め、バター炒めなどになる。さっとゆで、水で冷やし、刻んで炊き込みご飯に入れると黄緑の色彩が上品で、観光地で大変受ける。葉、つぼみは熱湯にくぐらせて天日乾燥すると名産ができる。乾燥品は冷凍して炊き込みご飯に入れるとよい（図44）。

不眠の特効薬

## ノビル（ユリ科）

分布・自生地：日本全国。田のあぜ、土手、川岸など肥沃地に多い
主な成分：ビタミンC、アリシン、葉酸
効用：疲労回復、血行改善、不眠、脳梗塞防止
利用法：生食用、オイル漬、甘酢漬、果実酒

ノビル

### 春一番に伸び出す滋養食品

中国では「睡菜葉《スイサイヨウ》」と呼ばれる。昔から不眠の特効薬として雪の中を採り

に歩いたと聞く。春一番に正月ころ掘って食べると独特の香りがある、強壮食品の代表である。生薬名を山蒜《さんさん》といい、民間薬に使われる。

都会でも人気が高い山菜で、高い値がつき品不足である。『古事記』や『万葉集』にも出てくる植物で、古代から食用にされてきたネギの仲間だが、最近急激に資源量が減少し、一部で栽培されている。栽培は難しく、りん茎を収穫するためには適地を選んで栽培することがポイント。土手や川岸など肥沃地に多く自生し、前年から伸び出している寒さに強いノビルは、冬でも土中でりん茎が生長している。

栽培の適地は限られ、土壌水分が多く排水のよい、やや傾斜地で肥沃な土壌がよい。

### 農地に多く分布する多年草

分布は広く、中国、朝鮮、台湾など温帯アジアに自生する。日本全土に一四種が分布し、アサツキやヒメニラ、ヤマラッキョウも同じ仲間。土中のりん茎は球形で白色。葉は緑白色の細長い線形で、長さ二〇～三〇センチ。葉は上面に浅い溝があるのが特徴で、横断面が三日月形。初夏、花茎の先に淡紅紫色の六弁花を丸い散形花序につける。むかごを形成するのも特徴。群生するので見つけやすい。なお、葉の断面が丸いのはアサツキである。

早春に軟らかいりん茎を食べる。その後、りん茎と若葉を同時に食べられる。春の中ごろにはりん茎がだんだん硬くなり、葉の組織も硬くなるので、引き抜いてりん茎を酢漬にする。

### 疲労回復に効果的

ビタミンCをミカンの二倍近く含む。食欲を高めるアリシンを含むので、ビタミン$B_1$がスムーズに吸収され、疲労回復に役立つ。その$B_1$を多く含む豚ヒレ肉、ウナギなどと一緒に食べるとよい。末梢血管を拡張して血液循環をよくし、血行がよくなると眠くなるので、昔から不眠の薬にされてきた。熟睡すると疲労が自然に回復するので、滋養強壮食品ともいわれる。ノビルはビタミンの葉酸をニンニクと同じくらい含む。葉酸を摂取すると、脳梗塞を誘発するホモシステイン（アミノ酸が代謝される過程で生じる）を下げ、脳梗塞を防ぐことができるといわれる。

ビタミンやミネラルを多く含むノビルは、直売所や観光地の目玉商品になる。

### りん茎のオイル漬が美味

りん茎を生みそで食べる風味は春の味で、季節の贈り物である。食べ方は、酢みそ和え、酢の物、おひたし、汁の実、みりん漬、卵とじなど。加工品目にはりん茎のオイル漬、塩漬、甘酢漬、みそ漬、果実酒があり、珍しいので観光地でよく売れる。

オイル漬は、りん茎を熱湯にくぐらせ、水を切り、広口ビンにノビル玉一キロ、サラダ油五カップを入れて漬け込む。密封して一カ月でおいしくなる（図45）。

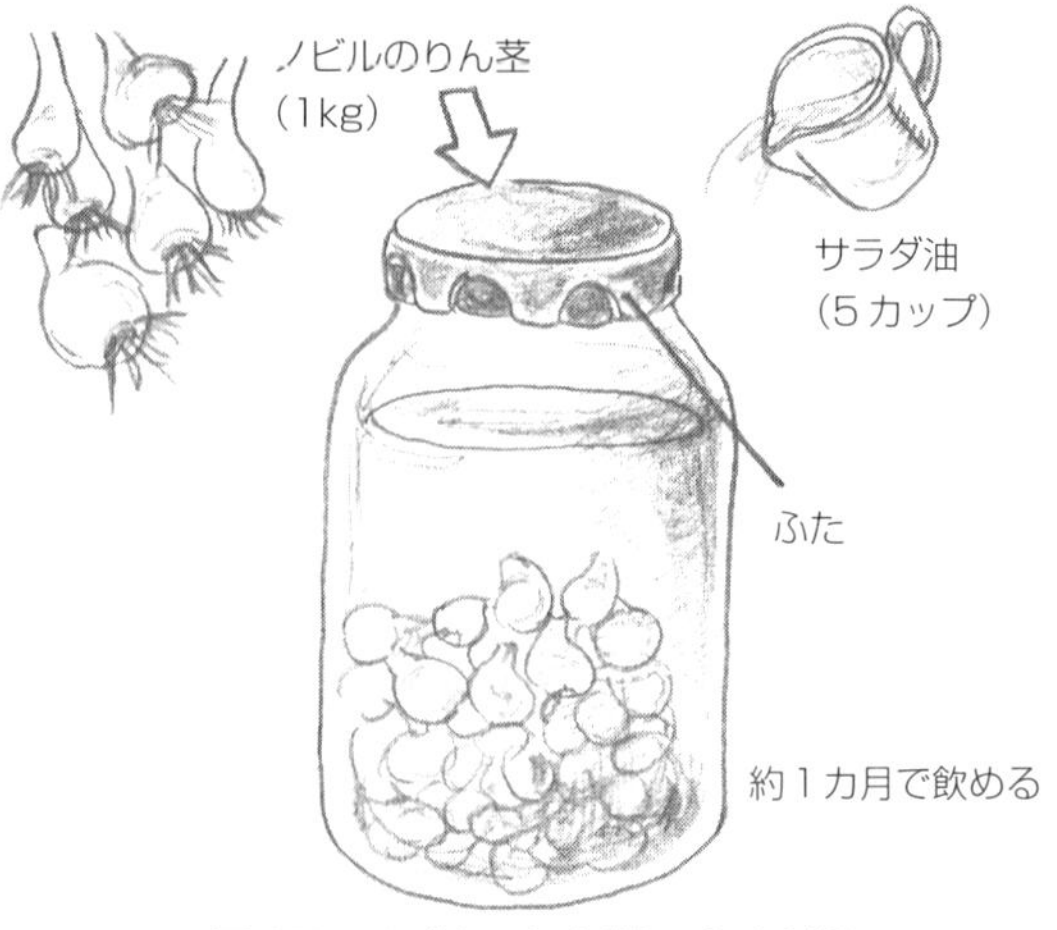
ノビルのりん茎
(1kg)
サラダ油
(5カップ)
ふた
約1カ月で飲める

**図45　ノビルのりん茎のオイル漬**

野生種の香りは抜群

## フキ（フキノトウ）（キク科）

分布・自生地：全国の山林、原野の湿ったところに自生
主な成分：ビタミン（葉酸、β-カロテン）、カリウム、クエルチン
効用：消化促進、痰切り、スタミナ増進
利用法：生食用、キャラブキ、フキ菓子、つくだ煮、ビン・缶詰

フキ

### 食欲を高める自然の贈り物

フキ属に属する植物はフキだけ。フキは、わが国最古の野菜の一つで、野生種から選抜された。いま野生種の固有の味が見直されている。葉柄をフキ、花茎をフキノトウと区別して呼んでいる。栽培フキは全部雌株、山フキは雌雄株がほぼ一対一の割合である。

フキノトウ

自生のフキノトウは、黄緑色が鮮やかで、特有の香りが春の気分を味わわせる。また、薬効がすぐれ、その芳香が食欲を高めて消化を助ける。フキノトウは性質がきわめて強健で、雪の中でも発生する。雪の中で咲く花の花粉は未知の有効成分を含むともいわれ、これから魅力のある食品として注目さ

れる。昔からさまざまな利用方法があり、名産も数多く、中山間地域の目玉作物の一つでもある。近年資源量が減少し、とくに環境の悪化でフキノトウが少なくなっている。

## 山フキに優良系統がある

分布地域は広く、中国から朝鮮にわたる。アキタフキ（エゾフキ）は千島、サハリン、カムチャツカに自生し、日本のアキタフキは秋田と青森、北海道に自生している。そのほかの地域でもフキが自生しており、各地で栽培されている。フキの同類が北半球に約二〇種ある。当然、自然交雑による雑種があるものと思われる。本州、四国、九州に自生する染色体が二倍体のフキは、長い間に交雑し、なかにはすばらしい系統が自生しているので、優良系統を選抜して山フキとして栽培するとよい。フキノトウも、黄緑が鮮やかで香りが栽培フキよりよいものが自生している。

## 山フキは栄養価が高い

フキは栄養価が少ないと思われがちだが、山フキは栄養価が高く、機能性にすぐれている。栽培フキのフキノトウのビタミンCは二ミリグラム（『五訂日本食品標準成分表』）、山フキのフキノトウは三〇・六ミリグラム（郡山女子大学の分析）だから、山フキのほうが多いことがわかる。茎より葉の栄養分が多く、β–カロテンが七三〇〇マイクログラムもあり、茎（四三マイクログラム）の一七〇倍である。カルシウムも葉のほうが倍くらい多い。このように茎は葉やフキノトウより栄養価が低いから、葉とフキノトウの活用が課題になる。とくにフキノトウはビタミンK、葉酸を多く含む（葉酸は一六〇マイクログラムで牛肉の一三倍）。ビタミンKの型は$K_1$で、骨の健康維持と止血に働く。葉酸は赤血球や細胞の新生に必要なビタミンである。

フキノトウは栄養分のほかにクエルチン、ケンフェロール、苦味質、精油、ブドウ糖、アンゲリカ酸などの成分を含むので、その芳香が食欲を高め、消化を促進する。また、痰を切る効果がある。そのため昔から民間療法に使われてきた。近年、大気の汚染、スモッグ化が進み、慢性気管支炎が増えるなかで、痰切りの妙薬として貴重な植物である。浄化作用もあるので利用を高め、葉の活用とともに産品おこしをねらいたい。

## フキの利用開発は前途有望

上品な香りと舌ざわりがふるさと産品として受けている。これまで数多い料理や加工品がつくられており、新しい利用法や加工方法がないように思われるが、アイデアを出し合い発想を転換するとたくさんある。たとえば、次のようなものがある。

**●フキノトウの焼きみそ料理**　材料は信州みそ一〇〇グラム、生フキノトウ（みじん切り）三〇グラム、赤砂糖八〇グラム、日本酒大さじ一杯。この材料を練り合わせ、練り焼き板（木の板）に塗り、炭火で焦げないように一五〇～二〇〇℃に熱すると、化学反応（メラノイジン反応）を起こして大変おいしく、香り抜群となる。

**●フキの即席漬（青漬）**　新鮮なフキを熱湯（塩を三％入れる）でゆで、冷水に入れ、皮をむく。さらに冷水に一時間入れてから五センチに切り、水を切って容器に入れ、塩、酒を少々加える。これを三時間くらいしてから食べる。塩分は二～三％がよい。

**●フキの香りを生かしたつくだ煮**

フキの特有の香りを生かした加工方法。採りたての原料に五％の塩をふりかけてもむ。それを水洗いして四センチに切断しておく。別に調味液をつくる。切断したフキ一キロに対して濃口しょうゆ九〇〇グラム、みりん一〇〇ミリリットル、赤砂糖二〇〇グラム、食酢一〇ミリリットル、トウガラシ四本、調味料（好みの量）を煮つめ、原液をつくる。調味液ができたら切断したフキを入れ、一晩おいて液がしみ込んだら煮込む。これが生フキのアクを抜かずに上品な香りを生かす方法である。

**●フキの葉の加工**　フキの葉のアクを抜いて冷凍処理をしておき、つくだ煮、浴湯料、炊き込みご飯のもとなどに二次加工する。

万人向きの山菜

## ミヤマイラクサ（イラクサ科）

分布・自生地：全国に分布。多雪地帯に多い。湿った林などに自生
主な成分：ビタミンC、カルシウム、セクレチン
効用：薬用植物で赤血球の形成、消化促進
利用法：生食用、ビン・缶詰、漬物

ミヤマイラクサ

### 深山に生え、アイコの名で呼ばれる

秋田地方では「アイコ」と呼ばれる高級山菜だが、年々資源量が減っている。ハチに刺されたとき痛さを感じる

蟻酸《ぎさん》を含む植物で、ほかにあまり類がない。熱や水にさらすと蟻酸が完全に消え珍味に変わる珍しい山菜。昔からの山菜で、生食用にされたり、加工品もたくさん出回っている。地方によっては毒草扱いされ、資源が残っているところもある。東北地方では高級山菜だが、西日本では未利用資源になっているところもある。薬草でもあり、生薬名を蕁麻《じんま》という。

利用法を掘り起こして加工品を開発し、名産をつくるとよい。一部で栽培化されている。畑地栽培でもよく、有望である。食用には葉と茎の軟らかいところが利用される。葉を摘むと次々に新しい芽が出て利用できる。

## 自生地が限られ資源量は少ない

大形の多年草で湿った林の中や岩盤地に自生するが、資源量が少ない。ほぼ全国的に分布するが、多雪地帯に多く、群落をつくっている。茎は高さ八〇～一二〇センチで直立する。葉は卵円形で茎に互生する。雄花は白色、雌花は緑色。草全体に痛いトゲがあるから、採るときには軍手を使用する。

## 葉の栄養価が高く美味

若芽や若葉は緑鮮やかで、栄養価が高い。茎はビタミンCを一八ミリグラム含むのに対し、葉は一四〇ミリグラムも含む（茎の七・八倍）。カルシウムは茎が三〇ミリグラム、葉が九三ミリグラムで、やはり葉のほうが多い（葉の三倍）。ほかのビタミンやミネラルも葉のほうが二～三倍多い。一般には葉を落として茎だけ食べるが、葉も活用するとよい。

薬用植物で赤血球の形成をよくする。西洋でもイラクサの仲間は薬草で、イラクサ療法といわれるものがある。これは、イラクサに刺されると体の組織機能が増進するという民衆の知恵である。成分のセクレチンは消化液の分泌を高めるという。

## 加工して直売用の目玉に

葉のみそ汁は万人向きの味で、食欲を高める。茎の和え物、酢じょうゆ、あんかけ、粕和え、磯まき、すまし汁、卵とじ、油炒め、糠漬、みりん漬、一夜漬など料理の数が多い。とくに漬物は歯ごたえがあって美味である。茎を塩蔵して保存し、しょうゆ漬、からし漬、甘酢漬、山菜ミックス漬などに二次加工するとよい。葉を冷凍しておき、あとで各種の料理や炊き込みご飯に入れると、大変おいしい。冷凍は、葉を速やかに熱湯にくぐらせ、冷水につけ、冷えたら水をよく絞ってから行なう。加工用の資源が不足する場合は栽培するとよい。

香りで親しまれる山菜

## モミジガサ（キク科）

分布・自生地：北海道南部から九州に分布。湿り気のある林内を好む
主な成分：ビタミンC、β-カロテン
効用：栄養、機能性の分析はこれから
利用法：生食用、漬物、つくだ煮

モミジガサ

### 木下藤吉郎の大好物

奥山の山菜で、固有の香りと軽い風味が親しまれる。昔は山村のいたるところにたくさんあったが、最近は資源量が減少して高級品扱いされる。木の下にあることから「キノシタ」と呼ぶ地方があり、木下藤吉郎（豊臣秀吉）の大好物ともいわれる。香りで人気の高い山菜で、昭和五十〜六十年代に盛んに栽培されたが、栽培環境の維持が大変難しく、いまでは栽培地が数少なくなっている。天然資源も環境の変化で減少している。

今後、スギ林での自生地栽培を進めて量産し、珍品を加工してふるさとの名産をつくるとよい。糀漬は山村の最高の珍品で、香りを生かした漬物。観光地の目玉商品になるものと思われる。

### 空中湿度の高いところに自生

北海道南部から九州まで広く分布し、低山地帯から高山地帯にかけて自生している。湿り気のある林内を好み、山麓、川岸、谷間などの軟らかい肥沃な土壌に多く自生し、群落をつくっている。平地では光が射し込むスギ林内に自生する。

モミジガサは多年草で、根茎は短く、茎は直立して高さ九〇センチ内外になり、上部に短い縮れ毛がある。葉は互生し、一四センチの葉柄にモミジ形の葉がつく。葉は深緑色で軟らかく、上面が無毛、下面に細毛がある。夏に円錐状に頭花をたくさんつける。頭花は白色で、ときに紅紫色を帯びる。冠毛《かんもう》は白色で長さ六〜八ミリ。

似た仲間にテバコモミジガサがあり、本州（関東〜近畿の太平洋側）、四国、九州に分布する。これはふつうは食用としないので、間違わないこと。テバコモミジガサはモミジガサより一回り小形で、葉の脈がいちじるしく隆起し、総苞《そうほう》の長さ六ミリぐらい、冠毛は長さ五ミリで雪白色。

## 香りが食欲を増進

栄養成分や機能性成分の分析が遅れている山菜。これまで発表された報告によると、ビタミンC一五ミリグラム、β-カロテン一一三〇マイクログラム、$B_1$〇・〇六ミリグラムが含まれる。カロテンがキャベツの一〇倍近くあるから、ガンの抑制効果や視力低下を防ぐ効果があると思われる。ミネラル分ではマグネシウム、ナトリウム、鉄分、亜鉛を含むが、ほかの野菜と比較して若干多いていどである。

固有の香り成分は不明だが、大脳を刺激して脳の活性化によいのではなかろうか。食欲増進効果のある香りの高い山菜である。

## 漬物が人気の山菜

これまで生食用が中心で、天ぷら、おひたし、和え物、磯まき、煮つけ、油炒め、汁の実、カレー煮などに利用されてきた。キャベツ、キュウリ、カブなど漬物野菜と組み合わせて一夜漬にすると、モミジガサの香りが野菜に移り、大変おいしい漬物になる。加工は塩漬、うのはな漬などがよい。ダイコンのベッタラ漬の要領で漬ける糀漬は珍味である。

### ●モミジガサの糀漬

［材料］（下漬）モミジガサ五キロ、食塩三〇〇グラム、差し水一〇〇ミリリットル。（本漬）下漬モミジガサ、米糀三〇〇グラム、砂糖二〇〇グラム、食塩五〇グラム、昆布三〇グラム、トウガラシ二本、天然調味料若干、湯二〇〇ミリリットル。［つくり方］下漬は、食塩を漬床に沈殿しないように均一にふり、最後に差し水を容器の縁から注入して、押しぶたをして重石（五キロ）を乗せる。二～三日下漬したら、同じ押しぶた、同じ重石を使って本漬にする。湯（七〇℃）にモミジガサ以外の本漬の材料を入れてまぜ、モミジガサと交互に漬け込んでゆく。最後に押しぶた、重石をのせ、水が上がったら重石を減らす。一〇日で食べられるから、早めに食べるとよい。

辛味が抜群

# 野生ダイコン（アブラナ科）

分布・自生地：ハマダイコンは全国の海岸砂地
主な成分：チオシアナート、ビタミンD
効用：抗菌力、毛細血管の強化
利用法：ソバのタレ、天ぷらや焼き魚に添える

野生ダイコン

## 春の七草で万能野菜

野生ダイコンは古い時代から風雪に耐えて生き残った植物。栄養価が高く、独特の風味、辛味、野性味、歯切れが抜群で、最近掘り起こされ、一部で栽培されている。いつの時代か、ヨーロッパから中国を経て日本に伝わり、焼畑農耕の一環として栽培されたものが野生化したものである。海岸の砂地に生えるハマダイコンと、まれに内陸部の山中に生えるアザキダイコンがある。

花は紫色が濃く集団で咲いて見事だから、観光資源になる。庭植えしても価値が高く、園芸用として可能性を秘めている。ハマダイコンは全国の海岸砂地に繁殖し、淡紫色の花を咲かせる。環境が変化すると、野生ダイコンは消えてゆく運命にある。完全な肥培管理をして栽培すると、野菜のダイコンのように大きくなり、野生ダイコンの価値がなくなる。

## アザキダイコン、ハマダイコン

アザキダイコンは、福島県沼沢沼の周辺の山中に自生し、毎年同じところに発生する。冬に越冬して春いっせいに美しい花を咲かせる。小形の大根で、辛味が強いことで知られ、ワサビのように扱われる。「コウボウダイコン」とも呼ばれて未利用資源であったが、近年辛味を生かしたソバのタレなどとして珍味扱いされるようになった。内陸部の野生ダイコンは数が少ないが、ほかにも若干自生している。

ハマダイコンは、栽培種が逃げ出して野生化したヨーロッパ原産の帰化植物で、海岸地帯に全国的に広がり、与那国から北海道まで広く分布している。

どちらの野生ダイコンとも越年生の小形のダイコンで、種子は長角で数珠状にくびれる。栽培するときは、ふつうのダイコンは小粒のタネを播くが、野生ダイコンは数珠状の種子をばらしただけで播けば発芽する（図46）。

## 辛味成分によるすぐれた抗菌力

野生ダイコンは大根おろしにしても半日以上辛く、ピリッとしている。この辛味にすぐれた抗菌力がある。野生ダイコンのイソチオシアナートという辛味成分はグルコース（ブドウ糖）と結合したかたちで含まれる。おろし金でおろすと組織が破壊され、ミロシナーゼという酵素の働きで辛味成分がグルコースから離れ、辛味を発揮する。栽培ダイコンの辛味成分は揮発性が強いためすぐ分解して辛味が感じられなくなるが、野生ダイコンは揮発性が弱いため、いつまでも辛味が残るのが特徴である。辛味成分が残るので、抗菌力があって防腐作用がワサビより強く、

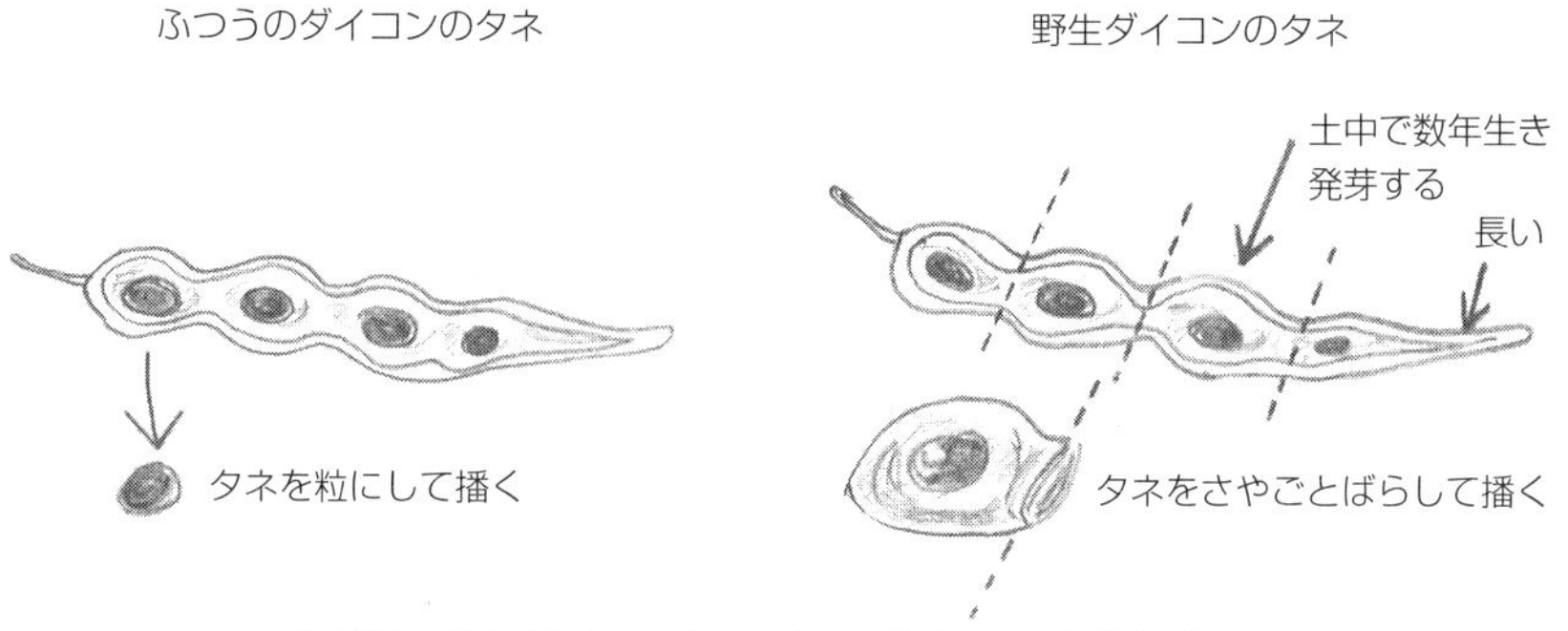

ふつうのダイコンのタネ
野生ダイコンのタネ
土中で数年生き
発芽する
長い
タネを粒にして播く
タネをさやごとばらして播く


**図46　野生ダイコンとふつうのダイコンの播種の違い**

細菌の繁殖力を防ぐ。

栄養価は当然栽培ダイコンを上回る。ビタミンDが多く、毛細血管を強化する作用がある。

**おろし、一本漬に利用開発はこれから**

根部が小さいことをを生かして利用・加工する。お客さんがダイコンをワサビのようにおろしてソバのタレ、焼き魚や天ぷらに添えて食べる、という食べ方ができる。漬物にするときも、丸ごと葉と一緒に一本漬、しょうゆ漬にするとよい。葉の利用はダイコンと変わりない。花は美しいからサラダや飾りに利用できるが、鉢植えにしても直売所で売れる。独特の風味と歯切れが珍品扱いされるが、利用開発はこれからである。

**●一夜漬**　根と葉を洗って三％の塩で一夜漬にする。

**●しょうゆ漬**　材料は好みでよい。葉つきのダイコンを洗い、ざるに広げて天日干しし、秋口なら数日乾かす。しなやかになったら、ショウガ（千切り）、赤トウガラシ、白ゴマ、漬け汁（しょうゆ、食塩、砂糖、果物酢、日本酒）と混ぜ、八〇℃まで加熱して冷却し、重石をのせて漬け込む。一〇日くらいで漬け上がる（図47）。

**●ダイコンエキス**　ダイコン（細根をつける）を洗って二つ割りにし、ハチミツ一・八リットルにダイコン三本を漬ける。数日おくとエキスになる。せき止め、痰切りの効果抜群。

葉つき野生ダイコン1kg
洗ってざるなどに
広げて天日干し
しょうゆ
(200g)
食塩
(30～40g)
砂糖
(20～30g)
果物酢
(醸造酢)
(20g)
日本酒
(40～50g)
80℃まで加熱
さまして
入れる
重　石
ショウガ（千切り）
赤トウガラシ
白ゴマ
など好みで入れる
10日くらいで漬け上がる

**図47　野生ダイコンのしょうゆ漬**

個性の強い山の味覚

## ヤマウド（ウコギ科）

分布・自生地：北海道から九州に分布。谷間、崩壊地などに多く自生
主な成分：アンゲリコール、ミネラル、ビタミン、カリウム
効用：根は生薬（頭痛、かぜ）、高血圧防止、便秘、大腸ガン予防
利用法：生食用、ビン・缶詰、粕漬など

ヤマウド

### 鮮やかな緑、香りが抜群

春の香りを運ぶヤマウドは、軟化栽培の白ウドに対して緑鮮やかな個性派。香りや苦味、ぬらめきの強さで人気が高く、栽培も増えている。栄養的にも

すぐれ、観光地や直売所でも人気商品。昔から「ウドの大木」といわれるくらい生長が旺盛で、山でもすぐ目につくために乱獲され、山の資源は減少している。市場に姿を現わすのは栽培ウドが大部分。加工品も外国産が出回っているため、地元加工品の人気は高い。

今後、地域おこしに向けて栽培を進め、生産を拡大し、加工開発を図りたい。日本料理でも現代風料理でも人気があるから、量産化は有望である。

## 平地から高山まで分布する

北海道から九州まで分布している。平地から高山までの原野、山麓、谷間、崩壊地などに多く自生する。高さ二メートル以上にもなる大形の多年草で、地下の根茎は太く肉質で、切ると脂肪が出る。茎には荒い毛を生じ、まばらに分枝する。葉は卵形の小葉からなる羽状複葉。夏の終わりに茎の上部に散形花序をつけ、緑色の細かい五弁花が咲く。実は小さい球形の液果で、黒く熟す。

栽培ものと野生種は同一種である。本州中部の高山地帯にミヤマウドがあり、珍種とされる。北海道にはカラフトウドがある。朝鮮半島、中国東北部にも分布し、日本に輸入されている。ウドを野菜としているのはわが国だけで、古くから栽培されてきた。栽培品種には寒ウドと春ウドがあり、寒ウドには休眠がなく、春ウドには一定の休眠がある。早出しはこの休眠性を利用したものである。ヤマウドには休眠がある。

## 見直される栄養と機能性

ウドは生薬名を和独活《わどっかつ》といい、根を乾燥して使う。根はアンゲリコールや各種アミノ酸などを含み、頭痛、かぜなどに用いられる。栄養的にはカルシウム、カリウム、亜鉛、鉄などのミネラル、少量のタンニン、精油、酵素を含む。ビタミン$B_1$、$B_2$、$B_6$、C、K、パントテン酸を多く含む。カリウムをキュウリより多い二七〇ミリグラムほど含み、高血圧予防になる。食物繊維が多く、便秘解消、大腸ガン予防に効く。ヤマウドの粕漬は食欲を高め、腸内の乳酸菌を増やし、ビタミン$B_2$、Eを強化して、腸内の善玉菌を増やすので、老化予防に役立つ。

## 食欲を高める、加工には粕漬を

若い採りたてを生みそで食べるのが一番。葉の部分の天ぷらもおいしい。フライ、酢みそ和え、三杯酢、白和え、クルミ和え、甘酢漬、汁の実、煮つけ、マヨネーズ和え、ゴマみそ和えなど、食欲を高める料理が多い。

加工品では数多くの製品が出回っている。塩漬しておき、粕漬（図48）、山菜・野菜とのミックス漬・ビン詰、みそ

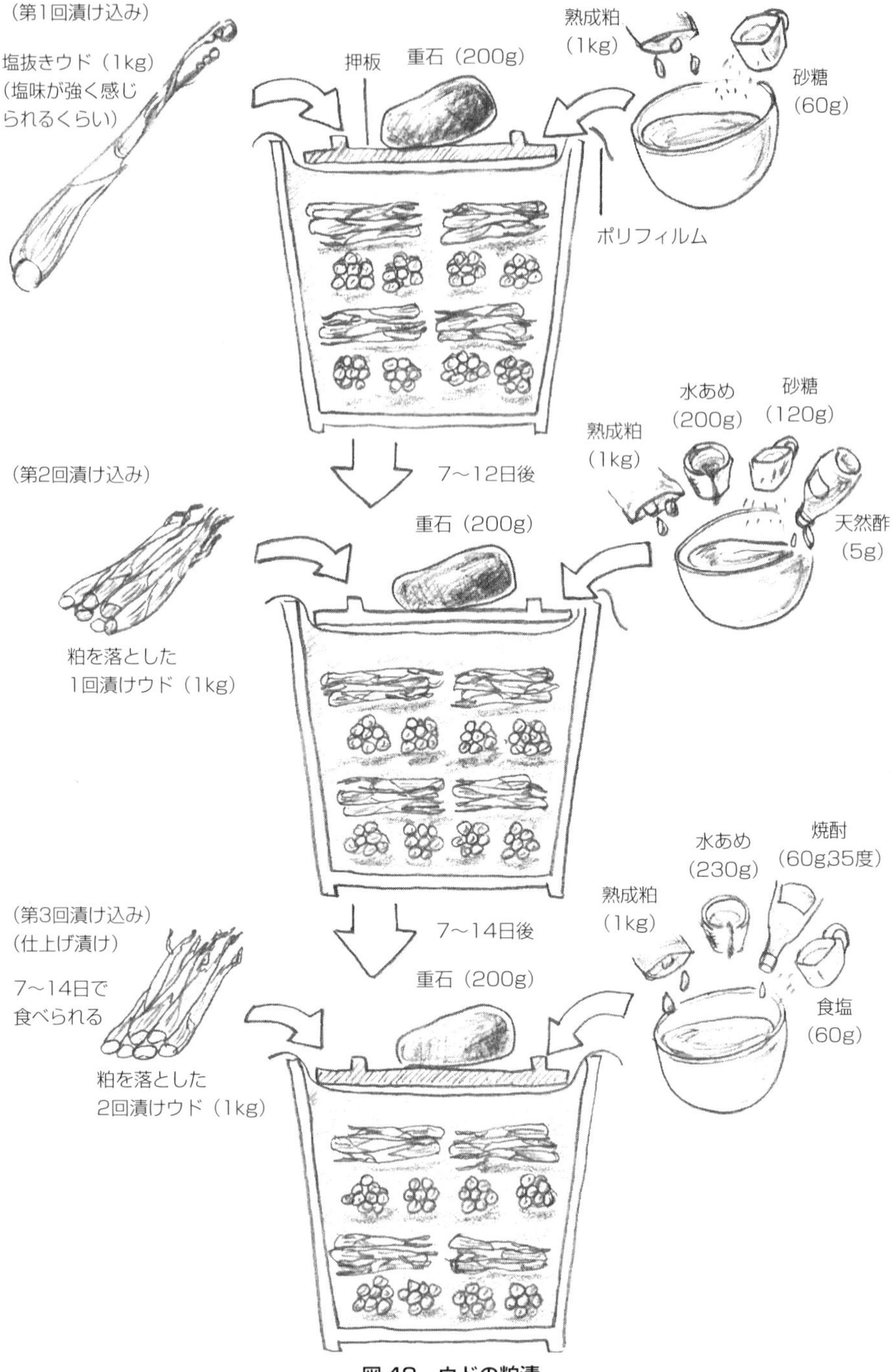
(第1回漬け込み)
塩抜きウド(1kg)
(塩味が強く感じられるくらい)
押板
重石(200g)
熟成粕
(1kg)
砂糖
(60g)
ポリフィルム
7〜12日後
(第2回漬け込み)
水あめ
(200g)
砂糖
(120g)
熟成粕
(1kg)
重石(200g)
天然酢
(5g)
粕を落とした
1回漬けウド(1kg)
水あめ
(230g)
焼酎
(60g,35度)
熟成粕
(1kg)
(第3回漬け込み)
(仕上げ漬け)
7〜14日後
7〜14日で
食べられる
重石(200g)
食塩
(60g)
粕を落とした
2回漬けウド(1kg)

図48　ウドの粕漬

漬などに二次加工される。糠漬、うのはな漬にもよい。ゆでて乾燥したものも粉末に二次加工される。とくに粕漬はおいしく、観光地の目玉商品になる。

## ヤマトキホコリ（イラクサ科）

自生地が限られている珍菜

分布：自生地：北海道から九州に分布。清水が流れる涼しい深山に自生
主な成分：ムチン、ペプシン、ビタミン、ミネラル
効用：抗ウイルス作用、その他の効用の分析はこれから
利用法：生食用、漬物、ビン詰

ヤマトキホコリ

### 奥山の渓流や崖の湿ったところに自生

これからの中山間地域の目玉商品で、利用度の高い珍菜で自生地が限られている。環境に敏感で、冷涼な気候を好み奥山の渓流や崖の湿ったところに自生し、群落はつくるが、資源量が少なく珍品扱いされている。北海道から九州まで分布するが、なかなかお目にかかれず東北地方でも名前があまり知られていない。大部分が、清水が流れている涼しい深山で空中湿度の高いところに生えている。東北地方の農産物直売所の一部には姿を見せるが、人気商品の一つですぐ売り切れてしまう。

### 「青ミズ」とも呼ばれ栽培にも成功

地方名で「青ミズ」といってウワバミソウによく似ているが、葉や茎が草緑色で実が柔らかく春から秋口まで利用できる。雌雄異株の多年草で、根茎は短く横にはう。茎は肉質。葉は斜長楕円形の緑色で、ウワバミソウより少ない七個前後で鋸歯である。秋に葉腋に雌雄混生花をつける。なお、ウワバミソウの茎は赤味をおびるので、方言で「赤ミズ」と呼んでいる。

最近、山形、福島県の一部で栽培に成功している。栽培のポイントは、栽培適地（清水が流れるような涼しいところ）に植え、日覆いをかけて栽培環境を人工的につくることである。

### ビタミンCがトップクラス

食品分析が遅れている。独特のヌメリ（ムチンのような粘性物質）があって、消化酵素ペプシンが含まれ、抗ウイルス作用があると思われる。

仲間のウワバミソウはビタミンCが山菜のトップクラスなので、本草もやはり多いものと考えられる。

ウワバミソウと同じソフトなクセのない山菜で、料理幅が広くウワバミソウに準じた料理が約二五種以上できると思われる。加工品も一夜漬、保存漬、ビン詰などができる。

　中山間地域の目玉商品として掘り起こし、道の駅などの直売所で売るとよい。

## ヤマユリ（ユリ科）

世界中に知られる日本特産ユリ

分布・自生地：近畿から東北に分布。日当たりのよい原野など
主な成分：グルコマンナン、カルシウム、ビタミン
効用：生薬（精神安定、呼吸器系疾患）、滋養食、かぜの予防
利用法：生食用、ビン・缶詰、花観賞用、薬用

ヤマユリ

### 薬用で滋養食

花が豪壮、雄大で強烈な芳香をもつ日本特産のヤマユリは世界中に知られている。園芸用に改良された品種も多い。農山村の夏を思い出す花であったが、近年急激に姿を消し、保存と増殖が望まれる。病人の滋養食といわれるが、なかなか入手できないため、珍品扱いされる。

　全国の多くの市町村の花になっているが、増殖が進まず、利用開発が遅れている。つい先ごろまで年間一〇〇万球以上の輸出実績があったが、最近では一〇分の一ていどである。夏の花ヤマユリを各地で増殖し、国土いっぱいに咲かせることが必要だろう。

　ヤマユリは滋養食で、料理素材としてもおもしろい。加工品の数々が珍品ぞろいで、観光地の名産になるものばかりである。薬用や切り花、園芸用などへも利用面が広い。

### 多年草で環境を選ぶ

本州の近畿地方から東北地方にかけて分布する。四国、九州、西日本、北海道の一部にあるヤマユリは、栽培されたものが逃げ出して野生化したもの。生育地は平地から海抜一〇〇〇メートルくらいまでの日当たりのよい採草地、丘陵地、原野、道端などで、森林の茂みには生えない。多年草で、りん茎は直径一〇センチ前後、黄白色。茎の高さは一～一・五メートル。葉は広披針形で質が軟らかく厚い。深緑色で、茎に互生する。夏に花茎の先端に白色大輪の芳香のある六弁花を一～一〇個つける。熟すると三つに裂け、平たい種子が飛び散って繁殖する。

　食用ユリは一〇種類ほどあるが、ヤマユリは苦味がなく、りん茎が大きく、食用ユリのなかで一番おいしく、滋養効果が高い。

## 自然治癒力を高める食べもの

ユリ根は特有の舌ざわりと滋養効果が魅力で、良質のデンプン源である。乾燥したものを生薬名で白合《びゃくごう》と呼び、精神不安をしずめ、ノイローゼ、ヒステリー、不眠のほか、結核、気管支炎などの呼吸器系疾患に効果がある。粘質多糖類のグルコマンナンを含む。栄養的にはカルシウム、ビタミンの葉酸、$B_6$、Cを多く含み、強い骨づくり、赤血球や細胞の新生に役立つ。ビタミン$B_6$は肉類を多く食べる人のタンパク質の代謝に欠かせない。ビタミンCは、ガンやかぜを予防するための免役力アップに役立ち、自然治癒力を高める。

## 薬膳料理が目玉

昔からの病人食で、心臓を守る薬膳料理が有名。ユリ根は甘煮がもっともよく合う。きんとん、あんかけ、卵とじ、酢みそ和え、木の芽田楽、生の天ぷら、花の煮つけにもよい。加工開発は進んでいないが、ユリ根菓子、ユリワイン、ビン詰、香料（花）などが考えられる。

**●ユリ根の薬膳料理**　［材料］（一〇人分）ユリ根五個、ハスの実一〇〇個（漢方店で）、大棗《だいそう》（ナツメ）二〇個（漢方店で）、米（七分づき）三カップ、鶏スープ二五カップ、ニラ、塩少々。［つくり方］ハスの実、米、ナツメを一晩水につける。米はといで水を切り、油をまぶしておく。鍋に材料と鶏スープを入れ、強火で炊き、沸騰したら弱火にして時間をかけて煮る。最後にユリ根を入れ、さらに十分煮て、塩で味を整え、ニラを散らす。

なじみ深い山菜

# ワラビ（ワラビ科）

分布・自生地：平地から高山の明るい草原、ススキ原野など
主な成分：カリウム、鉄、ビタミン
効用：高血圧予防、かぜ
利用法：生食用、漬物各種、根粉は菓子原料

発生してきたワラビ

採取したワラビ

## 春の季節感を味わう

野山でもっとも馴染み深いシダ類。

生活力旺盛な多年草で、いたるところに発生する。日本人にかかわりが深く、昔から広く利用されてきた山菜である。生産量が山菜全体の約三分の一といわれ、全国で二〇三九トン（二〇〇〇年）が生産されている。そのうち七八％が天然ものである。市場入荷量も多く、東京卸売市場では一四八トン（二〇〇二年）が入荷し、キロ単価一〇五二円で取引されている。しかし、昭和六十年代の全国の生産量約九〇〇〇トンと比べると、二二％くらいに減少したことになる。ワラビの生育環境が大きく変化したためである。

　ワラビは明るい草原やススキの生える原野を好むが、このようなところは少なくなっている。現在は塩蔵品が外国から輸入され、消費されている。

### 北半球に広く分布する

ワラビは分布地域が広く、北半球の温帯から亜寒帯にわたる。平地から高山までの原野、採草地、放牧地、散生地などに、大小の群落をつくって自生する。日本の全土に分布し、どこでも見られた山菜で、春の摘み草が親しまれてきたが、いまでは資源量が減少し、なかなか採れない。そこで東北地方などで、観光ワラビ園を開設して体験ワラビ狩りを行ない、観光資源として地域振興に役立てているところもある（料金は平均二〇〇〇円くらい）。

　ワラビは土中の根茎が芽をつけながら地中に伸びて繁殖するので、生育環境がよいと、あっという間に広がる繁殖力旺盛な植物である。

### 乾燥すると栄養価が高くなる

ワラビの発ガン性物質プタキロサイドが問題になっているが、大量に食べないかぎり心配ないと思われる。加熱してよくアク抜きしたものなら安全。採取のとき土中から出たばかりの小さいものを採らず、伸びて空気に触れたものを採ると、発ガン物質のカビ類が少ないので安心である。また、ビタミンB1をこわすアノイリナーゼ（酵素）を含むが、煮れば問題ない。

　ワラビは、カリウムが多く、高血圧予防になる。とくに乾燥ワラビにするとカリウムや鉄分が一〇倍以上になるので、乾物の栄養価は高い。ビタミンEが多く、骨づくりによい。ビタミンCも多く、免疫力を高め、かぜを予防する。

### 加工開発が進んでいる

おひたし、煮物、和え物、汁の実、酢の物などに料理される。ワラビ納豆は大変おいしい。ワラビの乾燥保存は、かならず根元を切って、ゼンマイの要領でゆで（三六ページ）、乾燥する。これをあとで二次加工する。塩蔵が一般的で、塩蔵品をしょうゆ漬、粕漬、三五八漬、甘酢漬、山菜・野菜ミックス漬、みりん漬などに二次加工する。

**●ワラビ納豆**　アク抜きしたワラビをみじん切りにし、焼きみそ（アルミホイルにみそを薄くぬって強火で焼く）とゴマ、納豆、調味料を混ぜ、庖丁で細かく切り混ぜて食べる（図49）。

# 2、木の芽

最高級の木の芽

## コシアブラ（ウコギ科）

分布・自生地：北海道から九州に分布。松林、雑木林などの峰地に多い
主な成分：イソクエルチトリン、ポリフェノール
効用：高血圧防止、便秘予防、抗酸化作用、ガン予防
利用法：生食用、冷凍用、うのはな漬、粉末加工

### 人気の高い木の芽

たくさんある木の芽のうちでもコシアブラの人気は高い。トップクラスの木の芽に仲間入りしたのはつい先ごろである。コクのあるまろやかな風味が人気の秘密だろう。ウコギ科の植物はウコギ、エゾウコギ、チョウセンニンジン、ヤマウド、タラノキなどで、重要な薬用植物。弱い緩下作用と血圧を下げる作用がある。材は一刀彫に使わ

コシアブラ

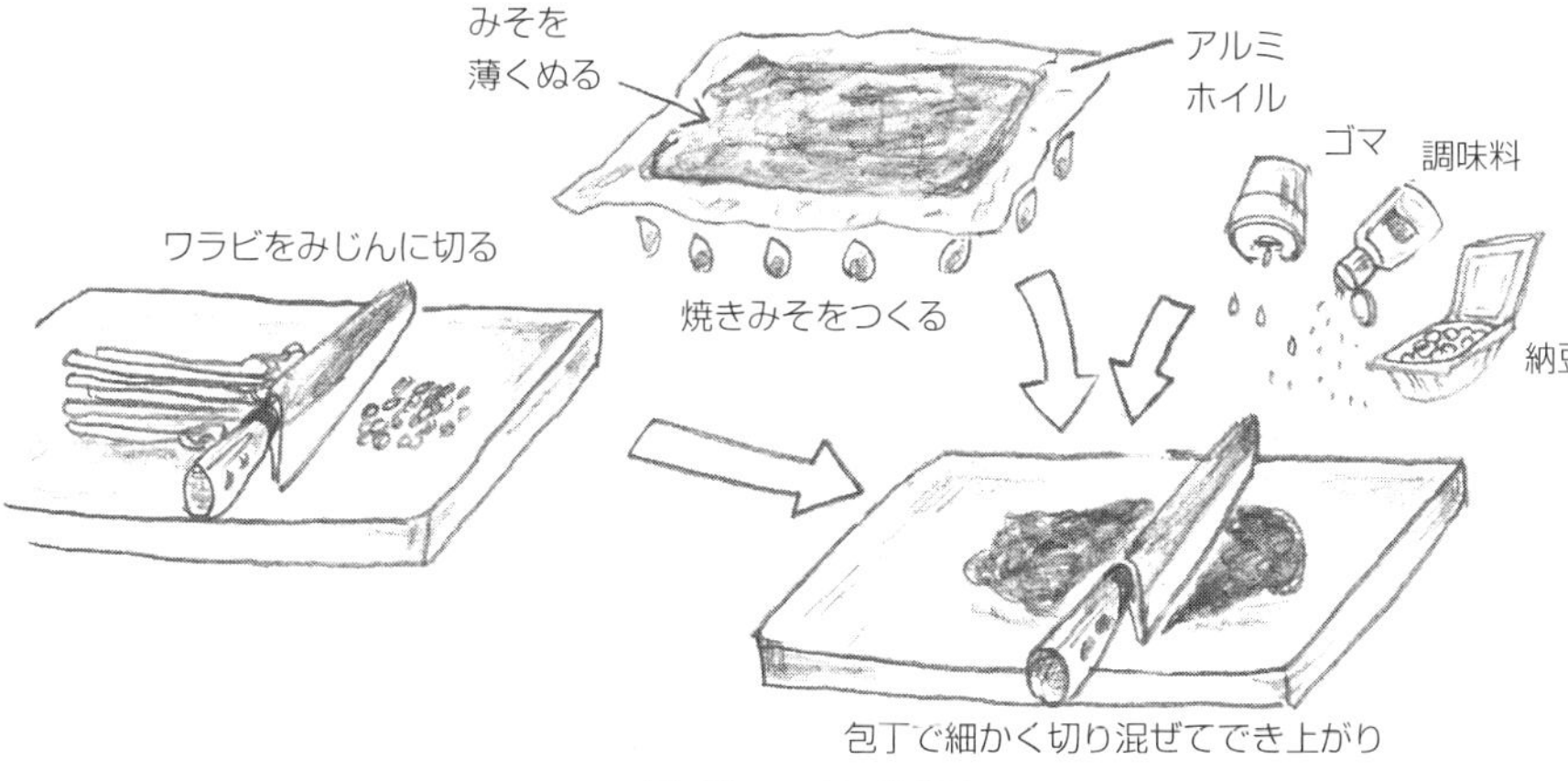


図49　ワラビ納豆

れ、郷土玩具材として優美な材で、外国にも輸出される。

各地で若芽が人気になり乱獲状態が続き、資源が減少している。適地が限定され、半日陰の肥沃な場所を好むので、栽培が難しく、あまり成功していない。高木で高くなると二〇メートルにも達するので、採取するときに背の低い若木の芽を採るしかないことも、資源減少に拍車をかけている。

### 黄葉が美しく所在がわかる

北海道、本州、四国、九州に分布するが、自生地帯が限定される。平地から高山までの松林、雑木林、散生地などに自生し、峰地に多い。小鳥が樹上で実を食べるとき種子を播きちらすので、峰地の松林に小さい苗が生えている。

コシアブラの所在を知るには秋の紅葉時がよい。葉が黄色で鮮やかに目立って美しいため、誰にでもわかる。木は肌が灰白色で直立するものが多い。葉は倒卵状楕円形の五小葉からなる掌状複葉で、薄い。花は八月ころ淡黄緑色の細かい五弁花を開く。その後球形の液果（黒紫色）が熟すが、大きな成木でないと実がならない。

この実を水洗いして採りまきする。種子は長期休眠型で発芽に二年かかるが、低温処理すると翌年発芽する。

### ポリフェノールを多く含む

葉にケンフェロールとクエルセチの配糖体のイソクエルチトリンを含む。これらが血圧を下げる効果があり、便秘に応用される。便秘のため若葉を茶にして飲む人がいる。栄養価の成分分析は遅れているが、最近ポリフェノールを多く含むことがわかったから、抗酸化作用、抗菌作用、制ガン作用などがあると思われる。若芽には脂肪とタンパク質を多く含むため、コシアブラの名がつけられた。

### 天ぷらが最高

天ぷらが最高で、もっともおいしい。おひたし、和え物、フライ、煮びたし、汁の実、煮物、卵とじなどにする。生をきざんで炊き込みご飯にすると特有の香りが生かされ、喜ばれる。冷凍して保存し、つくだ煮加工、料理用、炊き込みご飯の素、ミックス漬などにする。うのはな漬は、歯ごたえ、色彩がよく風味抜群で、おいしい。塩蔵加工もできるが、特有の香りと色彩が美しいので冷凍加工のほうがよい。

日本の伝統的香辛料

## サンショウ（ミカン科）

分布・自生地：北海道から九州の杉林、雑木林内の樹陰地に多い
主な成分：シトロネラール、サンショオール、カリウム、カルシウム、ビタミン$B_2$
効用：内臓の働きを活発化、血行改善、疲労回復
利用法：生食用、つくだ煮

サンショウ

### 日本独特のスパイス

日本料理に使われる伝統的香辛料で、各地方に郷土料理、木の芽食文化が生まれており、会津の名産「ニシン山椒漬」が有名である。また、ウナギ料理の薬味に欠かすことができない粉ザンショウも長い伝統に支えられてきた。わが国のサンショウの芽の生産量は二一一トンと推定され、最近では下降線をたどっている。約七割が栽培もので、天然のものは少なく、未利用資源が多い。とくに多雪地帯には未利用資源が多く残っている。山手にはトゲの少ない芳香性の高いヤマアサクラサンショウが自生しているので、日本独特のスパイスとして、タレなどの新しい製品を開拓するとよい。

ヤマアサクラサンショウ

### 薬味には日本のものが最適

雌雄異株の落葉低木で、東北地方には雌株が意外に多い。北海道から九州までの、平地から高山まで自生し、杉林、雑木林内の樹陰地に多く生える。高さ一～五メートルぐらいになり、枝にトゲを生じる。葉は五～九対の小葉からなる奇数羽状複葉。早春に新芽と同時に黄緑色の五弁花を開く。花後、球形の緑色鮮やかな果実があっという間に大きくなるので、硬くならないうちに採取し、つくだ煮、冷凍に使う。熟すると裂開して黒色の種子を出す。熟した実は薬用、粉末などに使う。

　トゲのないヤマアサクラサンショウが同じ山に自生しているが、数が少なく、サンショウの一〇分の一くらいである。別種だが、サンショウに似ているイヌザンショウやカラスザンショウが自生しているが、香りがまったく違うのですぐ区別できる。これらは食用にしない。

サンショウの分布は広く、朝鮮半島、中国にも自生するが、薬味としては日本のものがよい。琉球諸島にはヒレザンショウが自生している。栽培種はトゲのないアサクラサンショウで、但馬国朝倉村で発見された突然変異の品種である。それが赤芽種と青芽種に分かれ、赤芽種は促成用で実が少ないため生果用に向かない。いずれも実が薬用になる。ヤマアサクラサンショウも一部の地区で栽培されている。

## 豊かな薬効を秘める

サンショウは、東洋風の薬味として重用される芳香性豊かな香辛料で、芳香精油シトロネラールを含む。辛味成分はサンショオールを含む。この成分は大脳を刺激して内臓の働きを活発にするといわれ、漢方薬にも使われる。シトロネラールは血液をサラサラにして血行をよくし、内臓の働きを活発にして免疫機能を高める。そのため、若葉を一日二〜三枚生で食べると大脳を刺激し、疲れが取れる。また、青い実も、一日一粒毎日食べると五日後に効果が出るといわれる。サンショウにはカリウム、カルシウム、ビタミンA、$B_1$、$B_2$、ナイアシンが多く含まれている。

## 直売所で売れる商品開拓を

若芽は促成栽培され、春早くから市場に出回って高級品扱いされる。直売所ではあまり姿をみかけないので、家庭でつくるつくだ煮用として大袋で売り出すとよい。つくだ煮加工品は地域の特産物になるので、時期を失わないように加工すると売れる。若葉を粉末にすると緑鮮やかなので、人気商品になる。栽培には杉林内の自生地が一番適している。

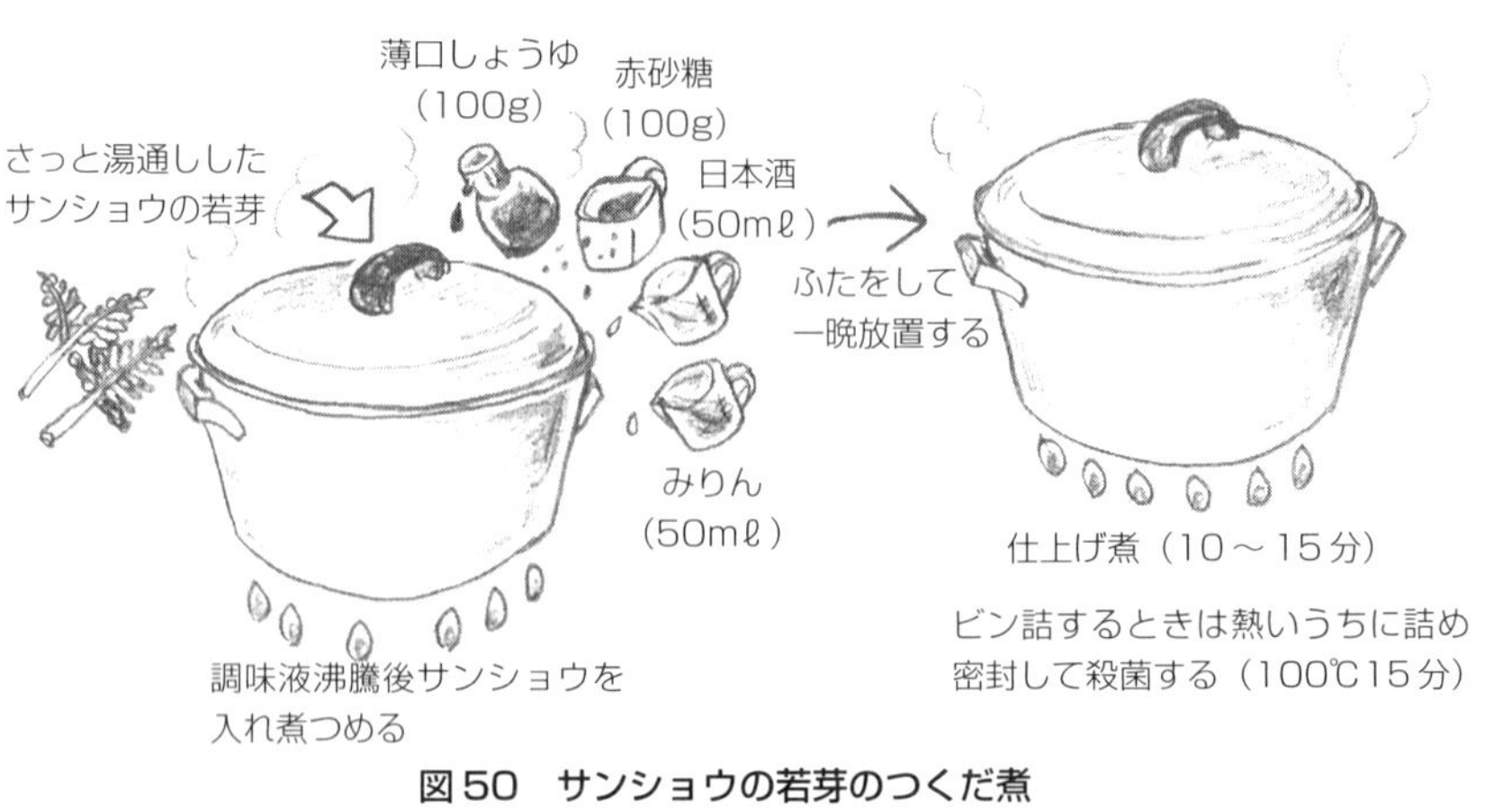

さっと湯通しした
サンショウの若芽
薄口しょうゆ
（100g）
赤砂糖
（100g）
日本酒
（50mℓ）
みりん
（50mℓ）
ふたをして
一晩放置する
調味液沸騰後サンショウを
入れ煮つめる
仕上げ煮（10〜15分）
ビン詰するときは熱いうちに詰め
密封して殺菌する（100℃15分）


**図50　サンショウの若芽のつくだ煮**

ネコ科動物の万病薬

## マタタビ（マタタビ科）

分布・自生地：日本各地の谷間、山麓、原野などに自生
主な成分：マタタビ酸、アラビノガラクタン、ビタミンC
効用：ガン予防、かぜ、精神安定
利用法：生食用、健康茶、冷凍、つくだ煮

マタタビの果実

マタタビの芽

### 新しいふるさとの味の登場

繁殖力が旺盛な、名の通った薬用植物。山村には資源量が多い。ネコやトラなどのネコ科の動物は本能的にマタタビを求めて集まる。マタタビの成分マタタビ酸などは揮発性で常に発散しているので、動物は遠くからでもわかる。

一般に果実が利用されてきたが、最近若芽を食べる人が増えている。ほかの植物にないほのかな苦味とあわい辛味が食欲を高めるので、若芽の利用は山村の新しいふるさとの味として登場している。直売所で天ぷら、和え物などを試食してもらうと売れるだろう。

### 遠くから目立つ白い葉

マタタビは雌雄異株の落葉つる性低木で、枝がどんどん伸びて沢をおおう。雌の木が少なく大部分雄の木だから、実を見つけるのが大変である。マタタビを見つけるには、初夏のころから葉の表面が白色に変わって遠くからでも目立つので、場所を確認しておく。その後、翌春の終わりころウメの花に似た白い五弁花が咲くから、これが雄花か雌花かを確認しておくと実がなるかどうか知ることができる。雄花はおしべがたくさんあって葯《やく》が黄色。雌花はめしべが一本で、たくさんの花柱がある。花は香りが高く、高貴な感じがする。

分布は広く、東アジアの温帯、日本全土に自生する。山地に葉の裏が白っぽくなるウラジロマタタビとサルナシによく似たミヤママタタビがある。マタタビには両性花をつけるものもあり、選抜して栽培用に使われる。

### 精神安定の妙薬

マタタビのマタタビ酸やアラビノガラクタンなどの成分は揮発性で、実には多いが芽には少ない。採取して数日おくと成分が発散して効能が薄くなるので、採りたてを使うようにするとよい。虫えい果は発散しにくいので、薬用に使われる。若芽はビタミンCを緑

茶の一〇倍、Aを三倍含み、ガン、かぜの予防になる。花にはホルモン成分、生長物質などの未知の物質があり、妙薬とされる。とくにビタミン類やアミノ酸などが多く、マタタビ酸は精神安定効果があって神経の栄養を高める作用があると思われる。

### 若芽の粉末加工が有望

春に次々と若芽が伸び出すので、初夏のころまで長期間利用できる。健康茶として売られているが、今後ミックス茶などをつくり効能をさらに高めて売り出すとよい。若芽はおひたし、炊き込みご飯、天ぷら、和え物、汁の実、一夜漬、油炒めなどにする。加工品には、健康茶、冷凍、炊き込みご飯の素、からし漬、酢漬、若芽を粉末加工した菓子原料、パンの原料がある。果実は薬用（乾燥）、粉末（めん類、ドリンク、菓子用）、塩漬、ビン詰、酢漬、粕漬、果実酒などにされる。

表28　すべてが利用できるマタタビ

| 利用部 | 用　途 |
|---|---|
| 若芽 | つくだ煮，生食用，健康茶，粉末（菓子，めん，パンなど） |
| 果実 | 果実酒，薬用，生食用，加工用，粉末用 |
| つる | 薬用，民芸品加工，花材 |
| 花 | 生花用（果実も） |

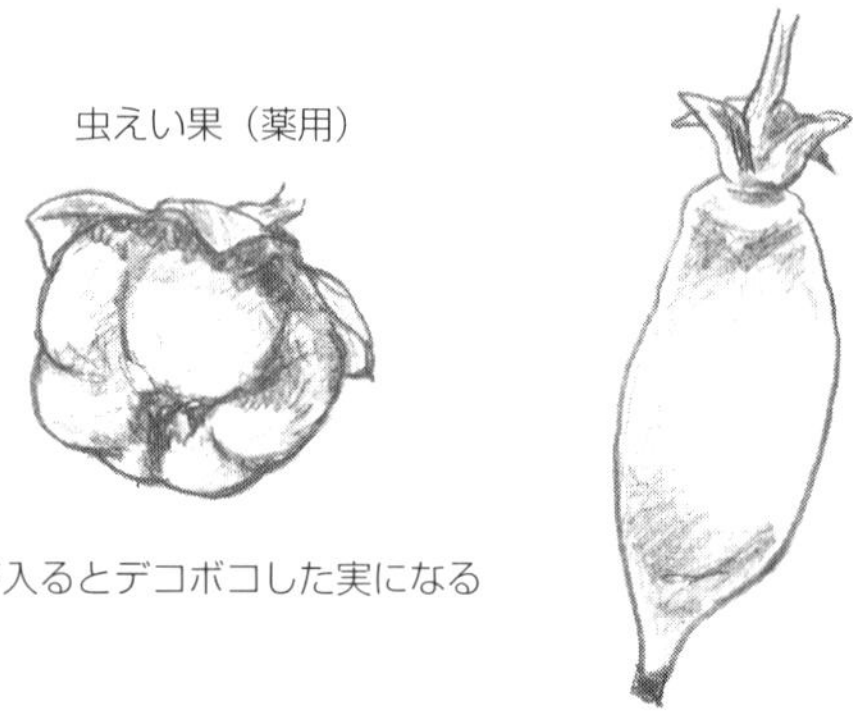

正常果（食用）
虫えい果（薬用）
虫が入るとデコボコした実になる

図51　マタタビの虫えい果と正常果

資源に恵まれ名物料理が

## リョウブ（リョウブ科）

分布・自生地：日本各地の平地から高山まで分布
主な成分：ビタミンC、ミネラル
効用：ガン、かぜの予防、精神安定
利用法：天ぷら専用の木の芽で珍味

リョウブ

### 天ぷら料理が観光地で人気

全国的に資源が多く、未利用資源になっている。早春に若芽が出る風情は黄緑色が鮮やかで驚かされる。この芽は天ぷら専用として人気が高い珍品で、組織が硬くぱりっと揚がり、長時間姿が変わらないのが特徴。関西では昔から有名なリョウブ飯にされる。暖地で利用が少ないのは、若芽がいっせいに出て利用時期が限られるためと思われる。寒地では、平地から高山まで自生し、採取期間が一～二カ月にわたるので、利用期間が長い。栽培するには山から幼苗を掘り取って植える。繁殖力が旺盛だから、庭先にも植えることができる。

### 世界に一属の日本原産

リョウブ科リョウブ属に属し、世界に一属で日本原産。日本全土と朝鮮（済洲島）に分布する。サルナメシ、マツハダ、サルダメシ、レイボウ、リョウボウ、ハタツモリなどの呼び方が各地方にある。

落葉小高木で、高さ三～七メートル。樹皮ははげ落ち、茶褐色でなめらか、サルスベリの木肌によく似ている。枝はやや輪生状に出る。若葉には星状毛がある。葉は互生し、枝先に集まってつき、裏の葉脈に毛が密生している。葉形は倒卵形または倒卵状長楕円形で、先が短く尖鋭、基部がくさび形、縁が鋭鋸形。葉柄に綿毛を密生する。葉質はやや硬い。七～九月ころ枝先に数個の総状花房を多数つけ、花は直径六～八ミリと小さい。果実はさく果で、直径四～五ミリの扁球形。

生育地は平地から高山までの丘陵地、谷間、峰地、山麓などで、大小の群落をつくる。伐採後数年経過すると伐根から数本の若木が萌芽し、良質の若芽がたくさん採れる。

### ビタミンCが多い木の芽

木の芽は植物の生長点で、ビタミン類やミネラル、酵素などすぐれた栄養分がある。分析によれば、ビタミンCを六〇ミリグラム、キュウリの四・三倍含んでいる。免疫力を高め、かぜやガンを予防する効果が期待できる。リョウブは本当に季節の食べ物で、精神的疲労を安定させる効果がある。

### 旬の木の芽を売り出す

旬に食べる第一級の木の芽で、天ぷら専用である。ほかの料理には向かないが、リョウブ飯（炊き込みご飯）にはよい。観光地や直売所で季節商品として生の芽を販売するとよい。試作品をつくって食べてもらうと、かならず買ってくれる。民宿や旅館で使えば目玉商品になる。加工は冷凍がよい。これを炊き込みご飯に利用する。

# 3、木の実

薬用で高級な木の実

## アケビ（アケビ科）

分布・自生地：北海道から九州に自生。山野のやぶに多く生える
主な成分：ヘデラゲン、オレアノール酸、カリウム、カルシウム、ビタミンC、ビタミン$B_6$
効用：利尿作用が抜群、鎮痛、消炎、便秘、滋養強壮
利用法：生食用、つくだ煮、冷凍加工、健康茶

アケビ

### ふるさと産品の目玉

若芽、果実、木部すべて利用できる。秋に馴染み深い古くからの木の実で、若芽は高級山菜、木部は薬用、果実は果肉、果皮、種子まですべて利用できる。全体が天然酵素を多く含み、滋養強壮効果があるところから、ふるさと産品として脚光を浴びている。秋の果実は薄紫色の鮮やかさが野性味あふれ、ふるさとを思い出させる。

天然資源が年々減少して栽培化が進み、市販されているものの大部分は栽培ものである。最近では台湾でも栽培されている。栽培品種が次々に改良され、苦味の少ないもの、果皮が薄紫、黄、白、ピンク、緑色のものなどがつくり出されている。五葉アケビの花の香りが抜群の品種もあり、香りを楽しむことができる。

### 食用にはミツバアケビを

小葉が五枚のものがアケビで、これは薬用に使う。苦味が強いほうだが、若芽、果実は食べられる。小葉が三枚のものはミツバアケビである。これは、アケビより苦味が少なく、果実が良質で、栽培される。いずれもつるが薬用になる。花が咲いているときに薬効が高い。ミツバアケビはアケビより繁殖力が旺盛で、若芽の収量が多い。

アケビはつる性の落葉植物だが、暖地では葉の一部が越冬することもある。雌雄同株で単木でも実がなるが、数本植えるとたくさんなる。中国や朝鮮半島、日本では北海道（渡島）、本州、四国、九州に自生し、やぶ地に多く生える。雑種にゴヨウアケビがあって食べられる。日本のアケビ科は五種で、

ムベ（暖地に生えるトキワアケビ）、アケビ、ミツバアケビ、ゴヨウアケビ（雑種）と白アケビ（園芸種）である。

## 風味抜群の滋養強壮食品

木部の薬効成分はヘデラゲン、オレアノール酸からなるサポニンのアケボサイド、カリウム塩などである。利尿作用が抜群で、薬用植物の三大利尿薬の一つである。鎮痛、排膿、消炎などの効果がある。若芽や果実にも利尿効果があると思われる。

果肉は日本列島の珍果で、風味抜群。すばらしい天然酵素を含む滋養強壮食品。食べると便通がよくなる。栄養的には、カルシウムが多いので強い骨づくりに、カリウムも多いので高血圧の予防によい。亜鉛も多く含み、子どもの発育促進によい。ビタミンCが多く、アケビを食べるころになるとかぜを引かないといわれる。果皮と果肉にビタミン$B_6$を含み、アレルギーの体質改善に役立つ。

## 一度つくって飲みたい珍果酒

誰にでも喜ばれるアケビの珍果酒はヒット商品である。若芽は、さっとゆで、三～五時間水にさらしてから食べる。和え物にも合う。果皮は天ぷら、つくだ煮、砂糖菓子、詰め焼き、みそ炒め、アケビ煮（干しアケビ）、油焼き、はさみ焼きにする。若芽はつくだ煮にするとよい。加工方法は、果皮と幼果の冷凍、果皮の乾燥などで、これを二次加工する。

大自然の神秘が生んだ木の実

# ガマズミ（スイカズラ科）

分布：自生地：日当たりのよい原野など雑木林の中に生える二タイプ
主な成分：シアニン、クエン酸、ブドウ糖、果糖
効用：ビタミンや機能性の分析はこれから
利用法：ワイン、漬物用ソース、ジュース、ゼリー、アイスクリーム

ガマズミ

## 縄文人がつくった酒

秋の雑木林に赤く熟したガマズミが目立つころ、渡り鳥や小鳥の目をひき

つける。鳥がついばむのである。ガマズミはふつう「ヨツズミ」と呼ばれ、昔から親しまれてきた。広島県三原市で縄文時代の古いツボの中から、たくさんのガマズミの種子が発見され、穀物で酒をつくる以前、古代人がガマズミを集めて自然発酵させ、酒をつくっていたといわれる。ガマズミは、最高の天然色素シアニン色素を含み、美しい赤味の混じったブドウ酒色をしており、古くから漬物の色づけに用いられていた。近年天然色素が見直され、菓子類、ジュースなどに用いられる。

### 種類が多く分布は広い

ガマズミの仲間は世界におよそ一二○種あり、海外旅行しても目につく。いずれも加工開発が可能である。比較的日当たりのよい原野、道路沿い、川原などに生えるガマズミと、雑木林の中に生えるミヤマガマズミが代表的である。

ガマズミは霜が降ってから利用する、実が小さい種類。ミヤマガマズミは熟期が九～十月、実が大きく早生の種類。ほかにオオカメノキ、キミノガマズミ、カンボク（苦い）があるが、利用しない。ガマズミは別名アラゲガマズミといい、中国、朝鮮、日本に分布する。ミヤマガマズミは日本全国に、コバノガマズミは本州福島以南に分布している。

ガマズミは落葉低木で高さ一・五～二・五メートル、枝は暗紫褐色で全体に毛がある。花は白く小さく、散房花序に集まって咲く。実は赤く熟し、霜が降ると酸味が少なくなる。栽培すると実が大きくなり、収量が増す。

### 血行をよくして疲労回復

シアニン色素は、活性酸素の生成を抑制して血液をきれいにする作用があり、視力向上にも役立つ。クエン酸をとくに多く含むため、乳酸の生成を抑制し、疲労回復、肩こりや筋肉痛をやわらげ、神経疲労の予防に役立つ。また、クエン酸は摂取した食べ物をエネルギーに変えるため、ビタミンB群とあわせてとると効果がある。ブドウ糖（グルコース）、果糖（フラクトース）を含み、エネルギー源となる。ガマズミのビタミンや機能性成分については十分解明されていないが、有効成分が多いと思われる。

### 用途の広い加工開発

天然色素が見直されている今日、漬物、菓子、アイスクリームなど幅広く活用できる。まず、漬け汁（エキス）を抽出し、漬物（ダイコン、カブなど）、菓子（ゼリーなど）、アイスクリーム（ソフトクリームなど）、果汁などの

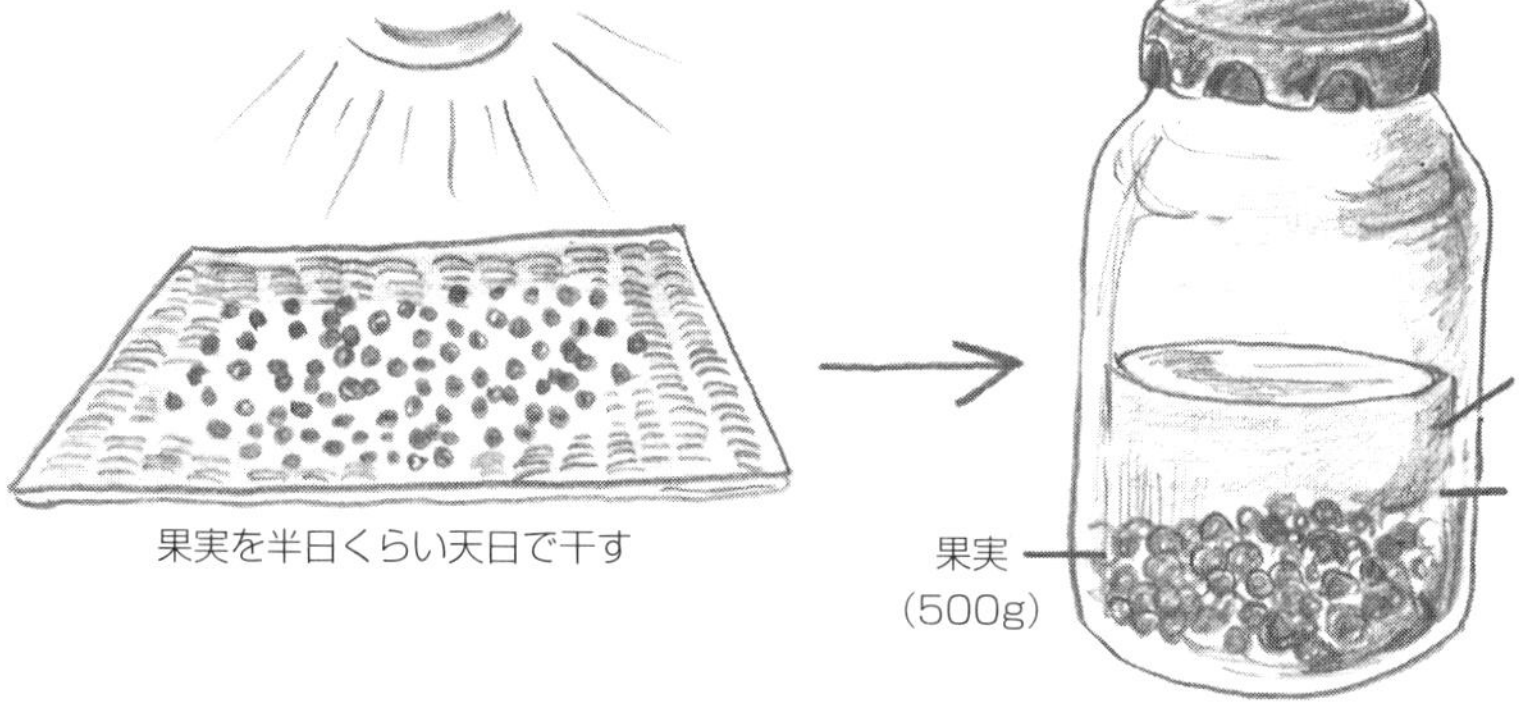

果実を半日くらい天日で干す
ホワイトリカー（35度）かブランデー（果実酒用，1.8ℓ）
砂糖（果糖）（100g）
果実（500g）
3カ月で中身を引き上げ、さらに3カ月ほど熟成し，ストレートやカクテルにして飲む


**図52　ガマズミ酒**

天然着色料として用いる。ジャム、ワイン、果実酒（図52）の原料にすると、赤色が鮮やかで芳香と酸味が調和した高貴な加工品が生まれる。

栄養価抜群の木の実

## クルミ（オニグルミ）（クルミ科）

分布・自生地：全国の河川流域に生える
主な成分：リノール酸、カリウム、カルシウム、ビタミン
効用：動脈硬化予防、滋養効果、疲労回復
利用法：生食用、菓子用、アイスクリーム

オニグルミ

### 昔からの健康食品

わが国に野生化しているオニグルミは栄養価が栽培種のテウチグルミより高い。「帰り来る身」といわれ、昔の人は旅に出る前にかならず食べたといわれる。クルミ四個で卵一個分の栄養があるので、欧米では肉やバターの代わりに食べられる。

最近の自然食ブームのなか、クルミ料理が見直されている。現在は輸入ものが多く、野生クルミの生産は少ない。二〇〇二年の東京卸売市場の入荷量は三万一一七トンで、一キロ当たり五一九四円（殻つき）で取引されているが、野生のオニグルミは貴重価値で、わずかに観光地で売られているていど。野生クルミは食べるとおいしく、栄養価が高いが、殻が栽培クルミに対して硬くて厚いことが加工・利用の課題である。

### オニグルミは日本の独占商品

オニグルミ系のクルミは日本と中国東北地方（マンシュウグルミ）の一部に見られるが、年々資源量が減少している。落葉高木で高さ二四メートルにも達し、繁殖力が旺盛。各地域の河川流域に生えるが、やぶ地で採取が困難なため未利用資源になっていることが多い。食べられる部分（果仁）は、栽培種の四〇～四三％に対してオニグルミは三五％と少ない。しかし風味は最高である。残念ながら利用開発が遅れている。オニグルミの変種ヒメグルミは実をむきやすいので、一部の地域で栽培されている。

　オニグルミの果実はやや球形、直径が三センチほどになり、白点と星状毛がある。十月に熟し、自然に落下する。果仁はやや卵円形で先がとがり、表面に醜い凹凸と不規則な溝がある。そのため「鬼グルミ」の名がある。

### 栄養価が高く老化防止にも効果的

オニグルミは、タンパク質が豊富で、リノール酸を中心とする不飽和脂肪酸を多く含み、コレステロールを減少させて動脈硬化を予防し、老化を防ぐ。カリウム、カルシウム、亜鉛も多く含まれる。ビタミン$B_1$、$B_2$、$B_6$、E、K、ナイアシン、葉酸、パントテン酸をバランスよく含み、滋養効果の高い健康食品である。腎機能を高める効果があるから、疲れやすくなったときに新陳代謝を活発にし、疲労を回復させる。美肌効果もある。

### 直売用の目玉に野生クルミを

栄養価が高いので、和え物、クルミ餅、汁粉などにたくさん使うとよい。加工品には最中、ようかん、和菓子、クルミジャム、パン、クルミ豆腐などがある。クルミ汁粉は、脳を活性化させ、髪を黒くして、若さを保つのによい。

●**クルミ汁粉**　クルミをすり鉢ですり、砂糖、みりん、薄口しょうゆ、酒で調味し、汁粉に入れる。

日本列島の珍果

## サルナシ（マタタビ科）

分布・自生地：日本全土に分布。半日陰の南斜面に多い
主な成分：ゲルマニウム、セレン、ビタミンC
効用：抗酸化作用、ガン、かぜの予防、滋養強壮
利用法：ワイン、ジャム、果汁、ゼリー、アイス

サルナシ

## 高貴な香りと滋養価

熟した果肉は、南方の果物マンゴーに似て、高貴な香りとかすかな酸味、甘さがあり、日本列島の珍果と呼ばれる。サルやクマの大好物で、クマは腹いっぱい食べて冬眠にはいる。サルがわが身を忘れて食べることからサルナシの名がつけられた。

わが国のつる性植物では大形で、長いものは四〇メートルにも達し、柱にも使われる。近年、天然資源が減少し、山間地域で栽培が進んでいる。サルナシの自然の味が脚光を浴び、栽培愛好者が多い。東京などの果物専門店でも売られ、人気商品になっている。栽培化に地域ぐるみで取り組み、生食用を直売所や観光地の目玉商品にするとよい。加工開発を進め、地域特産物として売り出すとよい。

## 種類が多く、栽培は前途洋々

マタタビ科は世界に一五属三五〇種、日本に三属二〇種があるといわれる。中国産サルナシを品種改良したキウイフルーツも同じ仲間。今後、世界の品種を組み合わせた育種改良が重要な課題である。わが国では次の種類が利用されている。

●**サルナシ**　日本全土、朝鮮、中国、ウスリー、サハリンに分布する。雌雄異株と雌雄混株がある。茎を斜めに切ると、はしご状に断続した茶色の髄が見える。果肉は緑色。栽培するときは雌雄混株を植える。

●**シマサルナシ（ナシカズラ）**　分布は亜熱帯で、日本の本州（紀伊半島、山口県）、四国、九州、沖縄、それに朝鮮南部に自生。果肉は緑黄色で、褐色の点がある。

●**ウラジロマタタビ（ウラジロシラクチヅル）**　サルナシの変種で、本州（関東以南）、四国、九州に自生。雌雄混株で、サルナシより果実が若干大きい。がく片に縁毛がある。ごくまれに自生している。

●**デワノマタタビ**　サルナシの変種で、雌雄混株。葉が大形で葉柄が緑色（サルナシはピンク）だから、サルナシと区別できる。果肉は淡緑色。果実は俵形で大きい。

## 注目されるゲルマニウム

薬用植物で、軟棗《なんそう》猕《び》猴桃《こうとう》といって滋養強壮効果がある。サルナシは第三の医学といわれる驚異のゲルマニウム（半導体金属を一・四ミリグラム）、またセレン（一・五ミリグラム）を含み、抗酸化作用があり、若さを保つほかガン予防の効果がある。ビタミンCを多く含み、白血球の働きを強化して免疫力を高め、かぜ、ガンを予防する。また、果糖、クエン酸、ペントーズ、アラビノガラクタンなどのほか、タンパク分解酵素を大量に含み、疲労回復、滋養強壮、整腸補助などの効能があり、有望な健康食品と思われる。

栄養的にはカルシウム、ナトリウム、β-カロテン、ビタミン$B_2$、Eなどを含み、注目される。一日五個くらいを生食すると、天然酵素の働きで細胞を強化し、消化を促進する。病原菌に対して抵抗力を高める効果もある。

### 加工用途の広い果実

よく熟した実を生食すると大変おいしく、一度食べると忘れがたい。果実酒にすると黄金色を帯びたあめ色に仕上がり、疲労回復によい。甘い香りを放つビン詰、缶詰は美味である。ジャムにすると逸品で、緑色のジャムになる。ワイン、シロップ、フルーツヨーグルトは最高の風味。果実ソース、酢にすると高級品ができる。寒天ゼリーは香りの高い逸品。乾燥した乾果はおいしく、菓子の原料で、中国ではしょうゆをつくっている。若芽は生食用と冷凍加工用。若芽の健康茶もよい。つる材の芽出しは花材として売られる。若芽、果実を生食用として観光地や直売所で売るとよい。

**●サルナシ酢**　カキ酢のように自然発酵させ、酢をつくる。うまくつくるためには、天候や専門的な知識・施設が必要。

和製ブルーベリー

## ナツハゼ（ツツジ科）

分布・自生地：北海道から九州に分布。排水のよい丘陵地、尾根などに多い
主な成分：アントシアニン、カルシウム、ビタミン$B_6$
効用：疲れ目の改善、生活習慣病の予防、不眠
利用法：ワイン、ジャム、ゼリー、アイスクリーム

ナツハゼ

### 日本人好みの木の実

ナツハゼは、紅葉がとても美しく、以前は花材として栽培されていた。大

変人気が高く、最高級の花材として高く売れた。その後、枝を切ると実がつき、それをジャムや果実酒にするようになり、だんだん食用化するようになってきた。さらに外国産のブルーベリーがアントシアニン（青紫色の色素）を含む機能性食品として登場し、疲れ目の改善によいことが知れわたると、ナツハゼもアントシアニンをブルーベリーより多く含むことから栽培熱が高まり、和製ブルーベリーと呼ばれるまでになった。

ナツハゼは日本人好みの木の実で、その芳醇な香味は若い人に喜ばれる。朝鮮産の発酵酒「ツルチュウリ」はクロマメノキの酒で、クロマメノキはナツハゼと同じ仲間。同じ仲間のブルーベリーは北米産のクロマメノキを品種改良したものである。

## 果実の横輪が特徴

ナツハゼはツツジ科の落葉低木で、幹が叢生《そうせい》し、よく分枝する。球形の黒い果実がたくさん実る。果実は液果で、上部に丸い横輪の線があるのが特徴。そのため「ハチマキタロウ」の名がある。分布は広く、中国、南朝鮮、日本の北海道、本州、四国、九州に自生する。いくつかの種類があり、ウラジロナツハゼ（葉の裏が粉っぽく白色）が秋田県と朝鮮に分布する。ナガボナツハゼは中部地方の南部に自生する。アラゲナツハゼは本州の福井県以西の日本海側と北九州に分布している。

栽培では花材用の生産が多い。福島市では花材用のナツハゼを用いて観光狩園を開いている。観賞用としても用いられ、庭木、公園樹として植えられている。栽培する場合、ブルーベリーとは収穫期が違うので競合しない。

## 視力と肝臓機能の向上に効果的

ナツハゼのアントシアニンは疲れ目を改善する。果実を毎日四〇グラム（約三〇粒）食べると四時間くらいで眼精疲労に効果が出て、二四時間持続する。視力と肝臓機能を向上させ、血圧の上昇を抑制し、ガンや生活習慣病を予防することが期待される。この色素は水溶性で、アルコールと組み合わせると吸収をよくするので、ナツハゼ果実酒がブームである。

栄養価についてはカルシウムをリンゴの三倍含む。これは骨をつくるほか、肩こり、いらいら、不眠を防ぐ効果がある。ビタミン$B_6$を含み、タンパク質代謝の主役として免疫機能を正常に維持する働きをもつ。そのほかビタミン$B_1$、$B_2$、C、E、ナイアシン、葉酸、パントテン酸などを含み、滋養効果の高いことで注目される食品である。とくにクエン酸が多く、疲労回復によい。

## 機能性を生かした加工開発を

ナツハゼは機能性が高いうえに美しい色彩、濃厚な風味がほかの果実にない魅力で、今後新しい加工品の開発が有望である。ナツハゼ果実酒は、ブドウ酒より鮮麗なガーネット色に仕上がり、色彩の美しさと芳醇な香味がムード酒として喜ばれる。発酵酒が有望である。ジャム、ゼリーは色彩、風味がよく、人気が高い。果汁原液は、ジャム、アイスクリーム、ソフトクリーム、ヨーグルト用に、またほかの果汁とのミックス用、ゼリー用に用いられ、用途が広い。観光狩園のような採って食べて楽しむ施設をつくるとよい。

むらおこしの素材として脚光

# ヤマブドウ（ブドウ科）

分布・自生地：北海道から四国に分布。標高七〇〇メートル以上に多い
主な成分：アントシアニン、ポリフェノール
効用：疲れ目改善、ガン予防、抗酸化作用
利用法：ワイン、タレ、漬け汁の素、菓子類

ヤマブドウ

## ワインの人気は高まるばかり

昔から食べられた自然食品で、最近日本人の好みにあった自然食品として産品おこしやむらおこしで脚光をあび見直されている。野生ものは採取するのがひじょうにむずかしい。

近年ふるさと物産開発の運動が盛んになりヤマブドウの産品おこしのなかで、各地でワイン、ゼリー、ジャムなどの製品開発が進んでいる。ヤマブドウは北海道、本州、中国、朝鮮、南千島、サハリンなどに広く分布し、現在は標高七〇〇メートル以上のところに多く見られる。

ヤマブドウでワインをつくると、野性味たっぷりで鮮紅色の美しい香気があるワインができ、専門家から高く評価され人気が高まるばかりである。とくに幻のワインといわれる「月山ワイン」は最高級品扱いされている。

## 品種改良や技術の進歩で良品生産が可能に

ヤマブドウは、山形、岩手、長野県

など全国各地で栽培が行なわれている。栽培ブドウは雨に弱い性質があるがヤマブドウは強く、多雨、多湿でも耐えるのでわが国の気候に適している。近年、品種改良と栽培技術の改良が進み品質のよいものが生産されるようになってきた。

栽培ブドウは入梅期に開花するが、ヤマブドウは五月中旬に早く咲くので、晩霜の被害にあうと結実しないため、自生地では豊凶の年が現われる。そのため栽培地では霜害対策がとられ、毎年結実が可能である。栽培ブドウは自家和合性（同一品種の花粉での受粉）なので自家受粉するが、ヤマブドウは雌木と雄木があって両方がないと受粉しないので、栽培では改良された雄木が植えられている。

## ワインや果汁は健康食品としても人気

産品おこしは、つる、皮、葉、果実が使われ、人気の高い製品がつくられている。とくにワインや果汁は、色彩が美しく、酸味や渋味がほどよく調和して、爽快な香気とコクがあって人気が高い。アントシアニンを含み、疲れ目改善や活性酸素の生成を抑制して、血液をきれいにする作用があるものと思われる。

果実や葉にポリフェノールを多く含み、制ガン作用、抗酸化作用、抗菌作用がある。とくに若葉はワインの約二〇倍のポリフェノールを含み、この性質を活用してヨモギのように餅に入れ名産品にされている。

今後新しい利用開発が進む可能性の多いヤマブドウは、タレ、漬け汁の素、菓子類、精進漬、薬味などへの利用が考えられている。

**表29　ヤマブドウの主な利用法**

| 利用部 | 用　途 | 摘　　要 |
|---|---|---|
| 果実 | 生食<br>ワイン<br>ジャム<br>果汁（原液） | 直売所で抜群の人気<br>保存期間が長い美酒<br>第一級品のジャム<br>直売所の目玉商品。第一級のソース原料。菓子，ようかん，ドリンク，ジュース，ゼリーにもなり，魚や野菜の着色料にもなる |
| 若芽 | 原液 | 薬用，菓子用 |
| 若葉 | 乾燥 | 餅，めん加工 |
| つる，皮 | 加工 | 民芸品のかご細工などに |
| 葉 | 乾燥（赤） | 食品の梱包 |
| 冬芽（赤い芽） | 加工 | 花材，酵素材 |

# 4、薬草、薬木

胆石の妙薬で利尿薬

## クマヤナギ（クロウメモドキ科）

分布・自生地：日本全国に分布。湿り気のある谷間や山麓
主な成分：果糖、ブドウ糖、アントシアニン、β-カロテン
効用：民間薬として解熱、利尿、解毒、リウマチ、腰痛
利用法：ドリンク、薬用酒、ジュース

クマヤナギ

### 近年話題になった民間薬

もともと薬木であったが、あまり知られた薬用植物ではない。昔からの民間薬だが、近年体験者が増えている。木部や葉を煎じ薬にして飲み、「胆石が流れて入院しなくてもすんだ」とか「胆石の痛みが取れて全治した」などの体験報告が伝わり、利用者が急に増えている。最近では胆石の手術をして退院するとき、医者から今後の予防のため飲むようにすすめられることもある。このような需要増により、場所によっては乱獲され、資源が減少している。しかし、このブームも地方的で、東北の一部や関西方面では資源が未利用のところもある。その一方で、実つきのクマヤナギを鉢植えにしているところもある。

### 今年花が咲き、翌年実が熟す

和名を「熊柳」という。若い葉がヤナギに似ており、つるが硬くてクマが出るところに生えるので、この名がついたといわれる。落葉性のつる性植物で、高さ五メートルくらいになる。幹は硬く、滑らかな針金状で、若い小枝は緑色でほかの植物にからみつく。葉は卵形で互生し、鋸歯がない。夏に乳白色の小花が枝先に穂状に咲く。実はその年には熟さず、次の年の夏ごろに赤黒く美しく熟す。果実は楕円形で、甘味があって食べられる。

北海道から沖縄までの、平地から高山まで分布する。谷間や山麓の湿り気のあるところに生える。仲間のオオクマヤナギ（関西以西）、ケオ

オクマヤナギ（関西以西、中国、台湾）、ミヤマクマヤナギ（関東、中部地方）、ホナガクマヤナギ（本州日本海側）も同じ薬効があると思われる。

### おだやかな利尿効果

クマヤナギの薬効成分は『和漢薬図鑑』（保育社）にもみるべきものが記されておらず、今後の究明が待たれる。つるや葉は、民間薬として解熱、利尿、解毒、リウマチの腰痛によいとされる。近年、利尿と胆石に効果が高いことがわかってきた。尿を出す作用は比較的おだやかで、慢性的な膀胱炎によく、連用してもよい。果実は、果実酒や利尿薬にされ、果糖、ブドウ糖、アントシアニン、β-カロテン、リンゴ酸ペントーズなどを含み、疲労回復、動脈硬化や高血圧の予防、健胃などによいとされる。

### 尿路結石の予防に

クマヤナギの茎と葉を利用する。つるは非常に硬いので、採取後速やかにせん定バサミで細かく切り、天日乾燥して保存する。一日分のつると葉五〜一〇グラムを六〇〇ミリリットルの水で三〇分ほど煎じ、三回に分けて服用する。酸性体質の人にはとくによく効く。また、クマヤナギとあわせてビタミンEを飲むと、血管が拡張して尿路結石に効く。クマヤナギ葉と玄米、カキドオシとを組み合わせて健康茶をつくるとよい。

多年草の薬用ソバ

## シャクチリソバ（タデ科）

分布・自生地：ヒマラヤから導入して栽培化。一部野生化も
主な成分：ルチン、クエルセチン、コリン
効用：血管強化、高血圧の予防、生活習慣病の予防
利用法：若葉は生食用や健康茶、粉末にして二次加工に、種子はソバ

シャクチリソバ

### ルチンを多く含み高血圧を予防

地域おこしのためにソバを起爆剤にしているところが多い。ソバは普通種、

ダッタンソバ、シャクチリソバに区分される。ソバは他殖性（他家受精）のため純系が得にくい作物で、ほかの作物より品種改良が遅れている。したがって品種区分が明確でなく、地域名をつけて「信州大ソバ」などと呼ばれる。

シャクチリソバは宿根性のソバ。ヒマヤラ地方から昭和の初めころ導入され栽培された薬用ソバで、佐賀県などでは野生化したものがしばしば見られる。このソバは多年生で、一度播くと毎年叢生《そうせい》し、次々と種子が落ちて繁殖するので野生化する。シャクチリソバのソバ粉は、デンプンの消化がよいのが特徴である。また、質のよいタンパク質、アミノ酸を多く含む。しかし、寒い地方の原産であるため、暖地では収量が少ないのが欠点である。

**宿根草で中国から渡来**

シャクチリソバの名は中国名の「赤地利」の音読みである。原産地はインド北部からヒマラヤ、中国にかけての地域。わが国には中国から薬用として小石川植物園に伝えられた。茎は根株から数本発生し、高さ一〜一・五メートルくらいになり、なめらかでトゲがなく、中空で柔らかい。葉は互生し、単葉で三角形、葉先がとがる。全体が普通種のソバによく似ている。繁殖力が旺盛で、茎葉を刈り取っても数回発生する。種子は三角錐形で先がとがる。普通ソバは黒く熟するが、シャクチリソバは淡い褐色で、長さが七〜九ミリ。大きな特徴は、葉の脈に細かい毛があり、宿根草であること。

**シャクチリソバの薬用効果**

シャクチリソバは、ルチン、クエルセチン、コリンなどを含む。とくに製薬原料のルチン（ビタミンP）を緑茶の二〇〇倍も含み、血管強化剤ルチンの原料になる。薬用には根茎、茎葉の全草を使用する。下痢、帯下《こしけ》、筋肉痛、悪性の腫れ物に用いる。一日一〜三グラムを煎じて飲むと効果がある。ルチンは水溶性のビタミンで、ビタミンCが十分に機能を果たすために必要である。毛細血管の強化、脳内出血、高血圧の予防、細菌の侵入防止の働きをする。コリンは生活習慣病を予防する働きをする。なお、種子の殻は利用できない。

**利用は若葉から実まで**

若葉は、刈り取ると次々に発生するから、これを野菜的に活用する。おひたし、和え物、汁の実などによい。また、健康茶をつくることもできる（図53）。若い茎葉を刈り取って丸ごとつるし、春の天日で乾かす。一日で葉が乾くので、手もみで粉ごなにして、それに粉茶（緑茶）、玄米（煎《い》って）などを混合する。これを健康茶として飲

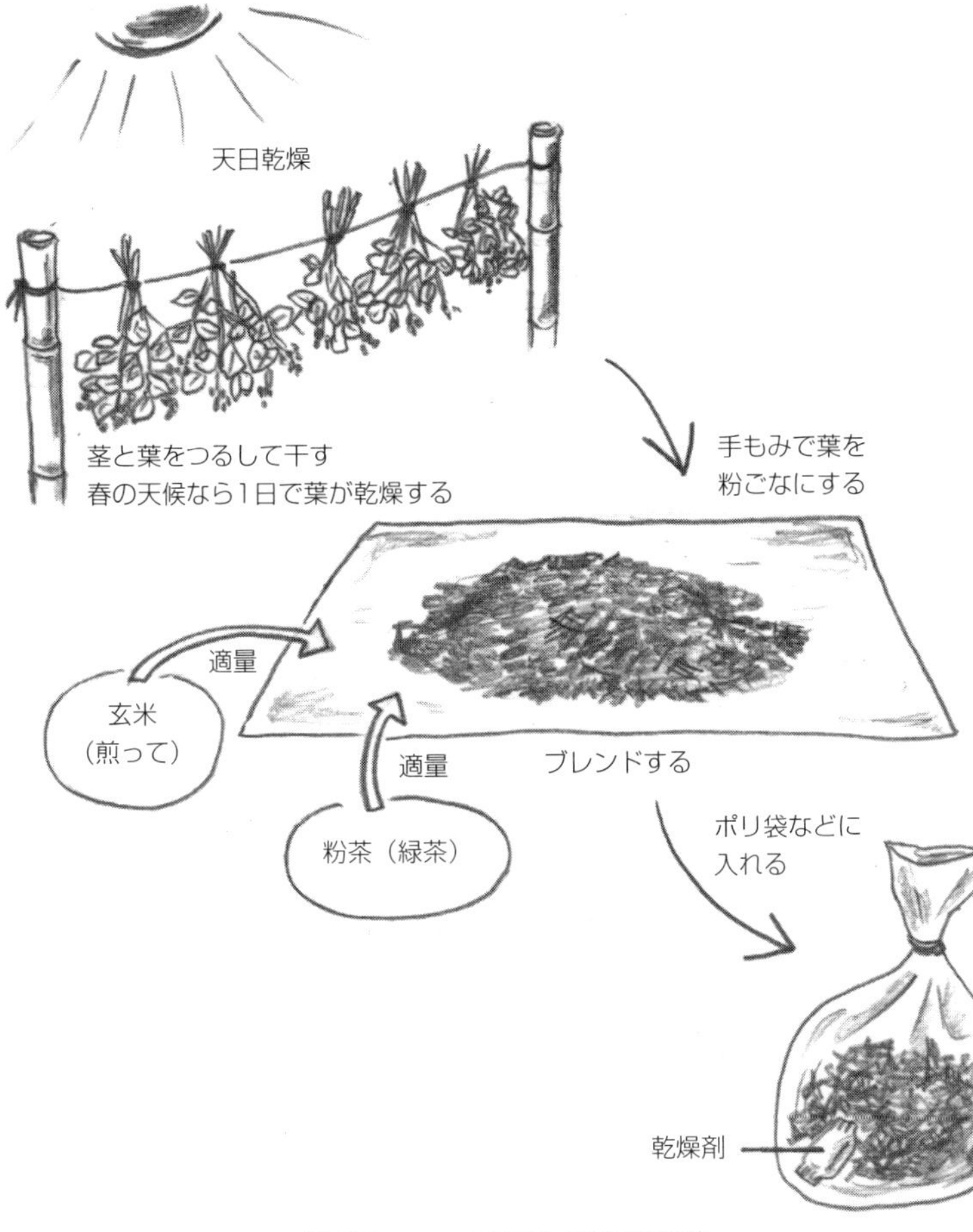
天日乾燥
茎と葉をつるして干す
春の天候なら1日で葉が乾燥する
手もみで葉を
粉ごなにする
適量
玄米
（煎って）
適量
ブレンドする
粉茶（緑茶）
ポリ袋などに
入れる
乾燥剤

**図53　シャクチリソバの健康茶**

む。さらに、茎は乾燥して刻み、薬用とする。若葉を粉末加工してクッキー、アイスクリーム、ゼリー、パン、団子などに二次加工する。花は天ぷらにする。種子はソバ粉にして普通ソバ粉と混合し、薬用ソバにするとよい。

二一世紀の健康食

## ヨモギ（キク科）

分布・自生地：日本全国いたるところに自生
主な成分：シオネール、セスキテルペン、コリン、カリウム、カルシウム
効用：民間薬に広く利用、解熱、利尿、など万能薬草
利用法：生食用、冷凍、乾燥、加工用

ヨモギ

## 日本人好みの芳香食品

道端の雑草扱いされるが、万能薬草で、特有の芳香は日本のハーブとして日本人に好まれる。昔からさまざまな加工品、季節の食べ物として利用されてきた。いま、二一世紀の健康食として注目をあびている。栄養価や機能性、薬効性が見直され、産品おこしの主要品目の一つである。

驚くほど生命力の強い薬草で、どんなところでも繁殖するから資源量が多い。ただし、利用するときに昔から行なわれている摘み草方式で採取するので、労力がかかる。そこで、休耕地を利用した栽培が一部で行なわれている。今後、機械刈りによって経費を節減し、利用の拡大を図るとよい。

## 掘り起こしたい
## オオヨモギ（ヤマヨモギ）

ヨモギは、市街地から農耕地、荒れ地、道端、原野、山地、河原などまで、いたるところに繁殖する。根茎は長い匐枝《ふくし》を出して繁殖する。花は両性花で、秋に痩《そう》果を結実し、繁殖する。本州、四国、九州、小笠原、朝鮮に分布する。

オオヨモギ（ヤマヨモギ、エゾヨモギ）は本州（近畿以北）に自生する。オトコヨモギ（漢名茵蔯《いんこう》）は東アジアの温帯、熱帯に広く分布し、わが国では北海道から九州までの山地に分布する。数は少なくヨモギより香りが劣るが、食用になる。ホソバノオトコヨモギは草原に生え、北海道と本州に分布する。ニシヨモギはヨモギの変種で、関東以西に分布するが、香りがヨモギよりやや劣る。ヨモギ属の仲間は世界で約二五種、日本に三七種もあり、変種もあるので、数が多い。そのうち以上の五種が食用として利用できる。なかでもオオヨモギは、奥地に生え、香りが爽快で、品質的にすぐれた高級品である。

## 薬効性、栄養価の高い健康食

生薬名の艾葉《がいよう》は疾《やまい》を艾《おさむ》（止める）草の意味で、民間薬に広く使われている。成分はシネオール、セスキテルペン、コリンなどで、解熱、利尿、補血、止血、殺菌、制菌、強壮などの薬効がある。とくに良質の葉緑素を含み、末梢血管を拡張して新陳代謝を高めるほか、抗アレルギー作用があり、免疫力を高める効果がある。

栄養的には、カリウムが多く高血圧予防に、カルシウムをイワシの二倍含み骨づくりによい。また、β-カロテンを五三〇〇マイクログラムも含み（コマツナの一・七倍）、目に効果がある。また、ガン予防の効果がある。ほかにビタミン$B_1$、$B_2$、$B_6$、C、E、ナイアシン、葉酸、パントテン酸を含む。このようにヨモギは万能薬草で、健康草として有望である。

### 今後有望な食品活用

特有の芳香を生かした日本的な食品加工に向く。とくに米を原料にした凍み餅、草餅、ご飯、かゆ、パスタ、団子などに向く。また、パン、めん類などへの加工、ふりかけ、つくだ煮、粉末化して菓子、漬物などにも向く。さらにヨモギ酒、入浴剤、エキス、もぐさ、薬用など、幅広く活用できる有望品目である。

# 第5章 その他の山の幸76種＝効用、加工・利用のポイント

| 利用と加工法 | 摘　要 |
|---|---|
| 地上部：アク抜きして煮つけ，つくだ煮加工，粕漬，甘煮など<br>根：アク抜きしてきんぴら，あんかけ，すき焼，煮つけ，汁の実，粕漬，みそ漬，からし漬など。新根を使う | 薬用植物で，利尿，神経痛に。未利用資源が多い。寒い地方で栽培される |
| 生は天ぷら，フライ，油妙め，煮つけ，和え物，甘煮など。地下茎は果実酒の原料，みそ漬，粕漬，乾燥 | 資源量が少ない。薬用植物で，体力回復，滋養強壮効果 |
| 若い茎は酸味を有する。80℃くらいの熟湯に通すと酸味がやわらぐ。和え物，甘酢漬，カレー煮，煮びたし，天ぷらなどにする。保存法は塩漬，乾燥 | 薬用植物で根を利用。緩下，通経に用いる。未利用資源である |
| 生は汁の実，油炒め，和え物，酢の物，おひたしなど野菜並みに利用。保存は塩漬 | 栽培が容易で促成栽培ができる |
| 生食用で，乾燥すると有毒になる。生食，おひたし，サラダ，即席漬など。健康茶にはしないこと | 薬用植物で第一級の薬草。浄化作用，体の毒素を排出する。糖尿病 |
| 昔から親しまれたトトキのことで，アクやクセがなく万人向きの山菜。おひたし，和え物，煮びたし，天ぷら，汁の実など。保存は冷凍加工，塩蔵，うのはな漬 | 未利用資源が多く，漢方薬の一つ |
| 早春の山菜で，新芽をゆでて酢みそ和え，三杯酢，煮びたし，ひや汁，汁の実に。ほかに塩漬などにする | 薬用植物で便秘に用いる。たむしにつける |
| 秋に掘り上げたキクイモを利用する。昔はイヌリンを多量に含むので果糖製造の原料にされた。最近ダイエット甘味料として注目され，研究されている。酸と熱に強い甘味料。天ぷら，みそ漬，粕漬，酢漬にされ，市販される | 東北地方の一部で栽培されている。野生種は大部分未利用である |
| 早春の山菜で，春早く発生して緑が目立つ。特有の香りがあって料理しだいで生かされる。天ぷら，フライ，和え物，煮つけ，酢の物，卵とじ，汁の実など。塩漬。熱を通して乾燥する | 未利用資源である。方言でヤマニンジンと呼んでいる |
| 早春の山菜で，クセがなく，ソフトな味が和え物，あんかけ，煮つけ，卵とじ，煮物によく合う。手で触るとザラザラする毛があり，採らない人が多いが，一度食べると再び利用したくなる。加工は塩漬 | 高山にミヤマコウゾリナなど似た仲間があるが，資源保護のため採らないこと |
| 早春から7月ころまで利用できる。伸びても先端の部分は食べられる。クセがなく，キク科の軽い香味が魅力。天ぷら，和え物，酢の物，汁の実など。加工は塩漬，冷凍，粕漬，みそ漬など | 未利用資源で大量に採れる |

## 1、山菜

| 植物名（科名） | 生　育　地 | 分　　布 |
|---|---|---|
| アザミ（キク科） | 平地から高山までの山麓，谷間などに群生している | わが国に100種分布し，そのうち30種が食用になる。地域によって種類が変わる |
| アマドコロ(ユリ科) | 明るい原野，丘陵地に多く自生する | 北海道～九州に分布 |
| イタドリ（タデ科） | 平地から高山まで自生する。山間地帯に多く生える | 九州より北海道まで，オオイタドリは中部以北に分布 |
| オカヒジキ（アカザ科） | 海岸の砂地に自生し，農地でも栽培される | 北海道～九州の海岸砂地に分布する |
| オランダガラシ（クレソン）（アブラナ科） | 帰化植物で，湧水地,小川などに繁殖し，集団をつくる。一部で栽培される | 日本全土に分布し,繁殖力が強く,高山地帯の沼にも分布する |
| オケラ（キク科） | 山麓の草地または雑木林内に自生し，日当たりを好む | 本州，四国，九州に群生して分布する。仲間が多いから，よく判別して使う |
| ギシギシ（タデ科） | 畑の雑草で，都市部から山地まで広く繁殖する | 北海道から九州まで広く分布し，大部分が未利用資源 |
| キクイモ（キク科） | 帰化植物で，道路周辺の荒地に大繁殖している | アメリカ大陸原産で，全国各地に野生化している。高さ2mで毛がある |
| コシャク（セリ科） | 山麓，沢地，川岸，原野などに集団で群生し，白い花が一面に咲く | 北海道～九州の平地から高山まで広く分布し，湿り気のある土地に多い |
| コウゾリナ(キク科) | 原野，土手，川原に集団で群生する | 北海道～九州の平地から高山まで広く分布し，東北地方に多い |
| ゴマナ（キク科） | 原野，道端，川岸などに群生している | 北海道から九州まで広く分布する。エゾゴマナが北海道に分布し，食べられる |

| 利用と加工法 | 摘　　要 |
|---|---|
| 早春から6月ころまで利用できる。シュンギクのような特有の香りがあって若芽は和え物，煮びたし，酢の物，煮つけ，汁の実などになる。若い花は天ぷらとして逸品。加工方法は塩漬，うのはな漬，乾燥品 | 未利用資源の山菜である。似た仲間にオカオグルマとミヤマオグルマがあり，食用になる |
| 食用には若芽，若葉を利用する。採取は5～7月ころ。ぬらめき物質がジュンサイの強壮効果のもとだから，新鮮なものを食べる。生で酢の物，酢みそ和え，煮びたし，汁の実，澄まし汁などにする。加工はビン詰 | 沼地などは環境が年々悪化して生産量が減少している |
| 一般には観賞用として利用され，直売所では鉢植えとして売られている。食用にするのは花と花茎で，材料の30％の塩で漬け込み，2日後に汁を捨て，梅酢に漬けて保存する | 資源量が年々減少しているから，計画的な利用を図ること |
| 6～8月ころ畑に繁殖する。根を採った残りの全草を洗い，熱湯でゆで，天日乾燥し，ゼンマイのように保存する。これを漬物，油炒めにする。生食は酸味があるので酢みそ和え，マヨネーズ和えにする | 未利用資源で資源量が多い。乾燥品がよい |
| 早春の香りを代表する山菜で，さわやかな味が野生種では抜群である。おひたし，汁の実，和え物，天ぷら，フライなど料理幅が広い。加工は即席漬，粕漬，みそ漬 | 春の七草の薬用植物で，解熱，浴料 |
| 花が青紫色で美しく，重要な山草で，珍品扱いされる。若芽は白い乳液が出るのが特徴で，滋養強壮食品である。和え物，おひたし，酢の物，粕和え，サラダ，天ぷら，汁の実，煮物，卵とじ。加工は冷凍，塩漬 | 5～6月に採取。資源量が少ないので，栽培化が望まれている |
| 食用部位は若芽の柔らかい部分で，5～6月ころ採取。個性の強い山菜で独特の香りがある。天ぷら，和え物，煮物，油炒め。加工は塩漬 | 資源量が少ない山菜 |
| 食用には根茎を使う。複雑な風味で珍品である。根茎を割ってタレをつけるつけ焼きがよい。加工では粕漬が珍味 | 薬用植物でせき止めに使う。資源量が少ない |
| 名の通った山菜で，春に若芽を採取する人が多い。歯切れ，しなやかさがあり，若者向きの山菜。油炒め，和え物，三杯酢など。保存は冷凍，塩漬，粕漬など | 東北地方を代表する山菜で，資源量が比較的多く，山菜狩りの目玉になる |
| 古典派の山菜で，クセがなく一般向き。栄養価が高い。つくだ煮に加工され名物となっている。和え物にするとよく合う。天ぷら，油炒め，汁の実など。加工はつくだ煮，冷凍，塩漬 | 資源量があって大部分未利用。早春の山菜時季を失わないこと |
| 若芽は特有の甘味があって美味である。5～6月が採取適期。薬用は根茎を秋に掘り，乾燥する。若芽はおひたし，和え物，フライなどにする | 薬用植物で，滋養強壮効果がある。大量に食べると副作用があるので注意すること |

| 植物名（科名） | 生　育　地 | 分　　布 |
|---|---|---|
| サワオグルマ（キク科） | 湿原，休耕田，田の畦，流畔に群生している。高山の湿原にもある | 本州，四国，九州に分布し，東北地方に多い。花が咲くと遠くからでも目につく |
| ジュンサイ（スイレン科） | 古い池，沼で水底にヘドロの深いところに群落をつくる | 全国各地に分布。東アジア，西アフリカ方面まで分布する。日本では一部で栽培される |
| シュンラン（ラン科） | マツ林，雑木林の比較的乾燥地に群生している | 北海道（奥尻島），本州，四国，九州に分布する |
| スベリヒユ（スベリヒユ科） | 畑地を好む畑の雑草で，夏に大繁殖する | 世界的に分布する雑草で，日本全土の農耕地に多い |
| セリ（セリ科） | 湿った土地，川岸，田の畦，谷間などに群生する | 全国各地に分布する。栽培地が各地にある |
| ソバナ（キキョウ科） | 山地の谷間，湿気の多い山麓に集団で群生している | 本州，四国，九州に分布し，東北地方の多雪地帯に多い |
| タマブキ（キク科） | 川岸，山麓，谷間に群生する | 本州中部以北と東北地方に分布。本州東海道以西のものは同じ仲間のモミジタマブキ |
| ツルニンジン（キキョウ科） | 原野，山麓，谷間の肥沃地に自生する | 全国的に分布している。朝鮮（韓国）では栽培地がある |
| トリアシショウマ（ユキノシタ科） | 原野，山麓，谷間などいたるところに自生する。里山にも多い | 北海道，本州，近畿地方の平地から高山まで分布する。多雪地帯に多い |
| ナンテンハギ（マメ科） | 山麓の原野，農地の土手，日当たりのよい傾斜地に多い | 全国に分布する。似た仲間があり，いずれも食用になる |
| ナルコユリ（ユリ科） | 明るい谷間，山麓，川岸など排水のよい肥沃土に自生している | 日本全土に分布するが，資源量が少ない。大形のヤマナルコユリが日本全土に分布する |

| 利用と加工法 | 摘　　要 |
| --- | --- |
| 漁村の摘み草の一つで，砂の中から掘る。赤黄色味を帯びたものが良品。独特の香りと風味がある。サラダ，おひたし，汁の実，漬物，和え物などにする | 赤味の「八百屋防風」は市販されている。栽培化されている |
| 出始めた若芽は茎が紫色を帯び，美しい。生を天ぷら，ゆでてアクを抜いたものを和え物，汁の実，酢の物，切り和えなどにして食べる。塩漬にしておき，ミックス漬に二次加工する。ゆでて乾燥し煮物に使う | 北の地方では未利用資源になっている。塩蔵して二次加工を考えるとよい |
| 柔らかい茎葉を食用にする繊細な食品である。淡白な味で，ゆでて三杯酢，甘酢漬，みそ和え，菓子和え，汁の実，マヨネーズ和えなどにする。加工は塩漬程度 | 汚水，濁水または農薬が流れ込む場所からは絶対採らないこと |
| 実（石果）を採取して，ヒシ飯，ヒシ豆腐，砂糖漬，菓子，ヒシ果実酒，ヒシ焼酎などにする。薬用植物で強壮，鎮痛，解毒に煎じて服用する。実はゆでて食べられる | ヒシ，オニビシ，ヒメビシの3種がある。佐賀県の特産。栽培化されている |
| 野生のミツバは，栽培品に比べ香りが強く食べておいしい。4～5月ころまで利用できる。料理はよく知られ汁の実，和え物，卵とじ，澄まし汁，即席漬，ご飯などに。塩漬して二次加工する | 同じ仲間にウシミツバ，ハニヤミツバ，ムラサキミツバがあり，同じように食用になる |
| 市販されているヤマゴボウ漬は栽培品である。野生種は香りが強く組織が硬い。若い根葉を使う。葉は汁の実，糠漬，和え物。根は煮つけ，天ぷら，きんぴら，汁の実，甘酢漬，酢の物，粕漬など。保存は塩漬，これを粕漬，みそ漬に | 自生地の資源は少なく，栽培するしかない。すき焼き用として栽培すると有望 |
| ジネンジョは粘りがナガイモの数倍あって珍品扱いされる滋養食品で，直売所の人気商品。トロロ料理を中心に天ぷら，薬膳料理，滋養食，むかご飯，葉の健康茶，山薬酒など | 資源量は多いが，掘り上げが困難である。栽培化を進めたい |
| 一名「イワダラ」。昔から食べられた山菜で，独特の歯ざわりがあって人気が高い。おひたし，和え物，三杯酢，汁の実，油炒め，天ぷらなどに利用できる。塩漬，冷凍，粕漬などに加工する | 多く採れる山菜で，自生環境がわかればたくさん採れる。高山地帯では採らないこと |
| 根茎はワサビに比べると小さく短い。ほのかな辛味と青くささがあって日本的な風味。食用部はワサビと同じで，地上部から花まで利用する。さっとゆで，おひたし，煮びたし，和え物，サラダ，天ぷら，汁の実など。ワサビのように熱湯を注ぎ，辛味を出して食べる。塩漬，粕漬 | 資源的に少ない。今後栽培化を図り，名産づくりをするとよい。ワサビと組み合わせた製品開拓を |
| 万葉の時代から愛された春の七草の一つ。シュンギクのような香りが受けている。最近人気が高くなり，注目されてきた。B-カロテンを6,700 $\mu g$（ナバナの3倍）含み，ビタミンが多く，高栄養価食品。天ぷらがもっともよく合う山菜。和え物，ご飯，油炒め，汁の実など万能山菜。冷凍保存して炊き込みご飯によい。塩蔵してつくだ煮加工するとよい | たくさんある山菜で，環境をつくっておくと自然に繁殖する。自生地栽培を進めたい |

| 植物名（科名） | 生　育　地 | 分　　布 |
|---|---|---|
| ハマボウフウ（セリ科） | 海岸の砂浜に自生している | 日本列島の砂浜に分布しているが，近年資源量が減少している |
| ハンゴンソウ（キク科） | 湿った原野，谷間，湿原などに生え，集団で群生する | 本州中部以北,北海道に分布する。北海道にエゾオグルマがあるが，食用にはしない |
| バイカモ（キンポウゲ科） | 水草。水が澄んで強く流れる水底に美しい緑のカーペットをつくる | 全国に分布する。仲間がたくさんあり，同じように食用になる |
| ヒシ（アカバナ科） | 水深1～1.5mの池や沼地で日当たりのよい腐植物の多いところに自生する | 本州，九州，台湾，中国（北東部）に分布する1年生の水草 |
| ミツバ（セリ科） | 湿り気のある農地，湿地，谷間，川岸など広い範囲に自生する | 全国各地に分布している。春の摘み草 |
| モリアザミ（キク科） | 日本固有の植物でヤマゴボウとも呼ばれる。草原に自生するアザミ | 本州，九州に分布し，それぞれの地域名がある。金沢市の白山ゴボウなど |
| ヤマノイモ（ジネンジョ）（ヤマノイモ科） | つる性草本で，雑木林，散生地，沢通りなどに群落をつくっている | アジア東部に分布し，日本では本州から九州まで広く分布する |
| ヤマブキショウマ（バラ科） | 原野，山麓，谷間などに自生している。道路沿いに意外に多い | 北海道から九州まで分布している。似た仲間が多いが，本種が食べられる |
| ユリワサビ（アブラナ科） | 樹陰地の湿り気の多い水がじわじわ流れるようなところを好み，繁殖している。冷涼な環境を好む | 本州，四国，九州の山地に分布するが，資源量が少なく珍品の仲間 |
| ヨメナ（キク科） | 道端，土手，川岸，原野などいたるところに繁殖している雑草。集団で群生する | 本州から九州まで広く分布する。関東以北にカントウヨメナ，西日本にオユウガギクが自生する。この仲間は食用になる |

| 利用と加工法 | 摘　　要 |
|---|---|
| つる性植物で木や岩にはい登り，春の新芽は採取が容易でたくさん採れる。さわやかなキュウリのような香りがする木の芽で，おひたし，酢の物，和え物，煮つけ，油炒めにする。塩漬，冷凍加工 | 同じ仲間のツルデマリも同じように利用できる |
| 低木でトゲがないので採りやすい。若芽はおつな味と香りをもつ木の芽で，フライ，和え物，汁の実，油炒め，卵とじにする。塩漬加工 | 資源量が少なく，あまり活用されていない |
| 葉の中央に実がなるので，イカダにたとえて名前がついた。若芽はクセのないソフトな味で親しまれている。和え物，天ぷら，油炒め，汁の実，つくだ煮のほか煮物に入れたりする | 未利用資源で資源量が多い。庭植えされている |
| 高木になるが，若い木から若芽を採取する。きど味が強い木の芽で，山菜通に人気が高い。料理はタラノキと同じ。加工は塩漬 | 大形の木の芽で，遠くからでも目につく。資源量は少ない |
| 落葉小低木で高さ2ｍくらい。群生しているので，若芽は採りやすい。若芽はクセがなく，ソフトな味が親しまれている。和え物，天ぷら，汁の実，油炒めなどにする | 未利用資源であまり活用されていない |
| ヤマグワも以前は養蚕に利用されていた。系統があるが，いずれも食用になる。若芽の天ぷら，和え物は美味で栄養価が高い。果実はクワ酒にする。栽培クワの葉も食べられる | 品種はヤマグワ，ノグワ，オナガグワ，ハマグワ，アマクサグワなどたくさんある |

| 利用と加工法 | 摘　　要 |
|---|---|
| 果実は，昔からギンナンが愛好されてきた。葉は薬用植物として用いられる。果実は栄養価が高く健康食にされている。利尿効果や保温作用があるといわれる。生の果実（ギンナン）は料理用が中心で，ギンナン酒，菓子用 | 栽培が盛んで年々生産量が増加している。直売用として人気が高い |
| 夏季冷涼なところに自生し，樹勢が強く，高い木に数年おきに果実が実る。果実酒にすると風味のよい野生ナシ酒ができる。ワインの可能性あり | 栽培されていない珍木。白花が目立つので，これを目標にする |

## 2、木の芽

| 植物名（科名） | 生　育　地 | 分　　布 |
|---|---|---|
| イワガラミ（ユキノシタ科） | 原野から森林までのいたるところに繁殖するつる性植物。立木にはい登る | 北海道から九州まで分布。ツルデマリも同じ地域に分布 |
| タカノツメ（ウコギ科） | 雑木林かマツ山の尾根筋に多く生える | 全国に分布し，似たものがない |
| ハナイカダ（ミズキ科） | 湿ったやぶ地，スギ林内に群落をつくっている | 北海道（南部）から九州まで分布している |
| ハリギリ（ウコギ科） | 伐採跡地，雑木林，散生地などに点在 | 全国にケハリギリ，キレハリギリ，ミヤコダラガが分布している。いずれも食用 |
| ミツバウツギ（ミツバウツギ科） | 原野，谷間，道路沿いなどに生えている | 全国に分布する。似た仲間は少ない |
| ヤマグワ（クワ科） | 野生種は雑木林，谷地，散生地などに点在している | 北海道から九州まで分布する。50種くらいあり，いずれも食用になる |

## 3、木の実

| 植物名（科名） | 生　育　地 | 分　　布 |
|---|---|---|
| イチョウ（イチョウ科） | 寺，神社，公園，家屋敷周辺に植えられており，近年は街路樹としても植えられている | 中国原産の1属1種の古代から生き続けた木で，巨木も多い |
| イワテヤマナシ（バラ科） | 落葉高木で日本ナシの原種。山中の林の中に自生している | 本州，四国，九州の一部に自生する幻の木。屋敷周りにあるものはホクシマメナシ |

| 利用と加工法 | 摘　要 |
| --- | --- |
| 名前がよいので，盆栽や庭木が直売所で人気。実は淡い甘味がふるさとの味。実と組み合わせて庭木を売るとよい。ジュース，ゼリー，アイスクリームに使うとよい | 有毒のヒョウタンボクは球形の赤い漿果が2個同じところにつく。ウグイスカズラは実が楕円形で赤い液果が1個つく |
| エビヅルは里山に自生し，サンカクヅルは山地に自生している。生食ができ，直売所で売れる。加工の重点品目はゼリーで，市販されている。果実酒は珍品ができる。ジュース，果汁，アイスクリームなどに加工できる | 資源量が少なく，一部の地域で栽培されている |
| 果実酒にするとフランスの銘酒ノイブラットのような酒ができる。芳香性が抜群で，花はリンゴに似ている。リンゴの仲間である。果実はウメより大きく，小さいリンゴ形で美しいので，生が直売所での人気商品 | 資源量が少なく保存が課題。栽培されていない |
| 加工処理が難しく消費が伸びない。カヤの実を妙って砂糖で固めてつくる「カヤ糖」は名菓である。今後カヤチョコレート，ケーキ，カヤ餅に加工するとよい | 栽培化され，集落周辺に植えられている。チャボガヤも一部栽培されている |
| 地域特産としてキイチゴの掘り起こしが必要。東北地方のモミジイチゴ，エビガライチゴ，クマイチゴ，クサイチゴなどを使った製品開拓を。西日本ではナガバモミジイチゴ，フユイチゴ，カジイチゴなどたくさんあり，野性味を生かした菓子，果実酒，ジャム，ゼリーなどに加工できる | 品種改良して栽培化が望まれている |
| 芳香性の高い野生ボケで，秋に黄色く熟すと黄金色が目立ち，採取する人が多い。芳香が抜群で天然芳香剤の開発が期待される。果実酒，ドリンク，ジャム，ゼリー，ようかん，フレーバーティ，砂糖菓子などに使う | 資源量が減少し栽培が望まれている。鉢植えは珍品で直売所で人気 |
| 昔から利用された木の実だが，最近あまり利用されていない。アキグミはもっとも美味で赤い実が美しいので，直売所で枝ごと売れる。果実酒，果汁の天然着色料，ゼリー，シロップ漬になる | 資源量が減少しているので，保護対策が必要 |
| 果物，木の実類のなかでケンポナシの果実は柄の部分が肥厚して特異な形をしている。日本列島の珍果で，一度食べると忘れがたい。発酵抑制作用がある果実はほかにないので，発酵抑制剤，果実酒，ドリンク，薬用にする | 資源が少なく栽培されていない。薬用植物で，酒の毒を消す |
| 高山植物のため採取できないので，輸入品が売られている。採取可能地域から採取する。生食，ジャム，食品の飾り，ジュース，ゼリー，ドリンク，果実酒など | 薬用植物で，疲労回復，強壮，鎮静，整腸，不眠など。栽培化が望まれている |
| 古代から利用された木の実でよく知られる。野生グリは栄養価が高く，最近見直されてきた。利用形態が変化して，生の冷凍，つくだ煮加工などに使う | 直売用として生グリの販売は有利である。食べ方や保存法をPRする |

| 植物名（科名） | 生　育　地 | 分　　布 |
| --- | --- | --- |
| ウグイスカズラ（スイカズラ科） | 落葉小低木で，雑木林，原野，散生地などに自生している。半日陰地を好む | 各地に分布する。種類が多く約20種あるが，ヒョウタンボク類は有毒である |
| エビヅル（ブドウ科） | 海岸性の品種は海岸地帯に多く自生する。内陸の品種は里山周辺に自生している | 本州，四国，九州，朝鮮，中国に広く分布し，種類が多い |
| オオウラジロノキ（バラ科） | 山地の峰通りなどに巨木が残っている。若木は雑木林に稀に残る | 本州，四国，九州に分布する。落葉高木で，山地に幻の資源として残っている |
| カヤ（イチイ科） | カヤとチャボガヤの2種がある。カヤは巨木性で屋敷に植えられている。チャボガヤは山地に群生 | 全国に分布または栽培されている。チャボガヤは資源量が少ないが，良質のカヤノミが採れる |
| キイチゴ類（バラ科） | 原野，道端，荒地などに繁殖している | イチゴの仲間は国内に70種くらい自生して，それぞれ違った環境で生育する |
| クサボケ（バラ科） | 野原や水田，畔，畑の土手，沼の土手などに自生する。日当たりを好む | 日本特産で本州福島以西に分布する。資源量が限られ，貴重価値 |
| グミ類（グミ科） | 各地の川原，草原，散生地，道路沿いなどに自生する | 種類が多く，日本に40種ある。日本全土，中国に分布している |
| ケンポナシ（クロウメモドキ科） | 沢地，山麓，川岸などの森林の中に点在している | 北海道（奥尻島），本州，四国，九州，朝鮮，中国に分布している |
| コケモモ（ツツジ科） | 高山の湿原地帯に集団で群生している | 高山植物で1,000m以上の高地に分布している。全国に分布する |
| シバグリ（ブナ科） | 高山の湿原地帯に集団で群生している | 日本全土に分布し，資源量が多い。クリタマバチの被害が多い |

| 利用と加工法 | 摘　　要 |
|---|---|
| つる性の野生種。茎と葉が対生し，葉は三角状卵形。秋に球形の小さい液果が熟する。生食もでき，直売所で売ると珍品扱いされる。ブドウのなかでも高級品で，ワイン，ゼリー，ドリンク，果汁，酵素エキスなどに加工される | 資源量が少なく，栽培化しないと加工開発が進まない品目 |
| 名前のとおり実がツクバネに似ており，正月の飾りに枝ごと直売所で売れる。果実は炒って食べられ，珍品扱いされる。漬物はヤマブドウと組み合わせるとよい | 品質，自生地の点で資源にバラツキがある。栽培は大変むずかしい |
| 昔から利用された木の実で，いまではトチ餅，トチようかんなど，ふるさと重要物産である。今後新しい利用開発を目指すことが必要。利用面では菓子，餅加工と幅広い。粉末加工品は海外から輸入されている | トチの実のデンプンは穀類中最高の品質で，利用面も広い。栽培化が課題 |
| ひじょうに酸味が強く，生食用としては不向き。古い時代のスモモの生き残りで，それが自然に繁殖したもの。果実は赤紫に熟す。果実をブランデーに漬け込んで飲む | 原種の保存が望まれる。風味抜群の酒ができる |
| ヘーゼルナッツは輸入木の実で，ナツハゼは同じ仲間の日本野生種。実が小さく経済性がうすいが，味は超一級品で栄養抜群である。妙って食べる。茶碗蒸し，チョコレートによい。粉末加工などにして二次加工品をつくる | ハシバミとツノハシバミの2種がある。外国のヘーゼルナッツは栽培される |
| 北海道の十数市町村で栽培されたクロミノウグイスカズラのこと。北海道ではハスカップで売り出している。ゼリー，アイスクリーム，ワイン，シロップなど多くの産品が市販されている。果実酒が有望である | 栽培は栽培環境をよく調べてから行なう |
| 北国の海岸に咲く開花期の短い美しい花としてよく知られる。香りの花で，香料，石鹸，香水，浴用剤などが期待開発品目。食品ではジャム，ゼリー，ジュース，ワイン，和洋菓子，薬用などに用いられる | 果実にはビタミンCが多い。花は香料として幅広く利用できる |
| 老木にならないと実がならない。実は妙って食べると香ばしく，つまみとして珍品扱いされる。数年おきに実るから，毎年は収穫できない | 盆栽が直売所で売れる。資源量が少ない |
| つる性の落葉木。わが国特産の薬用植物で，未知の有効成分を秘めた妙薬として今後注目される。実は生食でき，直売所では珍品中の珍品。また盆栽として売られている。雌雄異株で実のなる木は少ない。薬用酒，ジャム，ゼリー，浴用剤，香料など | 栽培は数県で行なわれている。つる材は薬用で，神経痛の妙薬 |
| アケビの仲間で，アケビは熟すると口が開くが，ムベは熟しても割れない。薬用植物で，健康食品として用いられる。アケビと同じ用途があって，果実酒，皮の利用，料理用として使われている | 東北地方でも栽培され，鉢植えにして直売用として売れる |

| 植物名（科名） | 生　育　地 | 分　　布 |
|---|---|---|
| サンカクヅル（ブドウ科） | 山地の小型野生ブドウ。山地の雑木林内に自生している | 本州，四国，九州，朝鮮，中国に分布し，資源量が少ない。雌雄異株 |
| ツクバネ（ビャクダン科） | 落葉低木でほかの植物に半寄生する。スギ，モミ，ツガなどに寄生している | 本州（中部以北），四国，長崎県に分布している。中国にも分布する |
| トチノキ（トチノキ科） | 奥地の森林内に自生しているほか，公園街路樹として植えられている | 北海道から九州まで広く分布している。海外にも同じ仲間が多い |
| ニホンスモモ（バラ科） | 本州中部以北の山村に自生する | 資源が少なく保存資源である |
| ハシバミ（カバノキ科） | 雑木林，道端，谷沿いなどに生えている。落葉低木 | 日本全土，朝鮮，中国，ウスリー，アムールなど広い地域に分布 |
| ハスカップ（クロミノウグイスカズラ）（スイカズラ科） | 落葉低木で，亜高山地帯の日当たりのよい草地に生える | 本州中北部，北海道に分布する。朝鮮，中国北部，東シベリアに分布 |
| ハマナス（バラ科） | 北の海岸に咲く落葉低木で，各地に庭植えされている | 日本海岸の鳥取県以北，太平洋側の茨城県以北，それに朝鮮半島，アラスカ，中国などに分布 |
| ブナ（ブナ科） | イヌブナとブナがあって自生地が変わる。イヌブナは暖地，ブナは寒冷地に多く，奥地の森林に多い | 日本全土に分布している。北のほうに資源が多く，暖地に少ない |
| マツブサ（マツブサ科） | 山地の峰地に多く自生しているが，資源量が少ない | 北海道，本州，四国，九州，朝鮮（済洲島）に分布している。わが国の特産物 |
| ムベ（アケビ科） | 暖地の雑木林に自生，または庭木として売られている | 本州（関東以西），四国，九州，沖縄，南朝鮮に分布する |

| 利用と加工法 | 摘　要 |
|---|---|
| 常緑の高木で，雌雄異株。果実は暗紅紫色で甘酸っぱく，表面に密に多汁肉質の突起がある珍果。ビタミンの葉酸を多く含む。砂糖漬，果実酒，ジャム，ゼリー，アイスクリームなど | 資源量が少ないので栽培化を図る。薬用植物で下痢止め，虫歯の痛みに効く |
| 落葉高木。赤く熟した果実はヤマボウシに似て美しい。果実酒は風格のある珍酒。ジャム，ゼリー，ようかんなど産品おこしの目玉になる | 資源量が少なく，とくに実のなる木が少ない。栽培地は全国各地にある |

| 利用と加工法 | 摘　要 |
|---|---|
| 落葉高木で，雌雄異株。名のとおり若芽が紅赤色で，葉がカシワに似ている葉，樹皮を細かく刻み天日乾燥する。成分は皮にイソクマリン系物質のベルゲニン，葉にフラボノイドを含み，胃潰瘍，十二指腸潰瘍に効く | 製薬原料。民間薬。使用量は1日5～10g。庭木として売れる |
| 多年草で種類が多く，紫花，黄花，白花がある。花が錨《いかり》に似ている。薬用部は茎葉。4～5月に刈り取り，天日乾燥して保存する。イカリイン，マクノフロリンを含み強壮，強精薬。薬用酒づくりはホワイトリカー1.8ℓ，乾物100g，果糖100g | 資源が減少している。山草として人気が高く，売れる |
| 多年草で高さ20～30cm。紫色の唇形花が咲く（7月）。利尿効果の高い薬草として乱獲され，資源が少ない。利尿，腫れ物，膀胱炎などに効く。1日量5～10g。採取は花穂が半分枯れたころ | 花が美しく寝賞用として売れる |
| 種類が多く13種ぐらい。高さ50～80cm。花は黄色。葉の裏に黒い斑点がある。有名な薬草で切り傷に使う。ピペリジン，タンニンを含み，傷，浄血，鎮痛，リウマチなどに用いられる。1日5gを煎じ，3回に分けて飲む | 花が美しく小形で，鉢植えにして売れる |
| 落葉高木で高さ25m。樹皮をむくと黄褐色で，これを夏にはぐ。果実は黒く熟す。生薬名黄柏《おうばく》。製薬，漢方原料。成分はアルカロイドのベルベリンなどで，健胃，整腸，消炎に用いる。ほかに打撲，捻挫に用いる | 資源量が減少しており，一部栽培されている |
| 落葉低木で細かい枝が伸び，トゲがある。赤い実が美しい。クコブームがあって各地に広がり，自然繁殖している。葉は健康茶，果実，根は天日乾燥して消炎，解熱，強壮などに用いる。1日6～15gを煎じ，3回に分けて飲む | 新芽を健康茶にすると高血圧症の予防になる |

| 植物名（科名） | 生　育　地 | 分　　布 |
|---|---|---|
| ヤマモモ（ヤマモモ科） | 温暖な海岸沿いの山村に生育するほか，人家で栽培される | 本州では関東以西，四国，九州に分布 |
| ヤマボウシ（ミズキ科） | 雑木林，谷地，山麓，峰地などに幅広く自生し，一部で栽培される | 本州～九州，沖縄，台湾，朝鮮に広く分布している。公園樹，街路樹として植えられる |

## 4、薬草、薬木

| 植物名（科名） | 生　育　地 | 分　　布 |
|---|---|---|
| アカメガシワ（トウダイグサ科） | 平地や山地の林縁や川辺に自生する | 本州，四国，九州に分布する |
| イカリソウ(メギ科) | 山地，林縁，草地に自生する | 北海道から九州まで分布する |
| ウツボグサ(シソ科) | 山野，道端に自生する | 日本全土に分布する |
| オトギリソウ（オトギリソウ科） | 新しく開発された日当たりのよい土地に多い | 開発地域が日本全土にある |
| キハダ（ミカン科） | 奥地の雑木林に点在している | 北海道から九州まで分布する |
| クコ（ナス科） | 原野，路傍に自生または栽培されている | 日本全土，中国に分布している |

| 利用と加工法 | 摘　　要 |
|---|---|
| 多年草で繁殖力が強い。花は紫花と白花があり，西日本では紫花。三大薬草の一つでよく知られた薬草。フラボノイドのケンフェリトリンやクエルセチンを含み，腸の緊張を高めて縦走筋の運動を抑える。胃潰瘍，十二指腸潰瘍など | 開花期に採取する |
| 落葉高木で高さ20m。同じ仲間に低木のタムシバがある。仲間が多いが利用できる。薬用には花の蕾を用い，漢方原料，民間薬にする。樹皮には有毒成分があるので用いないこと | タムシバは低木で花が白花で美しく，庭植えされる |
| つる性の半常緑樹で，5m近くに達する。花は白色と黄色が同じ木に咲く。一名を金根花といい，薬用酒に使う。夏に花のつぼみ，葉を天日乾燥して保存し，解毒，利尿，浄血，化膿症などに用いる。1日10gを煎じ，3回に分けて服用する。浴湯料として打ち身，腰痛によい | 近くのやぶ地にたくさんあるが，あまり利用されていない |
| 越年草で，全草がきわめて苦い。花は白花と紫花がある。紫花をムラサキセンブリ，白花をセンブリという。本命は白花で，薬効が高い。成分はスウエルチアマリンで，開花直前に多く含む。消化不良，食欲不振，抜け毛などに用いる。1日0.3～1gを煎じ，3回に分けて飲む | 資源量が減少し，保護対策が必要 |
| 多年草で，全草に芳香があり，味はやや甘く若干辛味がある。日本トウキは日本の高山地帯に生え，栽培されているトウキとは違う。根が本命だが，資源保護のため葉と茎を使う。浴湯料は腰痛，月経不順，血行，婦人病に用いる | 血をサラサラにして強壮効果のある薬草。保護対策が必要 |
| 多年草で，草全体に特異な臭気がある。花は白色。名の通った薬草で利用度が高い。全草をよく洗って天日乾燥し，保存して飲む。1日10～15gを煎じて高血圧，利尿，解毒などに服用する | 安全な薬草で，飲みすぎても心配がない。健康茶に用いる |
| 多年草で高さ40～60cm。花は夏～秋に咲き，黄色。保護が必要な植物で，岩場の草地にわずかに自生する珍品。同じ仲間にホタルサイコ，ハクサンサイコがある。成分はサイコサポニンで漢方原料。解熱，解毒，鎮痛効果がある | 栽培化して用いるとよい。血圧降下作用もある |
| カエデの仲間の落葉高木。小枝，葉が毛でおおわれる。最近、メグスリノキブームがあって話題になった。樹皮，小枝，葉にエピ・ロードデンドリンを含み，肝臓病に用いる。幹材は薬効が少ない。1日15gを煎じて服用する | 紅葉が美しく庭木としても売れる |

| 植物名（科名） | 生　育　地 | 分　　布 |
|---|---|---|
| ゲンノショウコ（フウロソウ科） | 山野，路傍に繁殖する | 日本全土に分布する |
| コブシ(モクレン科) | 広く山野に自生する | 日本全土に分布し，わが国の特産 |
| スイカズラ（スイカズラ科） | 山野，集落周辺に多く自生する | 日本全土に分布する |
| センブリ（リンドウ科） | 日当たりを好み，原野，道端，散生地に自生する | 日本全土に分布する |
| トウキ（セリ科） | 本州北中部の高山地帯に生える。そのため日本トウキと呼ぶ | |
| ドクダミ（ドクダミ科） | いたるとことに繁殖する薬草で，集落周辺に多い | 日本全土に分布する |
| ミシマサイコ（セリ科） | 稀に山地に自生し，大部分栽培される | 福島県以南の山地にわずかに自生する |
| メグスリノキ（カエデ科） | 山地の沢通りに多く自生し，紅葉が美しい | 本州，四国，九州に分布する |

| 主な商品化（開発） | 備　考 |
| --- | --- |
| 生食用，酢漬，みそ漬，ビン詰，甘酢漬 | 雪中早出し栽培有望 |
| 生食用，糠漬，粕漬，ミックス漬 | ナンブアザミ，サワアザミの軟化栽培有望 |
| 塩漬加工，新規開拓有望 | 未利用資源で資源豊富 |
| 生食用，漬物加工，つくだ煮 | 栽培が有望 |
| 生食用，ビン・缶詰，粕漬など | 畑地栽培有望 |
| 生食用（全草，むかご），漬物多数，リンゴ漬など | 栽培有望，年数回収穫 |
| 生食用，粕漬，乾燥山カンピョウ | 東北産が品質がよく栽培化 |
| 生食用，薬用，浴用剤，ローション | 湧水での栽培が有望 |
| 生食用，乾燥，片栗粉，観賞用 | 自生地を保護し増殖 |
| 生食用，甘酢漬，冷凍品，サケとのぬた | 山間地向きの栽培品目 |
| 生食，イモからオリゴ糖，漬物加工 | 繁殖力旺盛で栽培容易 |
| 生食用，庭園用，ビン・缶詰，塩蔵 | 促成栽培が有望 |
| 生食用，みりん漬，観賞用 | 水田栽培可能 |
| 生食用 | 栽培有望 |
| 生食用，ビン・缶詰，観光用 | 湖沼，休耕田の活用 |
| 生食用，塩漬 | 資源量多い |
| 乾燥して加工 | 〃 |
| 生食用，漬物 | 水田栽培 |
| 乾燥，粕漬，水煮 | 栽培化され有望 |
| 生食用，観賞用 | 資源量少なく保護を図る |
| 生食用，塩漬 | 〃 |
| 生食用，つくだ煮，タンポポコーヒー | 資源量多く栽培可能 |
| 生食用，ビン・缶詰，つくだ煮，鉢植え | 栽培有望 |
| 生食用，ビン・缶詰，冷凍 | 栽培可能 |
| 生食用，乾燥 | 栽培化されている |
| 生食用 | 〃 |
| 生食用，キャラブキ，フキ菓子，つくだ煮，ビン・缶詰 | 栽培適地多い |
| 生食用，ふりかけ用 | 栽培可能 |
| 生食用，ビン・缶詰，漬物 | 栽培が有望 |
| 生食用，漬物，つくだ煮 | 栽培はむずかしいが有望 |

# 付録1　主な山の幸の用途，効用，商品化（開発）一覧

## 1、山菜

| 品　名 | 科 | 用途と効用 |
|---|---|---|
| アサツキ | ユリ | 香り高い強壮食品 |
| アザミ類 | キク | 利尿作用があって特徴ある珍品 |
| イタドリ | タデ | 利尿，便秘に効く薬草で珍菜 |
| イヌドウナ | キク | 独特の香りが人気の珍菜 |
| ウド | ウコギ | 香りの高い健康食品 |
| ウワバミソウ | イラクサ | 栄養価の高い珍菜で加工有望 |
| オオバギボウシ | ユリ | 野菜化した山菜，花・つぼみも食用 |
| オランダガラシ | アブラナ | 雪国で育つ帰化植物の洋菜 |
| カタクリ | ユリ | 早春の山菜で花が美しく観賞用 |
| ギョウジャニンニク | ユリ | 山一番の滋養強壮食品 |
| キクイモ | キク | 野生化したイモで未利用 |
| クサソテツ | ウラボシ | 早春の味覚，草姿美しい山の幸 |
| サワオグルマ | キク | 湿地の山菜で香りが上品 |
| シオデ | ユリ | 山菜王様クラス高級品 |
| ジュンサイ | スイレン | 原始的な水生植物，強壮作用抜群 |
| ジュウモンジシダ | ウラボシ | 未利用山菜で苦味が魅力 |
| スベリヒユ | スベリヒユ | 畑の雑草で酸味があって強壮食品 |
| セリ | セリ | 春の七草，薬草（鎮痛薬），香り草 |
| ゼンマイ | ゼンマイ | 山の最高級山菜，保健食 |
| ソバナ | キキョウ | 強壮食品で特有の香り |
| タマブキ | キク | 独特の風味 |
| タンポポ | キク | 薬用植物で香気のある珍味 |
| ナンテンハギ | マメ | 万人向き山菜で花が美しい |
| ネマガリダケ | イネ | アクのない最高級のタケノコで栄養抜群 |
| ノカンゾウ | ユリ | 早春の珍菜で貧血予防食品 |
| ノビル | ユリ | 早春の滋養強壮食品 |
| フキ | キク | 特有の香りが人気，薬効植物 |
| ミツバ | キク | 野生ミツバ，香りが上品 |
| ミヤマイラクサ | イラクサ | 万人向きの山菜で痛風の妙薬 |
| モミジガサ | キク | 香りの山菜で第一級品珍菜 |

| 主な商品化（開発） | 備　考 |
|---|---|
| 生食用，漬物（珍品） | 栽培は一番むずかしい |
| 生食用，乾燥，冷凍，加工用 | 栽培はむずかしい |
| 生食用，山薬酒，漢方薬，葉健康茶 | 栽培化有望 |
| 生食用 | 栽培むずかしい |
| 生食用，ビン・缶詰，花観賞用，薬用 | 栽培有望，自然増殖 |
| 生食用，冷凍，乾燥，加工用 | 資源量多い，ヤマヨモギを栽培のこと |
| 生食用，漬物各種，根粉は菓子原料 | 栽培化 |
| 生食用，加工用 | 各地で栽培，自生地保護 |

| 主な商品化（開発） | 備　考 |
|---|---|
| 生食用，つくだ煮，冷凍加工，健康茶 | 栽培有望 |
| 生食用，冷凍加工，健康茶 | 資源量多い |
| 生食用，つくだ煮，冷凍用，根は薬酒 | ヤマウコギの栽培が有望 |
| 生食用，冷凍用，うのはな漬，粉末加工 | 栽培有望 |
| 生食用，冷凍用，健康茶 | 栽培有望，果実と芽 |
| 生食用，つくだ煮 | 林間栽培が有望 |
| 生食用，冷凍，観賞用 | 栽培はむずかしい |
| 生食用，ビン・缶詰，粕漬，みそ漬 | 促成栽培，露地栽培 |
| 生食用，冷凍，観賞用 | 栽培有望 |
| 生食用，漬物，冷凍，つくだ煮 | 栽培有望 |
| 生食用，健康茶，冷凍，つくだ煮 | ビタミンC緑茶の10倍，栽籍が肴望，自然増殖 |
| 生食用，酵素ジュース，ジャム，クワ茶 | 資源量多い |
| 天ぷら専用の木の芽で珍味 | 資源量が多く栽培簡単 |

| 主な商品化（開発） | 備　考 |
|---|---|
| 果皮（つくだ煮，シロップ漬，冷凍，ビン詰），果実（ジュース，アイスクリーム，果実酒，生食，冷凍） | 栽培化 |
| 生食用，加工用，緑化用，葉薬用 | 栽培化される |
| ジュース，ゼリー，アイスクリーム，観賞用 | 栽培可能 |
| 生食用，菓子用，アイスクリーム | 自生地増殖を |
| ワイン，漬物用ソース，ジュース，ゼリー，アイスクリーム | 栽培化される |
| カヤ糖，ケーキ，カヤ餅，薬用 | 〃 |

| 品　名 | 科 | 用途と効用 |
|---|---|---|
| ヤマトキホコリ | イラクサ | 上品なミズナで長期間利用可能 |
| ヤマドリゼンマイ | ゼンマイ | クセのないゼンマイで珍味 |
| ヤマノイモ | ヤマノイモ | 滋養強壮食品で薬食 |
| ヤマブキショウマ | バラ | 深山の珍菜で歯ごたえがよい |
| ヤマユリ | ユリ | 滋養食で世界中に知られた日本特産の花 |
| ヨモギ | キク | 万能山菜で香りが上品 |
| ワラビ | ウラボシ | 生活力旺盛な多年草でもっともポピュラーな山菜 |
| ワサビ | アブラナ | 日本代表的な香辛料 |

## 2、木の芽

| 品　名 | 科 | 用途と効用 |
|---|---|---|
| アケビ | アケビ | 若芽は利尿効果の高い珍味 |
| イワガラミ | ユキノシタ | 若芽さわやかなキュウリの香り |
| ウコギ | ウコギ | 強壮食で加工が有望 |
| コシアブラ | ウコギ | 血圧降下作用，木の芽の王様 |
| サルナシ | サルナシ | 日本列島珍果で芽は栄養抜群 |
| サンショウ | ミカン | 日本の伝統的香辛料 |
| タカノツメ | ウコギ | 香りの高い木の芽で掘り起こしが課題 |
| タラノキ | ウコギ | 香味と油っこさが人気No1 |
| ハナイカダ | ミズキ | 珍菜で春の未利用山菜 |
| ハリギリ | ウコギ | きど味の強い強壮食品 |
| マタタビ | マタタビ | 若芽は複雑怪奇な辛味が人気 |
| ヤマグワ | クワ | 栄養価の高い若芽 |
| リョウブ | リョウブ | 未利用の木の芽で珍味 |

## 3、木の実

| 品　名 | 科 | 用途と効用 |
|---|---|---|
| アケビ | アケビ | 果肉，果皮が利尿薬で天然酵素食品 |
| イチョウ | イチョウ | 栄養価の高い強壮果実 |
| ウグイスカズラ | スイカズラ | さわやかな風味，色彩美しい果実 |
| オニグルミ | クルミ | 日本特産の健康食品 |
| ガマズミ | スイカズラ | シアニン色素が美しく天然着色料 |
| カヤ | イチイ | 良質の脂肪で滋養強壮食 |

| 主な商品化（開発） | 備　考 |
|---|---|
| ジャム，ジュース，アイスクリーム | 栽培可能 |
| 果実酒，着色料，ゼリー，ドリンク | 栽培有望 |
| ワイン，ジャム，果汁，ゼリー，アイスクリーム | 栽培化される |
| 〃 | 〃 |
| 粉サンショウ，スパイス各種 | 〃 |
| 冷凍，生食，ビン詰，かちぐり | 資源量多い |
| 油炒め，つくだ煮，甘煮，観賞用 | 栽培むずかしい |
| ワイン，ジャム，ゼリー，アイスクリーム | 栽培化可能 |
| 生食，チョコレート，ようかん，アイスクリーム | 〃 |
| 果実酒，お茶，ドリンク，ビン詰，漬物 | 〃 |
| 生食，果実酒，ジュース，ドリンク | 〃 |
| 生食，ワイン，漬物，菓子，アイスクリーム | 〃 |
| ワイン，冷果，ゼリー，アイスクリーム | 〃 |
| ワイン，アイスクリーム，ゼリー | 〃 |
| ドリンク，薬用酒，ジュース | 〃 |
| 庭植え，公園用（かざり） | 人気抜詳 |
| 〃　〃　（〃） | 〃（外国で） |
| 室内用，鉢植え，庭木 | 外国で人気 |
| 庭木，公園用 | 実が人気 |
| 花材（かざり） | 市場人気抜群 |
| 鉢植え（かざり） | 関西で人気 |
| 公園用，庭植え（かざり） | 外国で人気 |
| 〃　〃　（〃） | 〃 |
| 公園用（かざり） | 花が人気 |
| 〃　（〃） | リンゴの台木 |

| 主な商品化（開発） | 備　考 |
|---|---|
| 甘味，滋養料 | 栽培は夏季冷涼な半陰地で |
| 観賞用鉢植え，製薬原料，ふるさと宅配便，ドリンク剤 | 半陰地で栽培 |
| 観賞用鉢植え，民間薬 | 畑地栽培可能 |
| 漢方薬，観賞用鉢植え | 半陰地で栽培と自生地保護 |
| 民間薬，観賞用鉢植え | 日当たりで栽培 |
| 民間薬，漢方薬，薬酒 | 山地栽培 |
| 浴湯料，精油，種子脂肪油 | 契約栽培可能，土の軟らかいところ |

| 品　名 | 科 | 用途と効用 |
|---|---|---|
| キイチゴ類 | バラ | 香気のよい野趣に富む滋養食品 |
| グミ類 | グミ | アキグミが代表で天然色素（リコペエン） |
| サルナシ | マタタビ | 日本列島珍果，滋養強壮食品 |
| エビツル，サンカクズル | ブドウ | 野生ブドウ，珍果で滋養食品 |
| サンショウ | ミカン | 日本代表の香辛料で薬用 |
| シバグリ | ブナ | 栄養食品でふるさと物産 |
| ツクバネ | ビャクダン | 茶花用の珍品で果実は最高の珍味 |
| ナツハゼ | ツツジ | 和製ブルーベリー，風味抜詳果実 |
| ハシバミ | カバノキ | 栄養価高く味は超一級品のナッツ |
| マタタビ | マタタビ | 精神安定効果のある果実 |
| マツブサ | マツブサ | 未知の果実で神経痛の妙薬 |
| ヤマブドウ | ブドウ | 脚光あびる芳香性の果実で用途広い |
| ヤマボウシ | ミズキ | 新規開拓商品で山の珍果 |
| イワテヤマナシ | バラ | 風味抜群の日本特産ナシ |
| クマヤナギ | クロウメモドキ | 薬用で２年で熟す珍果 |
| ガマズミの仲間 | スイカズラ | 緑化木（実，花） |
| エゾユズリハ | トウダイグサ | 〃　（実） |
| アオキ | ミズキ | 〃　（実），庭園用（全体） |
| ムラサキシキブ | クマツヅラ | かん木（実） |
| ツルウメモドキ | ニシキギ | つる性（実） |
| シュンラン | ユリ | 山草（花） |
| カエデ仲間 | カエデ | 緑化木（紅葉） |
| イカリソウ | メギ | 山草（花） |
| カラハナソウ | クワ | 野草（花） |
| ズミ | バラ | かん木（花実） |

## 4、薬用植物

| 品　名 | 科 | 用途と効用 |
|---|---|---|
| アマドコロ | ユリ | 滋養強壮薬 |
| イカリソウ | メギ | 滋養強の第一級薬草 |
| ウツボグサ | シソ | 利尿剤の第一級薬草 |
| オウレン | キンポウゲ | 胃腸薬の第一級薬草 |
| オトギリソウ | オトギリソウ | 止血，浄血 |
| キハダ | ミカン | 胃腸薬，製薬原料 |
| クロモジ | クロウメモドキ | 民間薬，養命酒の原料 |

| 主な商品化（開発） | 備　考 |
|---|---|
| 香水，浴湯料，観賞用 | キタコブシ，タムシバなど，栽培有望 |
| 漢方薬，養毛剤，観賞用 | 半陰地で栽培 |
| 漢方薬，浴湯料，観賞用 | 日本トウキを栽培すると有望 |
| 民間薬，健康茶，浴湯料 | 自生地繁殖 |
| 漢方薬，民間薬，観賞用 | 杉林で栽培 |
| 民間薬 | 半陰地を好み栽培可能 |
| 40万倍の水溶液でも苦く植物農薬 | アルカリ土壌では苦味を失う |
| 半夏厚朴湯等（漢方薬） | 国産 100t，輸入 5t |
| 浴湯料，漢方薬 | 輸入 6t，国産 3t |
| 製薬原料 | 染料 |
| 薬酒，民間薬，滋養薬 | 生薬は根を乾燥 |
| 健康茶，民間薬 | 栽培有望 |
| 健康茶，健康食 | 食品加工有望 |
| 健康茶，民間薬 | 栽培有望 |

| つくり方と保存 | 飲み方 |
|---|---|
| 水洗い，塩漬（花と塩１対１）白梅酢に漬けてからビン詰保存 | 塩漬の花を２個入れ熱湯注ぎ飲む |
| 花梗ごと水洗いしてよく水を切り塩分10％に漬け，白梅酢にクエン酸，砂糖を少々入れ，ビン詰保存 | 花を１～２個に熱湯を注ぎ飲む |
| 花弁をむしりとり塩３％を加えた熱湯でさっとゆで，ざるにとり天日で乾かす（のり状に乾かす）。ビン詰保存 | １つまみに熱湯を注ぎ飲む |
| 外皮をとり，よく水洗いして，ざるに移し，風通しのよいところで陰干しにし半乾きのとき，細かく刻み天日でさっと乾かす。缶に入れ保存 | １日10gを400ccの水で煎じて飲む |
| 花弁をバラバラにして風通しのよいところで陰干にしてビンに詰め保存（速やかに乾燥する） | １回１～2gを熱湯に注ぎ服用 |
| 若芽はよく選別してさっと水洗いしてざるで陰干しする。最後に日干しして缶に保存する | 緑茶と混合して飲む<br>マタタビ６，緑茶４ |
| 若芽はよく選別してさっと水洗いしてざるで陰干しする。最後に日干しして缶に保存する | 緑茶と混合して飲む<br>マタタビ６，緑茶４ |

| 品　名 | 科 | 用途と効用 |
|---|---|---|
| コブシの仲間 | モクレン | 芳香料・製薬原料 |
| センブリ | リンドウ | 胃腸薬第一級薬草 |
| トウキ（栽培） | セリ | 民間薬の第一級薬草 |
| ドクダミ | ドクダミ | 民間薬の第一級薬草 |
| トチバニンジン | ウコギ | 新陳代謝機能薬 |
| ナルコユリ | ユリ | 滋養強壮薬 |
| ヒキオコシ | シソ | 健胃薬製薬原料 |
| ホオノキ | モクレン | 樹皮漢方薬原料 |
| マタタビ | マタタビ | 木天蓼《もくてんりょう》（薬用）神経痛 |
| メギ | メギ | 苦味健胃薬 |
| ヤマノイモ | ヤマノイモ | 滋養強壮薬 |
| クマヤナギ | クロウメモドキ | 利尿，胆石 |
| チマキザサ | イネ | 強壮薬，食品包装，粉末 |
| メグスリノキ | カエデ | 肝臓病薬，眼病 |

## 付録2　健康茶のつくり方，飲み方一覧

| 種　別 | 効　　能 | 利用時期 |
|---|---|---|
| シュンラン（芳香茶） | 成分：デンドロビン<br>強精，鎮静作用 | 3～4月<br>開花直前 |
| ヤマザクラ（芳香茶） | 成分：ビタミンA，$B_1$，$B_2$，E<br>解熱作用，糖尿病，せき止め | 5月<br>つぼみ |
| キク（野生のリュウノウギクなど）（芳香茶） | 成分：クサンテノン<br>解熱，解毒，めまい | 9～10月<br>無農薬栽培 |
| フキノトウ（芳香茶） | 成分：クエルセチン，ビタミン，ミネラル<br>せき止め，のどの痛み，解毒，めまい，慢性気管支炎 | 1～3月<br>つぼみの固いもの |
| ハマナス花（芳香茶） | 成分：ゲラニオールフラボノイド<br>疲労回復妙薬，不眠症，低血圧，貧血症，月経過多 | 5～6月<br>花が開く直前 |
| マタタビ | 成分：アラビノガラクタン，ビタミンC緑茶の10倍，花にホルモン成分<br>利尿作用，脳細胞の活力を高める。神経に効く | 若葉<br>5月 |
| イカリソウ | 成分：フラボノイド系，イカリイン，ビタミン多い<br>末梢血管拡張，血圧降下，利尿，強精 | 若葉<br>5月 |

| つくり方と保存 | 飲み方 |
| --- | --- |
| 実を選別してフライパンで茶色になるまで煎って缶に保存しておき，ほかの健康茶と組み合わせて使う。トウモロコシ，シイタケ，ニガウリ，ササ，ツルナ，アカマツ，クマヤナギ，イカリソウ，シャクチリソバなど | お茶のように熱湯を注ぎ飲む |
| 1．若葉は洗って水を切り陰干しにして半乾きのとき10mmくらいに刻み天日で完全に乾かす<br>2．種子はフライパンで煎っておく<br>3．配合割合<br>若葉4，実3，玄米3，配合して缶に保存する | お茶と同じく熱湯を注ぎ飲む。ユズをたらして飲むと効果が増す |
| 薄い塩水で洗い水を切り，天日で乾かす。半乾燥のとき細かく刻み，ざるに移し，完全に乾燥して缶に入れ保存 | 1回2個分くらいを前夜に熱湯を注ぎ翌朝飲む |
| 芽を摘み水洗いしてよく水を切り，ざるに移し風通しのよいところで陰干しにする。缶に入れ保存 | お茶のように土びんに入れ熱湯を注ぎ飲む。日本のハーブ |
| 1．若い活力のあるものを採取し細かく（5mm）刻み，速やかに天日で乾燥する<br>2．マタタビ若芽茶とブレンドする<br>3．ブレンドのやり方<br>ササ茶（6），マタタビ茶（4），缶で保存 | 緑茶と同じく熱湯を注ぎ飲む。緑茶を少し加えて飲んでもよい |
| 若芽は2分蒸して天日乾燥，木部（つる）は洗って細かく刻みよく洗って天日干して，袋に詰めて保存する | ビタミンEと併用して飲むと効果。1日8gを水800ccで煎じて飲む |
| 若葉を摘み水洗いしてざるに移して天日干しし，半乾燥とき1～2cmに刻み，さらに乾燥してから炒った玄米を加えて保存する<br>配合比率　玄来（4），ツルナ（6） | 土びんに入れ煎じて飲む |
| カキの葉のビタミンCは，プロビタミンといわれ，熱に強く体によく還元される。ビタミンになる前の安定した状態である。100℃で50秒蒸してから天日で乾燥して保存する | お茶と同じく熱湯を注ぎ，10分してから飲む。お茶と併用してもよい |
| 新しいものを採取して2～3分蒸して刻み，ざるで天日乾燥する。缶に入れ保存 | 昆布茶，緑茶と混ぜ合わせて飲むと効果がある |

| 煎用（1日当たり） | 成　分 | 摘　　要 |
| --- | --- | --- |
| 8～10g | イカリイン | 開花時，5～7月に茎を刈り取る<br>水洗いして日干しする |
| 15g | ウールソール酸 | 4～5月の開花時期に刈り取り，日干しする |

| 種　別 | 効　　能 | 利用時期 |
|---|---|---|
| 玄米 | 成分：ビタミンA，$B_1$，$B_2$，$B_6$，$B_{12}$，E，ミネラル多数<br>体質改善に抜群，生理機能を高める妙薬 | 秋の収穫期がもっともよい |
| シャクチリソバ（薬用ソバ） | 成分：ビタミンP（ルチン）緑茶の200倍<br>脳，心臓の毛細血管強化，血圧降下，生活習慣病予防，血液をサラサラに，内臓疲労によい | 若葉5～6月<br>実10月 |
| シイタケ | 成分：エルゴステロール<br>骨粗しょう症，ガン予防，生活習慣病予防，血液循環よくなる | 春発生のドンコ |
| ヨモギ<br>ヤマヨモギ（上品な香り） | 成分：ミネオール，ビタミン，ミネラル<br>新陳代謝，利尿，補血，制菌，強壮 | 早春の芽ばえ |
| ササ（オオバザサ，チマキザサ） | 成分：クロロフィル，ビタミン$B_1$，$B_2$，K，カロテン<br>胃病，高血圧，かぜ，抗アレルギー，細胞若返り，末梢血管拡張，フラボノイドを含みガン予防 | 生育期の心や若芽<br>ミヤコザサ系はケイ酸を多く含み食用にならない |
| クマヤナギ | 成分：不明<br>胆石の妙薬，利尿，解毒，リウマチ，腰痛 | つるは年間利用<br>若芽5月 |
| ツルナ | 成分：β－カロテンがキャベツの183倍<br>胃の粘膜を正常に保ち免疫機能向上，胃炎，ポリープ予防 | 夏期最盛期に採取 |
| カキの葉芽 | 成分：ビタミンC1,000mm<br>抗ガン，抵抗力を高めスタミナ増強，血液を浄化，体の細胞を蘇生する | 5月<br>若芽でないとビタミンCが少なくなり，効果が低下し品質が悪くなる |
| アカマツ | 成分：オキシバルミチビ酸，ビタミンK多い<br>疲労回復，スタミナ増進，高血圧，心筋梗塞，かぜ予防，養毛 | 若葉心芽<br>5～6月<br>深山 |

# 付録3　薬草・薬木の利用方法一覧

| 利用区分 | 植物名 | 科　名 | 利用部分 | 利用法 | 薬　効 |
|---|---|---|---|---|---|
| 春利用する薬草 | イカリソウ | メギ | 茎<br>葉 | 薬用酒<br>煎用 | 強精・強壮・健胃<br>低血圧症 |
| | カキドウシ | シソ | 地上部 | 煎用<br>浴料 | 糖尿・補温・利尿<br>鎮静 |

| 煎用（1日当たり） | 成　分 | 摘　　要 |
|---|---|---|
| — | ルチン<br>カリウム塩 | 若葉：5～6月摘み取り蒸してから日干しする<br>果実：11～12月に集め水洗いして日干しする |
| 5～10g | サポニン | 秋に採取し刻んで日干しする |
| 5g | パラオキシフェニル酢酸 | 11～3月に根ごと掘り上げ水洗いして日干しする |
| 2～3g | コリン | 未熟な果実をつけた全草を採取し日干しする |
| マツヤニ10g | α・γ―ビネン | 必要に応じて葉などを取り，水洗いして日干しする |
| 20g | ブソラレエン | 夏から秋に採取し日干しする |
| 種子3～10g<br>全草10～15g | アウクビン | 果穂：茎ごと切って種子をもみ落とし日干しする<br>全草：6～9月に株ごと刈り取り，水洗いして日干 |
| 5～10g | カリウム塩 | 開花する6～8月に花穂だけ切って日干しする |
| 汁20mℓ | アロイン | 必要に応じ葉を採って使用する<br>キダチアロエを用いる |
| 2～3g | ベルベリン | 7月下旬～8月上旬に樹皮をはく皮して日干しする |
| 2～3g | ミネオール | 必要に応じ葉を採って使用する |
| 下痢20～40g<br>潰瘍10～20g | タンニン | 7～8月に地上部を刈り取り，水洗いして日干しする |
| 10g | タンニン | 6～9月につるを切り取り日干しする |
| 5～10g | カリウム塩 | 成熟期に切り取り日干しする |
| 10～20g | クエルチトリン | 6～8月に採り水洗いして日干しする |
| 2～3g | リノール酸 | 花：6～7月に摘み取り日干しする<br>種子：果実が熟したら刈り取り，乾かして採取する |
| 10～20g | カリウム塩 | 10～12月につるを切り取り日干しする |
| 10g | オトラタン | 6～10月に根茎を掘り取り水洗いして日干しする |
| 1～2g | ベルベリン | 9～12月に根茎を掘り上げ水洗いして日干しする |
| 2g | タンニン | 7～9月に刈り取り日干しする |
| 5～15g | カリウム塩 | 10～11月にサヤを採取し，日干しする |
| 1～2g | スウェルチアマリン | 9～10月に抜き取り水洗いして日干しする |
| — | コリン | 10～3月に掘り取り水洗いする |
| 5～10g | シネオール | 春～秋に根元から刈り取り日陰干しする |

| 利用区分 | 植物名 | 科　名 | 利用部分 | 利用法 | 薬　効 |
|---|---|---|---|---|---|
| 春利用する薬草 | クコ | ナス | 若葉<br>果実 | 薬用酒<br>クコ茶 | 動脈硬化予防<br>不眠症・低血圧症 |
| | タラノキ | ウコギ | 根の皮 | 煎用 | 糖尿病 |
| | タンポポ | キク | 根<br>葉 | 煎用<br>青汁原料 | 健胃<br>消化促進 |
| | ナズナ | アブラナ | 全草 | 煎用<br>青汁原料 | 動脈硬化予防<br>高血圧・便秘 |
| | アカマツ | マツ | マツヤニ<br>生葉 | 薬用酒<br>浴料・煎用 | 血管強化・高血圧<br>補温・たん切り |
| | イチジク | クワ | 葉<br>果実 | 煎用<br>浴料 | 血圧降下<br>補温 |
| 夏利用する薬草 | オオバコ | オオバコ | 果穂<br>全草 | 煎用 | 利尿・膀胱炎<br>急性腎炎 |
| | ウツボグサ | シソ | 花穂 | 煎用 | 利尿・膀胱炎<br>急性腎炎 |
| | アロエ | ユリ | 葉 | 飲用<br>塗用 | 苦味健胃<br>便秘・外用 |
| | キハダ | ミカン | 樹皮 | 煎用<br>塗用 | 健胃<br>整腸 |
| | ゲッケイジュ | クスノキ | 葉 | 浴料<br>煎用 | 補温（神経痛・五十肩・冷え性） |
| | ゲンノショウコ | フウロソウ | 茎<br>葉 | 煎用 | 整腸<br>制菌 |
| | スイカズラ | スイカズラ | 茎・葉<br>花 | 煎用・浴料<br>薬用酒 | 制菌<br>消炎 |
| | トウモロコシ | イネ | 毛<br>（生甘） | 煎用 | 利尿<br>急性腎炎 |
| | ドクダミ | ドクダミ | 茎・葉<br>根茎 | 煎用<br>浴料 | 利尿・便通<br>高血圧予防 |
| | ベニバナ | キク | 花<br>種子 | 煎用 | 婦人病一般 |
| | アケビ | アケビ | つる | 煎用 | 利尿（尿道炎・膀胱炎・腎臓炎） |
| 秋利用する薬草 | アマドコロ | ユリ | 根茎 | 煎用<br>塗用 | 滋養強壮<br>打撲傷 |
| | オウレン | キンポウゲ | 根茎 | 煎用 | 苦味健胃<br>整腸・制菌 |
| | オトギリソウ | オトギリソウ | 茎<br>葉 | 塗用・浴<br>料・煎用 | 止血・腫れ物<br>鎮痛 |
| | キササゲ | ノウゼンカ<br>ズラ | サヤ | 煎用 | 利尿<br>むくみ |
| | センブリ | リンドウ | 全草<br>イモ | 煎用<br>塗用 | 健胃<br>養毛料 |
| | ヤマノイモ | ヤマノイモ | 茎 | 薬用酒 | 滋養強壮 |
| | ヨモギ | キク | 葉 | 煎用<br>浴料 | 健胃・貧血<br>腰痛・痔 |

| 煎用（1日当たり） | 成　分 | 摘　　要 |
|---|---|---|
| — | リナロール | 6～9月に茎・葉を切り取り日陰干しする |
| 3～5g | リモネン | 果皮を日干しして使用する |
| — | グルコマンナン | オニユリ，スカシユリ，カノコユリも薬用になる |

**農林水産加工品開発と法令・規則**

産品開発に関しての法令，規則は正しく守る必要がある。

- 産品コンセプト決定
  - 食品衛生法
  - 酒税法（1％以上のアルコール表示）
  - 薬事法（医薬品との相違表示）
- 試作・研究
  - 特許法
  - 実用新案法
- 産品テスト
- ネーミング・パッケージ
  - 栄養改善法（成分等の表示）
  - 著作権法
  - 商標法
  - 意匠法
  - JAS法（農林規格）
  - ミニJAS法
  - 計量法（正味量の表示）

- テストマーケティング

- 生産計画
  - 農薬取締法
- 販売計画
  - 消費者保護基本法

に認証制度ができ，認証を受けないと有機農産物の表示はできない

| 利用区分 | 植物名 | 科　名 | 利用部分 | 利用法 | 薬　効 |
|---|---|---|---|---|---|
| 冬利用する薬草 | クロモジ | クスノキ | 茎<br>葉 | 浴料<br>煎用 | 補温<br>養毛料 |
| | ミカン | ミカン | 果皮 | 煎用<br>浴料 | 発汗<br>健胃 |
| | ヤマユリ | ユリ | りん茎<br>花 | 食用<br>塗料 | 滋養強壮・消炎<br>吸いだし |

# 付録４　加工，販売

## 1、地域農産加工の手順と法令・規則

**地域農産加工の手順**

- 加工のねらい → 従来の一次産品（野菜・米など）／未利用資源（果物・野生植物など）／新規作物（香料作物・山菜など）
- ▼
- 調査と情報収集 → 資源調査・原料調査　情報収集（技術・産地・市場）
- ▼
- 検討会（活動） → 行政組織・アドバイザー・婦人　地域リーダー・高齢者・２兼農家　JA・異業種業・消費者
- ▼
- 加工事業決定（商品コンセプト） → 対象・仕様・規格（デザイン）
- ▼
- 試作・産品テスト（試食） → 委託試験・栄養分析など
- ▼
- ネーミング・パッケージ　テストマーケティング
- ▼
- 生産計画と実施 → 加工施設の導入（テスト）　加工原料の確保　施設・原料の安全チェック　人員確保と人材養成　原価計算（コスト）　経営の見通しをたてる
- ▼
- 販売計画（製品化） — 宣伝・販売計画・販売戦略

注）●加工食品の表示：名称，原料名，内容量，賞味期限，保存法，製造業者名（原産国名）
●生鮮食品の表示：名称，原産地，内容量（計量法），販売業者名
●有機食品の検査認証制度：化学的に合成された肥料，農薬の使用を避けることを基本

| 種類 | | 包装単位 | | 包装の方法 | 規格 | 販売の要点 |
|---|---|---|---|---|---|---|
| 名称 | 地方の呼び名 | はしり | 最盛期 | | | |
| ハンゴンソウ | ヤチウド | 100g | 100g | 束テープ | 若芽 | |
| オケラ | オケラ | 50g | 100g | ポリパック | 〃 | |
| ネマガリダケ | ジダケ | 200g | 200g | 束テープ | 〃 | |
| タマガワホトトギス | ウリナ | 50g | 100g | 〃 | 柔らかいもの | 根元をよく洗う |
| オオバギボウシ | ウルイ | 100g | 200g | 〃 | 〃 | 〃 |
| カタクリ | カタバ | 20本 | | ポリパック | 若芽 | しおれに注意 |
| アマドコロ | ヘビスズラン | 100g | 100g | 束テープ | 〃 | |
| シオデ | シオデ | 100g | 100g | 〃 | 〃 | |
| シュンラン | ジジババ | 20本 | | ポリパック | 開花したもの | |
| ナルコユリ | カラスユリ | 100g | 100g | 束テープ | 若芽 | |
| アケビ | アケビ | 50g | 50g | ポリパック | 〃 | しおれに注意 |
| タラノキ | タラノメ | 100g | 100g | 〃 | 〃 | |
| ウコギ | ヤマウコギ | 50g | 50g | 〃 | 〃 | |
| コシアブラ | ゴンゼツノキ | 100g | 100g | 〃 | 〃 | |
| ハリギリ | センノキ | 100g | 100g | 〃 | 〃 | |
| タカノツメ | イモノキ | 50g | 100g | 〃 | 〃 | |
| ハナイカダ | ツギネ | 50g | 50g | 〃 | 〃 | |
| イワガラミ | ウリズタ | 50g | 50g | 〃 | 〃 | |
| マタタビ | ネコナブリ | 50g | 50g | 〃 | 〃 | |

食品標準成分表』より引用)

| 質 | ビタミン | | | | | | | | | | | | | | 食物繊維 | | |
|---|---|---|---|---|---|---|---|---|---|---|---|---|---|---|---|---|---|
| 銅 | 脂溶性 | | | | | | 水溶性 | | | | | | | | 総量 | 水溶性 | 不溶性 |
| | A | | | D | E | K | $B_1$ | $B_2$ | ナイアシン | $B_6$ | $B_{12}$ | 葉酸 | パントテン酸 | C | | | |
| | レチノール | カロテン | レチノール当量 | | | | | | | | | | | | | | |
| mg | µg | µg | µg | µg | mg | µg | mg | mg | mg | mg | µg | µg | mg | mg | g | g | g |
| 0.09 | (0) | 750 | 120 | (0) | 1.1 | 50 | 0.15 | 0.16 | 0.8 | 0.36 | (0) | 210 | 0.62 | 26 | 3.3 | 0.7 | 2.6 |
| 0.09 | (0) | 720 | 120 | (0) | 1.1 | 43 | 0.17 | 0.15 | 0.7 | 0.27 | (0) | 200 | 0.55 | 27 | 3.4 | 1.3 | 2.1 |

## 2、直売用山菜の出荷規格例と販売の要点一覧（東北地方の例）

| 種類 | | 包装単位 | | 包装の方法 | 規格 | 販売の要点 |
|---|---|---|---|---|---|---|
| 名称 | 地方の呼び名 | はしり | 最盛期 | | | |
| ワラビ | ワラビ | 100g | 200g | 束テープ | A級太もの，B級細もの | 長さをそろえる |
| クサソテツ | コゴミ | 100g | 200g | ポリパック | A級コゴミ，B級やや開き | ゴミをよく取る |
| ミヤマイラクサ | イラコ | 100g | 200g | 束テープ | A級太もの，B級細もの | 柔らかいものだけ |
| ウワバミソウ | ミズナ | 100g | 200g | 〃 | 柔らかいもの | 根元をよく洗う |
| トリアシショウマ | トリアシ | 100g | 100g | 〃 | 〃 | 若芽を摘む |
| ヤマブキショウマ | イワダラ | 100g | 100g | 〃 | 〃 | 〃 |
| ウド | ヤマウド | 200g | 200g | 〃 | A級太もの，B級細もの | 30 cmくらいの柔らかいもの |
| コシャク | ヤマニンジン | 50g | 100g | 〃 | 若芽 | 傷まないようにする |
| ミツバ | ヤマミツバ | 50g | 200g | 〃 | 〃 | 水洗いをよくする |
| セリ | セリ | 100g | 100g | ポリパック | 野ゼリ | |
| ツリガネニンジン | トドキ | 100g | 100g | 束テープ | 若芽 | |
| ソバナ | ソバナ | 50g | 100g | 〃 | 〃 | |
| フキ | フキ | 200g | 200g | 〃 | 柔らかいもの | |
| イヌドウナ | ドホナ | 50g | 100g | 〃 | 若芽 | |
| モミジガサ | シドキ | 50g | 100g | 〃 | 〃 | |

# 付録5　栄養成分と機能性成分

## 1、山の幸の食品標準成分表（可食部100g当たり）（科学技術庁資源調査会編『五訂日本

### 山菜，木の芽

| 食品名 | 廃棄率 | エネルギー | | 水分 | たんぱく質 | 脂質 | 炭水化物 | 灰分 | 無機 | | | | | | |
|---|---|---|---|---|---|---|---|---|---|---|---|---|---|---|---|
| | | | | | | | | | ナトリウム | カリウム | カルシウム | マグネシウム | リン | 鉄 | 亜鉛 |
| | % | kcal | kJ | g | g | g | g | g | mg | mg | mg | mg | mg | mg | mg |
| あさつき | | | | | | | | | | | | | | | |
| 葉，生 | 0 | 33 | 138 | 89.0 | 4.2 | 0.3 | 5.6 | 0.9 | 4 | 330 | 20 | 16 | 86 | 0.7 | 0.8 |
| 葉，ゆで | 0 | 39 | 163 | 87.3 | 4.2 | 0.3 | 7.3 | 0.9 | 4 | 330 | 21 | 17 | 85 | 0.7 | 0.8 |

| 質 | ビタミン | | | | | | | | | | | | | | 食物繊維 | | |
|---|---|---|---|---|---|---|---|---|---|---|---|---|---|---|---|---|---|
| 銅 | 脂溶性 | | | | | | 水溶性 | | | | | | | | 総量 | 水溶性 | 不溶性 |
| | A | | | D | E | K | $B_1$ | $B_2$ | ナイアシン | $B_6$ | $B_{12}$ | 葉酸 | パントテン酸 | C | | | |
| | レチノール | カロテン | レチノール当量 | | | | | | | | | | | | | | |
| mg | μg | μg | μg | μg | mg | μg | mg | mg | mg | mg | μg | μg | mg | mg | g | g | g |
| 0.16 | (0) | 5,300 | 880 | (0) | 2.8 | 500 | 0.10 | 0.24 | 1.4 | 0.16 | (0) | 100 | 0.92 | 41 | 5.6 | 1.5 | 4.1 |
| 0.13 | (0) | 5,200 | 870 | (0) | 2.8 | 380 | 0.07 | 0.16 | 0.8 | 0.10 | (0) | 75 | 0.45 | 23 | 5.3 | 1.4 | 3.9 |
| 0.05 | (0) | 0 | (0) | (0) | 0.2 | 2 | 0.02 | 0.01 | 0.5 | 0.04 | (0) | 19 | 0.12 | 4 | 1.4 | 0.3 | 1.1 |
| 0.04 | (0) | 0 | (0) | (0) | 0.1 | 2 | 0.01 | 0.02 | 0.5 | 0.03 | (0) | 19 | 0.08 | 3 | 1.6 | 0.3 | 1.3 |
| 0.06 | (0) | Tr | (0) | (0) | 0.2 | 3 | 0.03 | 0.02 | 0.5 | 0.05 | (0) | 20 | 0.13 | 5 | 1.8 | 0.3 | 1.5 |
| 0.10 | (0) | 3,300 | 550 | (0) | 1.0 | 310 | 0.06 | 0.13 | 0.5 | 0.04 | (0) | 93 | 0.22 | 21 | 2.5 | 0.5 | 2.0 |
| 0.10 | (0) | 3,200 | 530 | (0) | 1.0 | 360 | 0.04 | 0.10 | 0.4 | 0.03 | (0) | 85 | 0.22 | 15 | 2.7 | 0.5 | 2.2 |
| 0.16 | (0) | 2,000 | 340 | 0 | 0.4 | 320 | 0.10 | 0.16 | 0.8 | 0.15 | (0) | 85 | 0.39 | 59 | 3.3 | 0.5 | 2.8 |
| 0.05 | (0) | 2,700 | 450 | (0) | 1.6 | 190 | 0.10 | 0.20 | 0.5 | 0.13 | (0) | 150 | 0.30 | 26 | 2.5 | 0.2 | 2.3 |
| 0.26 | (0) | 1,200 | 210 | (0) | 1.8 | 120 | 0 | 0.12 | 2.9 | 0.03 | (0) | 150 | 0.60 | 27 | 5.2 | 0.5 | 4.7 |
| 0.02 | (0) | 29 | 5 | (0) | 0.1 | 16 | 0 | 0.02 | 0 | 0 | (0) | 3 | 0 | 0 | 1.0 | 0.4 | 0.6 |
| 0.15 | (0) | 1,900 | 320 | (0) | 0.8 | 160 | 0.04 | 0.13 | 1.2 | 0.11 | (0) | 110 | 0.42 | 20 | 2.5 | 0.4 | 2.1 |
| 0.10 | (0) | 1,700 | 290 | (0) | 0.7 | 160 | 0.02 | 0.06 | 0.6 | 0.07 | (0) | 61 | 0.32 | 10 | 2.8 | 0.6 | 2.2 |
| 0.15 | (0) | 530 | 88 | (0) | 0.6 | 34 | 0.02 | 0.09 | 1.4 | 0.05 | (0) | 210 | 0.64 | 24 | 3.8 | 0.7 | 3.1 |
| 0.10 | (0) | 430 | 72 | (0) | 0.5 | 34 | 0.01 | 0.05 | 0.7 | 0 | (0) | 59 | 0.12 | 2 | 3.5 | 0.6 | 2.9 |
| 1.20 | (0) | 710 | 120 | (0) | 1.5 | 120 | 0.10 | 0.41 | 8.0 | 0.02 | (0) | 99 | 3.10 | 0 | 34.8 | 6.1 | 28.7 |
| 0.35 | (0) | 570 | 95 | (0) | 2.6 | 99 | 0.15 | 0.20 | 2.5 | 0.22 | (0) | 160 | 0.53 | 7 | 4.2 | 1.1 | 3.1 |
| 0.30 | (0) | 600 | 100 | (0) | 2.1 | 97 | 0.07 | 0.11 | 1.3 | 0.11 | (0) | 83 | 0.23 | 3 | 3.6 | 1.1 | 2.5 |
| 0.22 | (0) | 1,100 | 180 | (0) | 4.9 | 19 | 0.07 | 0.14 | 2.2 | 0.35 | (0) | 110 | 0.90 | 33 | 8.1 | 1.2 | 6.9 |
| 0.16 | (0) | 1,200 | 190 | (0) | 3.6 | 17 | Tr | 0.10 | 1.1 | 0.21 | (0) | 74 | 0.48 | 15 | 6.7 | 1.1 | 5.6 |

| 食品名 | 廃棄率 | エネルギー | | 水分 | たんぱく質 | 脂質 | 炭水化物 | 灰分 | 無機質 ナトリウム | カリウム | カルシウム | マグネシウム | リン | 鉄 | 亜鉛 |
|---|---|---|---|---|---|---|---|---|---|---|---|---|---|---|---|
| | % | kcal | kJ | g | g | g | g | g | mg | mg | mg | mg | mg | mg | mg |
| あしたば | | | | | | | | | | | | | | | |
| 茎葉，生 | 2 | 33 | 138 | 88.6 | 3.3 | 0.1 | 6.7 | 1.3 | 60 | 540 | 65 | 26 | 65 | 1.0 | 0.6 |
| 茎葉，ゆで | 0 | 31 | 130 | 89.5 | 2.9 | 0.1 | 6.6 | 0.9 | 43 | 390 | 58 | 20 | 51 | 0.5 | 0.3 |
| (うど類) | | | | | | | | | | | | | | | |
| うど | | | | | | | | | | | | | | | |
| 茎，生 | 35 | 18 | 75 | 94.4 | 0.8 | 0.1 | 4.3 | 0.4 | Tr | 220 | 7 | 9 | 25 | 0.2 | 0.1 |
| 茎，水さらし | 0 | 14 | 59 | 95.7 | 0.6 | 0 | 3.4 | 0.3 | Tr | 200 | 6 | 8 | 23 | 0.1 | 0.1 |
| やまうど | | | | | | | | | | | | | | | |
| 茎，生 | 35 | 19 | 79 | 93.9 | 1.1 | 0.1 | 4.3 | 0.6 | 1 | 270 | 11 | 13 | 31 | 0.3 | 0.2 |
| おかひじき | | | | | | | | | | | | | | | |
| 茎葉，生 | 6 | 17 | 71 | 92.5 | 1.4 | 0.2 | 3.4 | 2.0 | 56 | 680 | 150 | 51 | 40 | 1.3 | 0.6 |
| 茎葉，ゆで | 0 | 17 | 71 | 92.9 | 1.2 | 0.1 | 3.8 | 1.6 | 66 | 510 | 150 | 48 | 34 | 0.9 | 0.6 |
| ぎょうじゃにんにく | | | | | | | | | | | | | | | |
| 葉，生 | 10 | 34 | 142 | 88.8 | 3.5 | 0.2 | 6.6 | 0.9 | 2 | 340 | 29 | 22 | 30 | 1.4 | 0.4 |
| クレソン | | | | | | | | | | | | | | | |
| 茎葉，生 | 15 | 15 | 63 | 94.1 | 2.1 | 0.1 | 2.5 | 1.1 | 23 | 330 | 110 | 13 | 57 | 1.1 | 0.2 |
| こごみ | | | | | | | | | | | | | | | |
| 若芽，生 | 0 | 28 | 117 | 90.7 | 3.0 | 0.2 | 5.3 | 0.8 | 1 | 350 | 26 | 31 | 69 | 0.6 | 0.7 |
| じゅんさい | | | | | | | | | | | | | | | |
| 若葉，水煮びん詰 | 0 | 5 | 21 | 98.6 | 0.4 | 0 | 1.0 | Tr | 2 | 2 | 4 | 2 | 5 | 0 | 0.2 |
| せり | | | | | | | | | | | | | | | |
| 茎葉，生 | 30 | 17 | 71 | 93.4 | 2.0 | 0.1 | 3.3 | 1.2 | 19 | 410 | 34 | 24 | 51 | 1.6 | 0.3 |
| 茎葉，ゆで | 15 | 18 | 75 | 93.6 | 2.1 | 0.1 | 3.4 | 0.8 | 8 | 190 | 38 | 19 | 40 | 1.3 | 0.2 |
| ぜんまい | | | | | | | | | | | | | | | |
| 生ぜんまい | | | | | | | | | | | | | | | |
| 若芽，生 | 15 | 29 | 121 | 90.9 | 1.7 | 0.1 | 6.6 | 0.7 | 2 | 340 | 10 | 17 | 37 | 0.6 | 0.5 |
| 若芽，ゆで | 0 | 21 | 88 | 94.2 | 1.1 | 0.4 | 4.1 | 0.2 | 2 | 38 | 19 | 9 | 20 | 0.3 | 0.4 |
| 干しぜんまい | | | | | | | | | | | | | | | |
| 干し若芽，乾 | 0 | 293 | 1,226 | 8.5 | 14.6 | 0.6 | 70.8 | 5.5 | 25 | 2,200 | 150 | 140 | 200 | 7.7 | 4.6 |
| たらのめ | | | | | | | | | | | | | | | |
| 若芽，生 | 30 | 27 | 113 | 90.2 | 4.2 | 0.2 | 4.3 | 1.1 | 1 | 460 | 16 | 33 | 120 | 0.9 | 0.8 |
| 若芽，ゆで | 0 | 26 | 109 | 90.8 | 4.0 | 0.2 | 4.1 | 0.9 | 1 | 260 | 19 | 28 | 92 | 0.9 | 0.7 |
| つくし | | | | | | | | | | | | | | | |
| 胞子茎，生 | 15 | 38 | 159 | 86.9 | 3.5 | 0.1 | 8.1 | 1.4 | 6 | 640 | 50 | 33 | 94 | 2.1 | 1.1 |
| 胞子茎，ゆで | 0 | 33 | 138 | 88.9 | 3.4 | 0.1 | 6.7 | 0.9 | 4 | 340 | 58 | 26 | 82 | 1.1 | 1.0 |

| 質 | ビタミン | | | | | | | | | | | | | | 食物繊維 | | |
|---|---|---|---|---|---|---|---|---|---|---|---|---|---|---|---|---|---|
| 銅 | 脂溶性 | | | | | | 水溶性 | | | | | | | | 総量 | 水溶性 | 不溶性 |
| | A | | | D | E | K | $B_1$ | $B_2$ | ナイアシン | $B_6$ | $B_{12}$ | 葉酸 | パントテン酸 | C | | | |
| | レチノール | カロテン | レチノール当量 | | | | | | | | | | | | | | |
| mg | μg | μg | μg | μg | mg | μg | mg | mg | mg | mg | μg | μg | mg | mg | g | g | g |
| 0.06 | (0) | 2,700 | 450 | (0) | 1.3 | 310 | 0.08 | 0.30 | 1.0 | 0.13 | (0) | 90 | 0.46 | 22 | 2.3 | 0.5 | 1.8 |
| 0.02 | (0) | 60 | 10 | (0) | 0.4 | 8 | 0.01 | 0.04 | 0.4 | 0.02 | (0) | 16 | 0.10 | 4 | 2.5 | 0.4 | 2.1 |
| 0.16 | (0) | 5,200 | 870 | (0) | 2.5 | 330 | 0.15 | 0.27 | 0.5 | 0.32 | (0) | 180 | 1.10 | 110 | 5.4 | 0.5 | 4.9 |
| 0.06 | (0) | 810 | 130 | (0) | 1.3 | 160 | 0.08 | 0.22 | 1.1 | 0.16 | (0) | 110 | 0.29 | 60 | 6.9 | 3.3 | 3.6 |
| 0.05 | 0 | 49 | 8 | (0) | 0.2 | 6 | Tr | 0.02 | 0.1 | 0.01 | (0) | 12 | 0.07 | 2 | 1.3 | 0.1 | 1.2 |
| 0.05 | (0) | 60 | 10 | (0) | 0.2 | 5 | Tr | 0.01 | 0.1 | 0.08 | (0) | 9 | 0 | 0 | 1.1 | 0.1 | 1.0 |
| 0.36 | (0) | 390 | 66 | (0) | 3.3 | 92 | 0.10 | 0.17 | 0.9 | 0.18 | (0) | 160 | 0.45 | 14 | 6.4 | 1.0 | 5.4 |
| 0.20 | (0) | 260 | 44 | (0) | 2.4 | 69 | 0.06 | 0.08 | 0.5 | 0.07 | (0) | 83 | 0.24 | 3 | 4.2 | 0.9 | 3.3 |
| 0.07 | (0) | 730 | 120 | (0) | 0.7 | 63 | 0.03 | 0.09 | 0.4 | 0.04 | (0) | 44 | 0.29 | 8 | 2.5 | 0.4 | 2.1 |
| 0.05 | (0) | 780 | 130 | (0) | 0.9 | 77 | 0.02 | 0.04 | 0.2 | 0.01 | (0) | 14 | 0.15 | 1 | 2.7 | 0.4 | 2.3 |
| 0.07 | (0) | 1,700 | 280 | (0) | 1.1 | 120 | 0.05 | 0.13 | 1.0 | 0.06 | (0) | 66 | 0.33 | 22 | 2.9 | 0.5 | 2.4 |
| 0.07 | (0) | 2,100 | 340 | (0) | 1.4 | 150 | 0.03 | 0.05 | 0.4 | 0.04 | (0) | 43 | 0.27 | 12 | 3.3 | 0.6 | 2.7 |
| 0.15 | (0) | 24 | 4 | (0) | 0.4 | (0) | 0.11 | 0.02 | 0.3 | 0.07 | (0) | 20 | 0.60 | 9 | 4.2 | 0.8 | 3.4 |
| 0.13 | (0) | 0 | (0) | (0) | 0.6 | 1 | 0.02 | 0.10 | 0.4 | 0.03 | (0) | 14 | 0.02 | 0 | 7.0 | 3.1 | 3.9 |
| 0.16 | (0) | 0 | (0) | (0) | 0.5 | 0 | 0.08 | 0.07 | 0.7 | 0.12 | (0) | 77 | 0 | 9 | 5.4 | 3.3 | 2.1 |
| 0.14 | (0) | 0 | (0) | (0) | 0.5 | Tr | 0.07 | 0.07 | 0.6 | 0.12 | (0) | 92 | 0 | 8 | 6.0 | 3.2 | 2.8 |
| 0.15 | (0) | 3,800 | 640 | (0) | 0.6 | 260 | 0.06 | 0.10 | 0.6 | 0.05 | (0) | 55 | 0.30 | 6 | 3.4 | 0.4 | 3.0 |
| 0.24 | (0) | 6,700 | 1,100 | (0) | 4.1 | 440 | 0.23 | 0.32 | 3.2 | 0.10 | (0) | 170 | 0.50 | 42 | 7.8 | 1.3 | 6.5 |
| 0.29 | (0) | 5,300 | 890 | (0) | 3.2 | 340 | 0.19 | 0.34 | 2.4 | 0.08 | (0) | 190 | 0.55 | 35 | 7.8 | 0.9 | 6.9 |
| 0.28 | (0) | 6,000 | 1,000 | (0) | 3.5 | 380 | 0.08 | 0.09 | 0.5 | 0.04 | (0) | 51 | 0.13 | 2 | 7.8 | 0.9 | 6.9 |

| 食品名 | 廃棄率 | エネルギー | | 水分 | たんぱく質 | 脂質 | 炭水化物 | 灰分 | 無機質 ナトリウム | カリウム | カルシウム | マグネシウム | リン | 鉄 | 亜鉛 |
|---|---|---|---|---|---|---|---|---|---|---|---|---|---|---|---|
| | % | kcal | kJ | g | g | g | g | g | mg | mg | mg | mg | mg | mg | mg |
| つるな | | | | | | | | | | | | | | | |
| 茎葉，生 | 0 | 15 | 63 | 93.8 | 1.8 | 0.1 | 2.8 | 1.3 | 5 | 300 | 48 | 35 | 75 | 3.0 | 0.5 |
| つわぶき | | | | | | | | | | | | | | | |
| 葉柄，生 | 0 | 21 | 88 | 93.3 | 0.4 | 0 | 5.6 | 0.7 | 100 | 410 | 38 | 15 | 11 | 0.2 | 0.1 |
| なずな | | | | | | | | | | | | | | | |
| 葉，生 | 5 | 36 | 151 | 86.8 | 4.3 | 0.1 | 7.0 | 1.7 | 3 | 440 | 290 | 34 | 92 | 2.4 | 0.7 |
| のびる | | | | | | | | | | | | | | | |
| りん茎葉，生 | 20 | 65 | 272 | 80.2 | 3.2 | 0.2 | 15.5 | 0.9 | 2 | 590 | 100 | 21 | 96 | 2.6 | 1.0 |
| (ふき類) | | | | | | | | | | | | | | | |
| ふき | | | | | | | | | | | | | | | |
| 葉柄，生 | 40 | 11 | 46 | 95.8 | 0.3 | 0 | 3.0 | 0.7 | 35 | 330 | 40 | 6 | 18 | 0.1 | 0.2 |
| 葉柄，ゆで | 10 | 8 | 33 | 97.4 | 0.3 | 0 | 1.9 | 0.4 | 22 | 230 | 34 | 5 | 15 | 0.1 | 0.2 |
| ふきのとう | | | | | | | | | | | | | | | |
| 花序，生 | 2 | 43 | 180 | 85.5 | 2.5 | 0.1 | 10.0 | 1.9 | 4 | 740 | 61 | 49 | 89 | 1.3 | 0.8 |
| 花序，ゆで | 0 | 32 | 134 | 89.2 | 2.5 | 0.1 | 7.0 | 1.2 | 3 | 440 | 46 | 33 | 54 | 0.7 | 0.5 |
| みつば | | | | | | | | | | | | | | | |
| 葉，生 | 0 | 18 | 75 | 93.8 | 1.0 | 0.1 | 4.0 | 1.1 | 8 | 640 | 25 | 17 | 50 | 0.3 | 0.1 |
| 葉，ゆで | 0 | 15 | 63 | 95.2 | 0.9 | 0.1 | 3.3 | 0.5 | 4 | 290 | 24 | 13 | 31 | 0.2 | 0.1 |
| 根みつば | | | | | | | | | | | | | | | |
| 葉，生 | 35 | 20 | 84 | 92.7 | 1.9 | 0.1 | 4.1 | 1.2 | 5 | 500 | 52 | 21 | 64 | 1.8 | 0.2 |
| 葉，ゆで | 0 | 20 | 84 | 92.9 | 2.3 | 0.1 | 3.9 | 0.8 | 4 | 270 | 64 | 18 | 54 | 1.2 | 0.2 |
| むかご | | | | | | | | | | | | | | | |
| 肉芽，生 | 25 | 93 | 389 | 75.1 | 2.9 | 0.2 | 20.6 | 1.2 | 3 | 570 | 5 | 19 | 64 | 0.6 | 0.4 |
| やまごぼう | | | | | | | | | | | | | | | |
| みそ漬 | 0 | 72 | 301 | 72.8 | 4.1 | 0.1 | 15.6 | 7.4 | 2,800 | 200 | 23 | 24 | 49 | 1.3 | 0.3 |
| ゆりね | | | | | | | | | | | | | | | |
| りん茎，生 | 10 | 125 | 523 | 66.5 | 3.8 | 0.1 | 28.3 | 1.3 | 1 | 740 | 10 | 25 | 71 | 1.0 | 0.7 |
| りん茎，ゆで | 0 | 126 | 527 | 66.5 | 3.4 | 0.1 | 28.7 | 1.3 | 1 | 690 | 10 | 24 | 65 | 0.9 | 0.7 |
| 茎葉，ゆで | 0 | 21 | 88 | 92.4 | 2.2 | 0.1 | 4.1 | 1.0 | 16 | 270 | 90 | 20 | 40 | 1.0 | 0.3 |
| よめな | | | | | | | | | | | | | | | |
| 葉，生 | 0 | 46 | 192 | 84.6 | 3.4 | 0.2 | 10.0 | 1.8 | 2 | 800 | 110 | 42 | 89 | 3.7 | 0.7 |
| よもぎ | | | | | | | | | | | | | | | |
| 葉，生 | 0 | 46 | 192 | 83.6 | 5.2 | 0.3 | 8.7 | 2.2 | 10 | 890 | 180 | 29 | 100 | 4.3 | 0.6 |
| 葉，ゆで | 0 | 42 | 176 | 85.9 | 4.8 | 0.1 | 8.2 | 1.0 | 3 | 250 | 140 | 24 | 88 | 3.0 | 0.4 |

| 質 | ビタミン | | | | | | | | | | | | | | 食物繊維 | | |
|---|---|---|---|---|---|---|---|---|---|---|---|---|---|---|---|---|---|
| 銅 | 脂溶性 | | | | | | 水溶性 | | | | | | | | 総量 | 水溶性 | 不溶性 |
| | A | | | D | E | K | $B_1$ | $B_2$ | ナイアシン | $B_6$ | $B_{12}$ | 葉酸 | パントテン酸 | C | | | |
| | レチノール | カロテン | レチノール当量 | | | | | | | | | | | | | | |
| mg | μg | μg | μg | μg | mg | μg | mg | mg | mg | mg | μg | μg | mg | mg | g | g | g |
| 0.03 | (0) | 7 | 1 | (0) | 1.4 | 49 | 0.06 | 0.15 | 0.6 | 0.32 | (0) | 50 | 0.20 | 75 | 4.4 | 0.8 | 3.6 |
| 0.15 | (0) | 170 | 28 | (0) | 0.1 | 9 | 0.08 | 0.17 | 0.6 | 0.38 | (0) | 45 | 0.25 | 1 | 2.7 | 1.0 | 1.7 |
| 0.13 | (0) | 220 | 36 | (0) | 1.6 | 17 | 0.02 | 1.09 | 0.8 | 0.05 | (0) | 130 | 0.45 | 11 | 3.6 | 0.8 | 2.8 |
| 0.06 | (0) | 160 | 27 | (0) | 1.3 | 15 | Tr | 0.05 | 0.4 | 0 | (0) | 33 | 0 | 0 | 3.0 | 0.5 | 2.5 |
| 1.20 | (0) | 1,300 | 220 | (0) | 4.8 | 180 | 0.12 | 0.46 | 5.1 | 0.06 | (0) | 140 | 2.70 | 0 | 58.0 | 10.0 | 48.0 |

| 質 | ビタミン | | | | | | | | | | | | | | 食物繊維 | | |
|---|---|---|---|---|---|---|---|---|---|---|---|---|---|---|---|---|---|
| 銅 | 脂溶性 | | | | | | 水溶性 | | | | | | | | 総量 | 水溶性 | 不溶性 |
| | A | | | D | E | K | $B_1$ | $B_2$ | ナイアシン | $B_6$ | $B_{12}$ | 葉酸 | パントテン酸 | C | | | |
| | レチノール | カロテン | レチノール当量 | | | | | | | | | | | | | | |
| mg | μg | μg | μg | μg | mg | μg | mg | mg | mg | mg | μg | μg | mg | mg | g | g | g |
| 0.09 | (0) | 0 | (0) | (0) | 0.2 | (0) | 0.07 | 0.03 | 0.3 | 0.08 | 0 | 30 | 0.29 | 65 | 1.1 | 0.6 | 0.5 |
| 0.05 | (0) | 0 | (0) | (0) | 0.6 | (0) | 0.03 | 0.06 | 0.1 | 0.09 | 0 | 16 | 0.47 | 9 | 3.1 | 1.4 | 1.7 |
| 0.10 | (0) | 380 | 64 | (0) | 2.3 | (0) | 0.01 | 0.04 | 0.3 | 0.02 | (0) | 15 | 0.45 | 5 | 2.0 | 0.2 | 1.8 |
| 0.06 | 0 | 130 | 22 | (0) | 1.1 | (0) | 0.02 | 0.03 | 0.5 | 0.04 | 0 | 7 | 0.29 | 44 | 2.1 | 0.6 | 1.5 |
| 0.03 | (0) | 19 | 3 | (0) | 0.3 | (0) | 0.04 | 0.03 | 0.3 | 0.05 | 0 | 26 | 0.21 | 4 | 1.1 | 0.3 | 0.8 |
| 0.92 | (0) | 75 | 13 | (0) | 35.6 | 3 | 0.02 | 0.04 | 1.5 | 0.17 | (0) | 55 | 0.62 | 2 | 18.2 | 2.5 | 15.7 |
| 0.27 | (0) | 290 | 48 | (0) | 2.8 | 3 | 0.28 | 0.08 | 1.2 | 0.08 | (0) | 49 | 1.38 | 23 | 1.8 | 0.3 | 1.5 |
| 0.22 | (0) | 260 | 43 | (0) | 1.6 | 3 | 0.24 | 0.07 | 1.0 | 0.02 | (0) | 36 | 0.97 | 20 | 2.2 | 0.2 | 2.0 |

| 食品名 | 廃棄率 | エネルギー | | 水分 | たんぱく質 | 脂質 | 炭水化物 | 灰分 | 無機質 | | | | | | |
|---|---|---|---|---|---|---|---|---|---|---|---|---|---|---|---|
| | | | | | | | | | ナトリウム | カリウム | カルシウム | マグネシウム | リン | 鉄 | 亜鉛 |
| | % | kcal | kJ | g | g | g | g | g | mg | mg | mg | mg | mg | mg | mg |
| わさび | | | | | | | | | | | | | | | |
| 根茎，生 | 30 | 88 | 368 | 74.2 | 5.6 | 0.2 | 18.4 | 1.5 | 24 | 500 | 100 | 46 | 79 | 0.8 | 0.7 |
| わさび漬 | 0 | 145 | 607 | 61.4 | 7.1 | 0.5 | 28.0 | 3.0 | 1,000 | 140 | 40 | 16 | 72 | 0.9 | 1.1 |
| わらび | | | | | | | | | | | | | | | |
| 生わらび，生 | 6 | 21 | 88 | 92.7 | 2.4 | 0.1 | 4.0 | 0.8 | 1 | 370 | 16 | 25 | 47 | 0.7 | 0.6 |
| 生わらび，ゆで | 0 | 15 | 63 | 95.2 | 1.5 | 0.1 | 3.0 | 0.2 | 3 | 10 | 31 | 10 | 24 | 0.6 | 0.5 |
| 干しわらび，乾 | 0 | 274 | 1,146 | 10.4 | 20.0 | 0.7 | 61.4 | 7.5 | 6 | 3,200 | 200 | 330 | 480 | 11.0 | 6.2 |

**木の実**

| 食品名 | 廃棄率 | エネルギー | | 水分 | たんぱく質 | 脂質 | 炭水化物 | 灰分 | 無機質 | | | | | | |
|---|---|---|---|---|---|---|---|---|---|---|---|---|---|---|---|
| | | | | | | | | | ナトリウム | カリウム | カルシウム | マグネシウム | リン | 鉄 | 亜鉛 |
| | % | kcal | kJ | g | g | g | g | g | mg | mg | mg | mg | mg | mg | mg |
| あけび | | | | | | | | | | | | | | | |
| 果肉，生 | 0 | 82 | 343 | 77.1 | 0.5 | 0.1 | 22.0 | 0.3 | Tr | 95 | 11 | 14 | 22 | 0.3 | 0.1 |
| 果皮，生 | 0 | 34 | 142 | 90.4 | 0.3 | 0.3 | 8.6 | 0.4 | 2 | 240 | 18 | 9 | 13 | 0.1 | 0.1 |
| ぐみ | | | | | | | | | | | | | | | |
| 生 | 10 | 68 | 285 | 81.0 | 1.3 | 0.2 | 17.2 | 0.3 | 2 | 130 | 10 | 4 | 24 | 0.2 | 0.1 |
| ハスカップ | | | | | | | | | | | | | | | |
| 生 | 0 | 53 | 222 | 85.5 | 0.7 | 0.6 | 12.8 | 0.4 | Tr | 190 | 38 | 11 | 25 | 0.6 | 0.1 |
| やまもも | | | | | | | | | | | | | | | |
| 生 | 10 | 44 | 184 | 87.8 | 0.5 | 0.2 | 11.3 | 0.2 | 4 | 120 | 4 | 7 | 5 | 0.4 | 0.1 |
| かや | | | | | | | | | | | | | | | |
| いり | 0 | 665 | 2,782 | 1.2 | 8.7 | 64.9 | 22.6 | 2.6 | 6 | 470 | 58 | 200 | 300 | 3.3 | 3.7 |
| ぎんなん | | | | | | | | | | | | | | | |
| 生 | 25 | 187 | 782 | 53.6 | 4.7 | 1.7 | 38.5 | 1.5 | 1 | 700 | 5 | 53 | 120 | 1.0 | 0.4 |
| ゆで | 0 | 166 | 695 | 58.9 | 4.1 | 1.3 | 34.5 | 1.2 | 0 | 580 | 8 | 42 | 83 | 1.1 | 0.3 |

| 質 | ビタミン | | | | | | | | | | | | | | 食物繊維 | | |
|---|---|---|---|---|---|---|---|---|---|---|---|---|---|---|---|---|---|
| 銅 | 脂溶性 | | | | | | 水溶性 | | | | | | | | 総量 | 水溶性 | 不溶性 |
| | A | | | D | E | K | $B_1$ | $B_2$ | ナイアシン | $B_6$ | $B_{12}$ | 葉酸 | パントテン酸 | C | | | |
| | レチノール | カロテン | レチノール当量 | | | | | | | | | | | | | | |
| mg | μg | μg | μg | μg | mg | μg | mg | mg | mg | mg | μg | μg | mg | mg | g | g | g |
| 0.32 | (0) | 37 | 6 | (0) | 0.3 | 1 | 0.21 | 0.07 | 1.0 | 0.27 | (0) | 74 | 1.04 | 33 | 4.2 | 0.3 | 3.9 |
| 0.37 | (0) | 50 | 8 | (0) | 0.3 | 0 | 0.17 | 0.08 | 1.0 | 0.26 | (0) | 76 | 1.06 | 26 | 6.6 | 0.3 | 6.3 |
| 0.15 | (0) | 25 | 4 | (0) | 0.2 | Tr | 0.07 | 0.03 | 0.3 | 0.03 | (0) | 8 | 0.18 | 0 | 2.8 | 0.3 | 2.5 |
| 0.51 | (0) | 75 | 13 | (0) | 1.3 | 0 | 0.20 | 0.18 | 1.3 | 0.37 | (0) | 100 | 0.57 | 2 | 8.5 | 1.0 | 7.5 |
| 1.21 | (0) | 23 | 4 | (0) | 3.6 | 7 | 0.26 | 0.15 | 1.0 | 0.49 | (0) | 91 | 0.67 | 0 | 7.5 | 0.6 | 6.9 |
| 0.36 | (0) | 7 | 1 | (0) | 0.9 | 16 | 0.28 | 0.09 | 1.3 | 0.19 | (0) | 8 | 0.59 | 110 | 3.3 | 0.7 | 2.6 |
| 0.44 | (0) | 0 | (0) | (0) | 0.2 | 1 | Tr | 0 | 0.1 | Tr | (0) | 1 | 0 | 0 | 6.6 | 1.0 | 5.6 |
| 0.06 | (0) | 7 | 1 | (0) | 2.4 | 2 | 0.42 | 0.08 | 1.2 | 0.32 | (0) | 430 | 0.71 | 12 | 2.9 | 0.5 | 2.4 |

| 機能性成分を含む山の幸と農産物名 |
|---|
| クワ |
| ギョウジャニンニク，ニンニク，ネギ，ノビル，アサツキ，ヤマラッキョウ |
| ヤマモモ，ブドウ，ブルーベリー，プルーン，スモモ，ピーマン，クワ，カブ，オレンジ類，オウトウ，イチゴ，イネ，アカキャベツ，スイカ，ナス，アカジソ，ナツハゼ |
| エゴマ |
| ダイズ，みそ，豆腐，豆乳，納豆 |
| クワ |
| キイチゴ類，ザクロ，ゲンノショウコ，ユーカリ，ヒシ |
| マッシュルーム |
| ダイズ，ハス，キクイモ |
| オリーブ，ナタネ，ベニバナ，ヒマワリ油 |

| 食品名 | 廃棄率 | エネルギー | | 水分 | たんぱく質 | 脂質 | 炭水化物 | 灰分 | 無機 | | | | | | |
|---|---|---|---|---|---|---|---|---|---|---|---|---|---|---|---|
| | | | | | | | | | ナトリウム | カリウム | カルシウム | マグネシウム | リン | 鉄 | 亜鉛 |
| | % | kcal | kJ | g | g | g | g | g | mg | mg | mg | mg | mg | mg | mg |
| (くり類) | | | | | | | | | | | | | | | |
| 日本ぐり | | | | | | | | | | | | | | | |
| 生 | 30 | 164 | 686 | 58.8 | 2.8 | 0.5 | 36.9 | 1.0 | 1 | 420 | 23 | 40 | 70 | 0.8 | 0.5 |
| ゆで | 20 | 167 | 699 | 58.4 | 3.5 | 0.6 | 36.7 | 0.8 | 1 | 460 | 23 | 45 | 72 | 0.7 | 0.6 |
| 甘露煮 | 0 | 238 | 996 | 40.8 | 1.8 | 0.4 | 56.8 | 0.2 | 7 | 75 | 8 | 8 | 25 | 0.6 | 0.1 |
| 中国ぐり | | | | | | | | | | | | | | | |
| 甘ぐり | 20 | 225 | 941 | 44.4 | 4.9 | 1.7 | 47.7 | 1.3 | 2 | 560 | 30 | 71 | 110 | 2.0 | 0.9 |
| くるみ | | | | | | | | | | | | | | | |
| いり | 0 | 674 | 2,820 | 3.1 | 14.6 | 68.8 | 11.7 | 1.8 | 4 | 540 | 85 | 150 | 280 | 2.6 | 2.6 |
| しい | | | | | | | | | | | | | | | |
| 生 | 35 | 252 | 1,054 | 37.3 | 3.2 | 0.8 | 57.6 | 1.1 | 1 | 390 | 62 | 82 | 76 | 0.9 | 0.1 |
| とち | | | | | | | | | | | | | | | |
| 蒸し | 0 | 161 | 674 | 58.0 | 1.7 | 1.9 | 34.2 | 4.2 | 250 | 1,900 | 180 | 17 | 27 | 0.4 | 0.5 |
| ひし | | | | | | | | | | | | | | | |
| 生 | 50 | 190 | 795 | 51.8 | 5.8 | 0.5 | 40.6 | 1.3 | 5 | 430 | 45 | 84 | 150 | 1.1 | 1.3 |

## 2、機能性成分と含まれている山の幸，農産物一覧

| 機能性成分 | 機能性・効果 |
|---|---|
| ・アラニン | 二日酔い |
| ・アリシン | 抗菌作用，肺結核，インフルエンザ，炎症抑制・防止，ガン予防 |
| ・アントシアニン | 抗酸化力，視力向上，肝臓機能向上，血圧上昇抑制 |
| ・EPA（エイコサペンタエン酸）・DHA（ドコサヘキサエン酸） | 成人病予防，血液サラサラ，脳機能維持 |
| ・イソフラボン | 抗酸化作用，ガン予防，更年期障害 |
| ・I-デオキシノジリマイシン | 血糖値抑制，糖尿病予防 |
| ・エラグ酸 | 抗酸化作用，動脈硬化防止，抗ガン作用 |
| ・エリタデニン | 血圧低下，コレステロール低下，中性脂肪低下 |
| ・オリゴ糖 | 有用腸内細菌の増殖促進，ビフィズス菌を増す |
| ・オレイン酸 | 悪玉コレステロールの低下（動脈硬化予防），抗酸化作用 |

| 機能性成分を含む山の幸と農産物名 |
| --- |
| 緑茶，イネ |
| トウガラシ類 |
| マッシュルーム |
| アズキ，バジル，ヘチマ，テンペ，豆乳，豆腐 |
| ダイコン |
| ゴマ油 |
| カキ，ヒシ，ヤマモモ，ハマナス，緑茶（渋味） |
| マッシュルーム |
| レモン，ミカン，アンズ，シャクチリソバ，エンジュの葉 |
| イチョウ，サンショウ，セイヨウナシ，ヤマモモ，ワイン |
| アシタバ，スダチ，ニンジン，ピーマン，ビワ，ユズ，サツマイモ，ヨモギ，ナズナ |
| ビワ，キンカン，カキ，アンズ，パパイア |
| オオムギ，キクラゲ，ハタケシメジ，ヒラタケ，マイタケ，ブナシメジ，マッシュルーム，マンネンタケ，キノコ類 |
| イネ，マンゴー，モモ，リンゴ，ナツハゼ |
| キャベツ |
| ヤーコン，サトイモ，ブドウ，プルーン，サツマイモ，セイヨウナシ，ヤマブドウ，ブルーベリー，オリーブ，オウトウ，赤ワイン，ナツハゼ，シャクチリソバ |
| シークワシャー |
| ナメコ，オクラ，ヤマノイモ，サトイモ |
| サツマイモ |
| スイカ，トマト，パパイア |
| ヤマブドウ |
| ユズ |
| ゴマ，ナッツ類，玄米，ヒマワリタネ |

| 機能性成分 | 機能性・効果 |
|---|---|
| ・カテキン | 抗酸化力，ガン予防，殺菌作用 |
| ・カプサイシン | エネルギー代謝促進，食欲増進，消化促進，脂肪分解，抗酸化作用，殺菌作用，肥満予防 |
| ・サイアミン | かっけ予防 |
| ・サポニン | 鎮咳，痛経，生活習慣病，老化予防 |
| ・ジアスターゼ | 食物の消化吸収を助ける |
| ・セサミン（セサミノール） | コレステロール降下，アルコール代謝の促進，抗ガン作用 |
| ・タンニン（タンニン酸） | 血圧低下，抗菌作用，肌保全 |
| ・チロシナーゼ | 血圧降下作用，消化促進 |
| ・ビタミンP（ルチン） | 毛細血管補強，ビタミンCの吸収を助ける |
| ・フラボノイド類 | 脳や末梢の血流促進効果，活性酸素除去作用，ガン予防 |
| ・$\beta$-カロテン | 抗酸化作用，美肌，肌荒れ防止 |
| ・$\beta$-クリプトキサンチン | 皮膚・粘膜保全，抗酸化作用，発ガン予防 |
| ・$\beta$-グルカン（グルコース） | 整腸，コレステロール低下，抗ガン作用，免疫力を高める |
| ・ペクチン（不溶性センイ） | 肺ガン，結腸ガンなど高いガン予防効果，心臓病，脳卒中予防，気管支炎，喘息，肺気腫抑制効果 |
| ・ペルオキシターゼ | 発ガン性物質抑制 |
| ・ポリフェノール | 抗酸化作用，制ガン作用，成人病予防，老化防止 |
| ・ポリメトキシフラボノイド | ガン予防，リウマチ予防 |
| ・ムチン | タンパク質の消化・吸収促進，胃の粘膜保護 |
| ・ヤラピン | 緩下作用，便秘 |
| ・リコピン | 抗酸化作用，発ガン予防 |
| ・リスベラロール | 抗ガン作用 |
| ・リモノイド | ガン抑制 |
| ・アルギニン | 免疫力を高める，成長ホルモン |

## 3、血液をサラサラにする栄養成分

| 栄養成分 | 効果と働き |
|---|---|
| ビタミンC | 抗酸化作用により，悪玉コレステロールの酸化を防ぐ |
| ビタミンE | 活性酸素から体を守り，血液の流れをスムーズにする |
| β-カロテン | 体内の活性酸素を撃退し，コレステロール値を下げる |
| 食物繊維 | コレステロールの吸収を抑制し，血糖値の上昇を防ぐ |
| オリゴ糖 | 腸内のビフィズス菌を増やし，大腸ガンを予防する |
| カルシウム | 血管を収縮させて血圧を安定させる |
| カリウム | ナトリウムの排泄を促進して血圧の上昇を抑える |
| 亜鉛 | 動脈硬化を改善し，血糖値の上昇を防ぐ |
| タウリン | 血管の障害を防ぎ，高血圧・心不全などを予防する |
| 大豆たんぱく | 血管の弾力性を高めて，動脈硬化や心臓病を予防する |
| キチン・キトサン | コレステロールを排泄し，動脈硬化を予防する |
| リノール酸 | コレステロール値を低下させ，動脈硬化を予防する |
| α-リノレン酸 | 体内で不飽和脂肪酸に変わり，動脈硬化を予防する |
| オレイン酸 | 動脈硬化や心疾患の予防，症状の改善に力を発揮する |
| EPA | 血液中の物質に作用し，動脈硬化や心疾患を予防する |
| DHA | 健脳効果のほか，高脂血症，高血圧を予防・改善する |
| レシチン | 低コレステロール効果があり，脂肪肝を予防・改善する |
| セサミノール | 強い抗酸化作用で，悪玉コレステロールを退治する |
| アリシン | 脂肪を燃焼させて，血栓や動脈硬化を予防する |
| カプサイシン | エネルギー消費を促進して体脂肪を分解し，高血圧を防ぐ |
| ポリフェノール | 強い抗酸化作用で，血栓や動脈硬化を予防する |
| カテキン | 消化酵素に働きかけて血糖値の上昇を抑制し，血栓を防ぐ |

## 4、ビタミン類の働き

| 種　別 | 別　名 | 主な効用 | 備　　考 |
|---|---|---|---|
| A | レチノール<br>β-カロテン | 目と粘膜，免疫機能効果，制ガン | レチノールは動物性食品 |
| $B_1$ | チアミン | 消化と精神機能効果 | 体内で合成 |
| $B_2$ | リボフラビン | 発育促進，過酸化脂質予防 | 体内で合成 |
| $B_6$ | ピリドキシン | タンパク質代謝 | 腸内で合成 |
| $B_{12}$ | コバラミン | 悪性貧血の予防，神経の正常 | 肝臓に貯える |
| $B_{13}$ | オロチン酸 | 老化予防 | 葉酸と$B_{12}$を代謝 |
| $B_{15}$ | パンガミン酸 | Eに似た抗酸化 | 水溶性 |
| $B_{17}$ | レートリル | 抗ガン作用 | アンズ・ビワ葉 |

| 種　別 | 別　名 | 主な効用 | 備　　考 |
|---|---|---|---|
| ビオチン | ビタミンH | 白髪・はげの予防 | 腸内で合成 |
| C | アスコルビン酸 | 肌を正常に，かぜ・ガン予防 | 水溶性 |
| パンテトン酸 | ビタミン$B_5$ | ストレスへの抵抗力，解毒 | 腸内で合成 |
| コリン | B群の仲間 | 高血圧，動脈硬化予防 | 水溶性 |
| D | 動物$D_3$，植物$D_2$ | 歯や骨の強化 | 日光浴で合成 |
| E | トコフェロール | 酸化防止，老化予防 | Cととる |
| F | アラキドン酸 | 神経系，免疫系，代謝改善 | 体内で合成 |
| 葉酸 | フオラシン | 赤血球や細胞の新生 | 水溶性 |
| イノシトール | B群の仲間 | 脂肪肝や動脈硬化予防 | 〃 |
| K | $K_1$野菜，$K_2$納豆 | 止血と骨の健康 | 腸内で合成 |
| ナイアシン | ニコチン酸 | 皮膚と精神に効果，血行 | 体内で合成 |
| P | ルチン | 毛細血管の強化，高血圧 | 水溶性 |
| PABA | パラアミノ安息香酸 | 皮膚と毛髪の老化を防ぐ | 腸内の有用菌を増やす |
| U | キャベジン | 細胞分裂の促進，解毒 | キャベツ |

## 5、ミネラル類の働き

| 種　別 | 主　な　効　用 |
|---|---|
| カルシウム | 強い骨づくり，精神安定 |
| 塩素 | 消化促進，殺菌HP調整 |
| クローム | 糖尿病，動脈硬化の予防 |
| コバルト | 貧血を防ぐ，造血 |
| 銅 | 骨や血管壁の強化 |
| フッ素 | 虫歯予防 |
| ヨウ素 | 発育促進，心身の元気 |
| 鉄 | 赤血球へ酸素を送るのに重要 |
| マグネシウム | 循環器系の健康を守る |
| マンガン | 骨の形成，エネルギーづくり |
| モリブデン | 貧血の予防，尿酸の代謝 |
| リン | 骨や歯をつくり，神経の機能を正常 |
| カリウム | 高血圧予防，血圧上昇を防ぐ |
| セレン | 抗酸化，ガン予防 |
| ナトリウム | 細胞の水分調節，過剰摂取は高血圧 |
| 硫黄 | 皮膚を強め，毛髪をつややかにする。細菌感染とのたたかいを助ける |
| 亜鉛 | 発育促進，味覚を正常に保つ |
| ゲルマニウム | 免疫機能を高める，抗酸化作用 |

ここでは林内栽培や自生地栽培のポイントのみ示す。くわしい栽培方法については拙著『山菜栽培全科』『木の実栽培全科』(農文協刊)を参照されたい。

## 1、注目される林内栽培

(1)自然環境を上手に使った林内栽培

中山間地域では、農林業だけでは生活が困難なため、何かよい作物はないかと迷いを生じている。農山村では今兼業農家が増加し、高齢化の進行などきわめて深刻な事態となっている。従来の新規作物導入では限界があり、地域に生育する特産物を掘り起こし、あまり人手や経費をかけない栽培を展開して地元の直売所や道の駅などで販売することが望まれている。山の幸のような地域資源は、年々資源が減少して、いまでは栽培するしかない現況にある。

山の幸のような自然植物は、山から畑に移し栽培すると成績が悪く失敗する場合も多い。野生植物の生育には、土壌水分が十分あって有機質に富み通気性のよいところで、夏場空中湿度の高いところが理想である。このような自然環境を畑地でつくることは大変難しい。杉林内などの林内は適当な土壌水分が保たれ、空中湿度が高く有機質に富み通気性のよい肥沃地が多い理想的な栽培地である。すでに自生している山菜や薬草なども多いが、このような自然環境を上手に生かした栽培こそ儲かる特産物づくりである。

**表 付－1　主な山の幸の林内栽培品目**

| 林内区分 | | 林床栽培有望品目 |
|---|---|---|
| キリ畑 | | アサツキ，フキ，ノビル |
| スギ | 幼齢木 | ワラビ，タラノキ，ヤマユリ，マタタビ，フキ |
| スギ | 成木 | モミジガサ，ウワバミソウ，サンショウ，オオバギボウシ，ヤマウド，クサソテツ，ギョウジャニンニク，ヤマノイモ，ミヤマイラクサ，ヤマユリ，ヤマウコギ，トチバニンジン，ゼンマイ，イカリソウ，オウレン，メギ，ドクダミ，シダ類 |
| アカマツ，雑木林 | | ガマズミ，ミヤマガマズミ，ナツハゼ，コシアブラ，アケビ，ハリギリ |
| その他散生地 | | サルナシ，マタタビ，ヤマノイモ，ヤマユリ，フキ，ワラビ，タラノキ，チシマザサ，アケビ，オオバギボウシ，ヤマウド，クサソテツ |

(2)林内栽培のやり方

野生植物には、日当たりを好むものと日陰を好むものとがあるので、それぞれの山の幸に合った林床を選ぶことが必要である。杉材のように混み過ぎて光が十分差し込まないところでは除伐や間伐をして光が十分に差し込むようにすることが大切である。林内の大きい雑木を除去するくらいであまり経費はかからない。肥料も化

# 付録６　林内栽培，自生地栽培

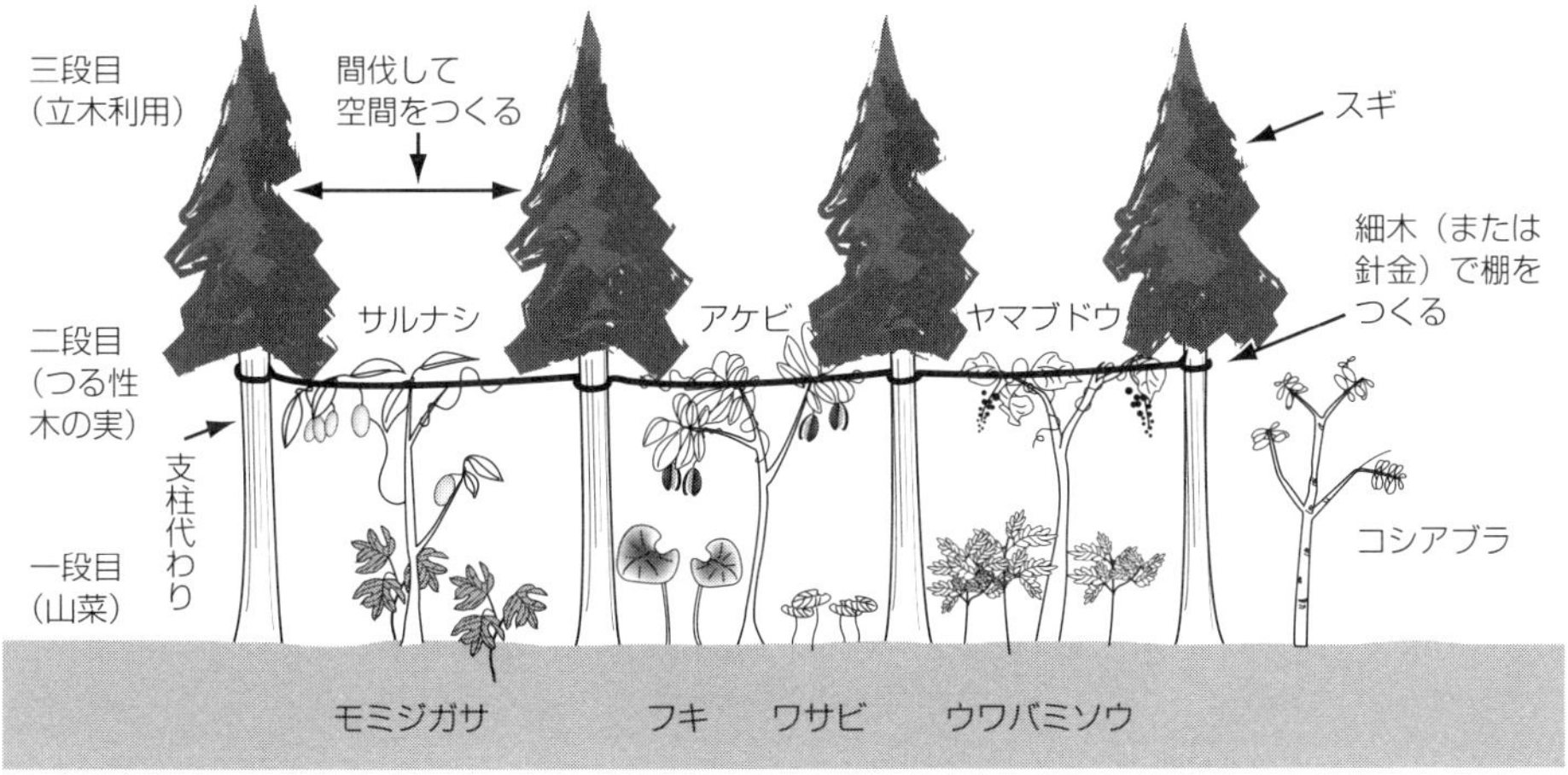


**図 付－１　杉林の三段活用の方法**

学肥料を若干施すていどで、多く施すとかえって成績が悪くなる。

林内栽培は、杉林の多い地帯では重要な課題である。木材が売れないので、そのままの状態では生育や今後の利用に大きく影響する。そのため、間伐を進め空間を３段に活用して山菜を導入し、毎年収入があるような工夫をしたい（図付－１）。

１段目に山菜、薬草を植え、中間につる性のアケビ、サルナシを植える。上部に生育するスギと合わせて３段の活用である。

## 2、山をまるごと生かす自生地栽培

自生地栽培は、山菜や木の実が自生しているところに、図付-2のトチバニンジンの例のように少しだけ手を加え、より安定して採取できるようにする、自然環境をまるごと味方にした栽培である。わが国には未利用の山林も多いので、それを活用した地域特産物つくりにもなる。自生地栽培の特徴と利点は次のようである。

①種苗費や、肥料、農薬代がほとんどかからない。

②粗放栽培なので、労力がかからない。

③空間の利用で、多品目の栽培ができる。

④自然環境に近いうえ、ほかの植物と競争して育つので、いいものが採れ人気商品つくりができる。

⑤原種の利用と保存が目的なので、新品種は導入しない。

表 付－2　環境・地形と自生地栽培の主な品目

| | 自生場所 | 区　分 | 主 な 品 目 |
|---|---|---|---|
| 自生植物は、環境や地形、土質により種類が違うので目安にする | 屋敷周辺 | 土手，荒地 | フキ，ノビル，キクイモ，ワラビ，タラノキ，ヤマユリ |
| | 農耕地 | 荒畑，休耕地 | フキ，ヨモギ，オオヤマボクチ，オオバギボウシ，ノビル |
| | | 桑園の荒地 | タンポポ，フキ，ヤマブドウ，サルナシ |
| | | 果樹園の荒地 | フキ，ヤマブドウ，タラノキ |
| | | キリ畑 | アサツキ |
| | | 畑地 | スベリヒユ，ナズナ，タンポポ |
| | 森　林 | 杉林 | サンショウ，モミジガサ，タラノキ，トチバニンジン，ゼンマイ |
| | | 松林 | リョウブ，コシアブラ，キノコ，ガマズミ |
| | | 雑木林 | アケビ，コシアブラ，タラノキ，ヤマノイモ，イカリソウ |
| | | 伐採跡地 | リョウブ，コシアブラ，タラノキ，センブリ |
| | | 谷間，山腹斜面 | クサソテツ，モミジガサ，ミヤマイラクサ，マタタビ，シオデ |
| | | 高山地帯 | チシマザサ，キノコ，コシアブラ，高山植物 |
| | | 峰地 | キノコ，山草，高山植物 |
| | | なだれ地 | ゼンマイ，山草，薬草 |
| | 原　野 | 原野，採草地 | ワラビ，オオバギボウシ，ヤマユリ，タラノキ，センブリ |
| | | 放牧地 | ワラビ，ヤマユリ，タラノキ |
| | 河川周辺 | 河川敷 | タラノキ，キノコ，フキ，クサソテツ，クルミ |
| | | 流畔，湧水 | クルミ，バイカモ，オランダガラシ，セリ |
| | | 沼地，湿地 | オランダガラシ，ジュンサイ |
| | 海　岸 | 砂浜 | ハマボウフウ，ツルナ，ハマダイコン，オカヒジキ |
| | | 海辺 | ハマナス，ツワブキ，薬草，キノコ |
| | その他 | 開発地域 | ヨモギ，オトギリソウ，フキ |
| | | ゴルフ場 | ワラビ，キノコ，木の実，観賞植物 |

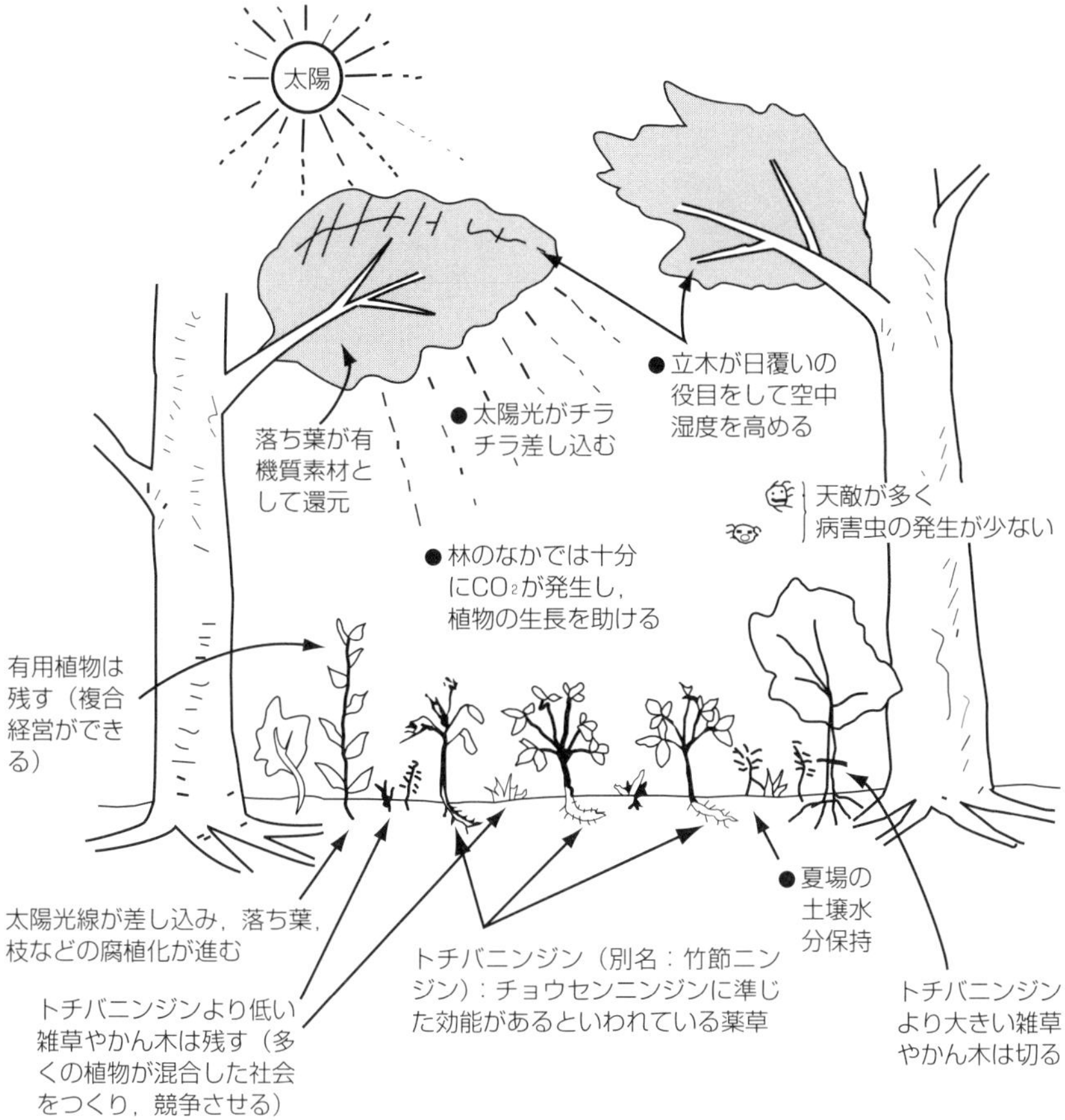
太陽
●立木が日覆いの
役目をして空中
湿度を高める
●太陽光がチラ
チラ差し込む
落ち葉が有
機質素材と
して還元
天敵が多く
病害虫の発生が少ない
●林のなかでは十分
に$CO_2$が発生し，
植物の生長を助ける
有用植物は
残す（複合
経営ができ
る）
●夏場の
土壌水
分保持
太陽光線が差し込み，落ち葉，
枝などの腐植化が進む
トチバニンジン（別名：竹節ニン
ジン）：チョウセンニンジンに準じ
た効能があるといわれている薬草
トチバニンジン
より大きい雑草
やかん木は切る
トチバニンジンより低い
雑草やかん木は残す（多
くの植物が混合した社会
をつくり，競争させる）

**図 付－2　自生地栽培の特徴と手入れ**（トチバニンジンの例）

# 参考図書

『山菜栽培全科―有望53種―』大沢章著，農文協，1986年
『木の実栽培全科―有望54種―』大沢章著，農文協，1988年
『家庭でつくるこだわり食品 3』佐竹秀雄・矢住ハツノ・山田安子・岩城由子著，農文協，1989年
『山菜―採取・料理・加工―』佐竹秀雄・大沢章著，農文協，1973年
『うまさ楽しさこの品種』農文協編，農文協，1985年
『食品加工シリーズ3　漬物』佐竹秀雄著，農文協，1999年
『野草の効用―育て方役立て方―』大沢章著，1993年，日本園芸協会（東京都渋谷区初台1－25－7）
『身近な食べ物健康法』大沢章著，2000年，歴史春秋社（福島県会津若松市門田町中野）

［著 者 紹 介］

**大沢　章**（おおさわ　あきら）

茨城県出身。現在福島市在住

特産物の開発，薬用植物・山野草の栽培，食品加工等の実践と研究。現在農業支援マイスター，中小企業支援エキスパート，食と農の応援団，全国各地の地域おこしの講師，教育，執筆活動などで精力的に活動している。

主な著書：『山菜栽培全科』『木の実栽培全科』『野草の効用』『山菜ときのこ』『山菜』『食品加工総覧（共著）』『日本料理材料辞典（共著）』『身近な食べ物健康法』『身近な薬草（共著）』他多数

山菜・薬草・木の芽・木の実

**山の幸　利用百科**

―115種の特徴・効用・加工・保存・食べ方―

2003年 3 月30日　第 1 刷発行
2004年 8 月31日　第 5 刷発行

著者　大沢　章

発 行 所　社団法人　農 山 漁 村 文 化 協 会

郵便番号 107-8668　東京都港区赤坂 7 丁目 6-1

電話 03(3585)1141（営業）　03(3585)1147（編集）

FAX 03(3589)1387　振替 00120-3-144478

URL　http://www.ruralnet.or.jp/

ISBN4-540-02164-8　DTP 制作／吹野編集事務所

＜検印廃止＞　印刷・製本／凸版印刷（株）

# 農文協・食品加工と山野草の本

## そば 手打ち・そばつゆの技法から開店まで
服部隆著
そばは6次産業として最も期待できる。農家がそば屋を開店するまでのノウハウ（手打ちの独習法、そばつゆの作り方、たねものとそば料理、そば粉の入手・製粉法、店の立地の考え方と設計、価格設定の考え方）を初公開
1600円

## 漬物 漬け方・売り方・施設のつくり方
佐竹秀雄著
味や品質にばらつきがない高品質な製品を周年加工販売するにはどうするか。加工のための品種選びから塩の働きの理論に基づく加工のやり方、販売の工夫まで、中小企業技術アドバイザーとしての長年の蓄積を全公開
1600円

## 豆腐 おいしいつくり方と売り方の極意
仁藤齋著
初心者でも失敗なし、お金をかけずに地場産ダイズとニガリでおいしく作る。基本となる木綿豆腐からおぼろ、ざる、油揚げ、生しぼり法まで。付・都道府県別ダイズ奨励品種一覧、ダイズ23品種の加工適性と栽培特性
1600円

## 納豆 原料大豆の選び方から販売戦略まで
渡辺杉夫著
地元大豆で納豆をつくり、地域の健康と農業を守る。加工適性の高い品種の選び方から、短期熟成型発酵食品「納豆」を安定して生産する製造技術、規模別にみる生産・販売計画と機械の選び方を納豆生産技術指導者が解説
1700円

## 味噌 色・味にブレを出さない技術と販売
今井誠一著
「地元原料使用」だけでは商品にならない。製麹、仕込みなど習得すべき基本技術から設備導入、販売まで詳述。米味噌を基本に麦味噌、あわせ味噌、味噌玉味噌の現代的つくり方まで。安定した色・味の地元味噌をつくる
1850円

## アイスクリーム
宮地寛仁著
自然・安心・個性的！こだわり・手づくりアイスクリームの製造から販売まで。フリーザー、充填機など機械の選び方、初心者が起しやすい失敗と対策など。バニラ、抹茶や個性派アイス、シャーベット、ソフトクリーム
1600円

## パン 委託栽培、製粉から開店まで
片岡芙佐子著
広島でファーマーズベーカリーを営む著者が、品種の選び方から「製粉」問題を解決する石臼製粉・発芽小麦の作り方、地域産物たっぷりのパン、経営計画まで紹介。地場産小麦を使ってパン屋をひらくためのノウハウ満載
2000円

## 農学基礎セミナー 農産加工の基礎
佐多正行編著
味噌や納豆、めん類、漬物など伝統食品からパン、ジャム、チーズ、果汁、乾燥、薫製、ハムなど多彩な加工食品から、鶏、ウサギの屠殺・解体・毛皮のなめし方まで、原理から実際まで手づくり加工入門
1700円

## 食卓に生かす 四季の山野草 味覚の山歩きガイド
矢萩禮美子著
山野草・薬草101種、キノコ31種、昆虫、魚など9種の特徴、見つけ方、加工、利用のしかた、薬効と適応症などを紹介。山の上手な歩き方も加えた、豊かな山の幸のまるごと活用ガイド
1380円

## とっておき山菜利用術 新しい味をみつける
橋本郁三著
アクぬきや乾燥に手間どっていた山菜も利用部位や工夫次第ですばやく手軽においしく食べられる。幅広く使えるハーブ類や秘境の珍味など、まだまだ知られていない山菜・木の実120種
1380円

（価格は税込。改定の場合もございます。）